高职高专教育“十二五”规划教材

综合布线技术与工程

房雁平　杨圣春　编著

中国水利水电出版社
www.waterpub.com.cn

内 容 提 要

本书以国家质监局和国家建设部联合发布的2007年10月1日起实施的《综合布线系统工程设计规范》GB 50311-2007 和《综合布线系统工程验收规范》GB 50312-2007为主要依据，遵照“理论够用，能力为本，面向应用”的原则，按照项目引导、任务驱动模式编写。

本书重视实际应用，贴近当前社会实际需求，突出解决实际问题的具体方法。主要包括综合布线系统在各领域中的应用、综合布线系统工程设计、布线产品和安装施工、测试与故障排除、验收和招投标工作，并结合当前实际需求将光纤施工和测试技术独立出来，方便学习，相信将有助于学生掌握综合布线系统工程中的技术与方法。

本书适合作为高职高专计算机类相关专业，中等职业院校相关专业的教学用书，也可作为自动化类专业或在工程设计、安装、维修、测试工程中从事弱电项目的技术人员的参考用书。

本书配有电子教案，读者可以从中国水利水电出版社网站和万水书苑免费下载，网址为：http://www.waterpub.com.cn/softdown/和 http://www.wsbookshow.com。

图书在版编目（CIP）数据

综合布线技术与工程 / 房雁平，杨圣春编著. -- 北京：中国水利水电出版社，2011.9
高职高专教育“十二五”规划教材
ISBN 978-7-5084-8807-3

Ⅰ. ①综… Ⅱ. ①房… ②杨… Ⅲ. ①计算机网络－布线－高等职业教育－教材 Ⅳ. ①TP393.03

中国版本图书馆CIP数据核字(2011)第137602号

策划编辑：雷顺加　　责任编辑：李　炎　　封面设计：李　佳

书　　名	高职高专教育“十二五”规划教材 **综合布线技术与工程**
作　　者	房雁平　杨圣春　编著
出版发行	中国水利水电出版社 （北京市海淀区玉渊潭南路1号D座　100038） 网址：www.waterpub.com.cn E-mail：mchannel@263.net（万水） sales@waterpub.com.cn 电话：（010）68367658（营销中心）、82562819（万水）
经　　售	全国各地新华书店和相关出版物销售网点
排　　版	北京万水电子信息有限公司
印　　刷	北京蓝空印刷厂
规　　格	184mm×260mm　16开本　10.75印张　267千字
版　　次	2011年9月第1版　2011年9月第1次印刷
印　　数	0001—4000册
定　　价	20.00元

高职高专教育“十二五”规划教材
编委会

前　言

智能建筑在国内得到了迅速推广，综合布线系统已成为建筑物的标准配置。随着综合布线技术的发展，建筑物智能化程度越来越高，综合布线系统容纳的通信系统也从最初的网络和电话发展到了计算机网络、电话、视频监控、公共广播、有线电视等多个通信系统。

根据《国家中长期教育改革和发展规划纲要》和国家对高等职业教育发展的要求，要逐步完善高技能型人才培养体系建设，加快培养一大批结构合理、素质优良的技术技能型、知识技能型和复合技能型高技能人才。本书结合高等职业院校的教学要求和办学特点，遵照“理论够用，能力为本，面向应用”的原则，以项目引导、任务驱动教学，从提出任务目的和要求开始，设置训练内容，突出工程设计能力和操作技能的培养。

本书围绕工程中主要环节的应用，使学生掌握综合布线系统结构，熟悉综合布线产品，熟悉综合布线的相关标准，掌握设计方式和规范，掌握安装规范和技术，熟悉综合布线系统工程从设计到施工，从安装到测试、验收的工作流程，使学生最终达到对工程项目能设计、会施工、知管理的能力，能承担综合布线系统设计、现场安装施工、现场项目管理、测试验收等工作任务。为学生将来担任该领域中的工程技术员、项目经理、工程监理员等，打下坚实的职业能力基础。

本书的主要特点是：

1．采用“项目化”教材结构，每个项目为一个知识单元，主题鲜明，重点突出，以其良好的弹性和便于综合的特点适应实践教学环节需求。

2．在“相关知识与技能”部分，将项目中涉及的理论知识进行梳理，努力使教学不再依赖理论教材。

3．追求每个任务的训练效果，力求任务的可操作性。

本书由安徽电气工程职业技术学院、安徽财贸职业学院等院校教师与相关企业经验丰富的工程技术人员共同编写，参与的企业有安徽省电力公司电通公司、安徽继远有限公司、安徽同益科技有限公司、安徽光电技术研究所、合肥冠林数码科技有限公司、安徽和信科技发展有限责任公司等，在编写过程中各企业提供了大量实际案例，在此表示感谢。

本书由房雁平、杨圣春编写。在编写过程中，房雁平做了大量工作，并为全书进行统稿，张建华、姚成也参与了本书的部分编写工作。

安徽财贸职业学院刘力，安徽工业经济职业技术学院付建民，滁州职业技术学院卜锡滨，交通职业技术学院李锐，安徽水利水电职业技术学院丁亚明，安徽商贸职业技术学院杨克玉，安徽省电力公司电通公司李光宇等为本书的编写与出版做了大量工作，在此表示感谢。

在本书的编写过程中，参考了有关资料和文献，在此向其作者表示衷心的感谢！

由于编者水平有限，且时间仓促，书中难免有疏漏和不足之处，恳请读者批评指正。

编者

2011年5月

目　录

项目一　认识各子系统

项目目标与要求

- 知道智能建筑与综合布线的关系。
- 熟知综合布线的概念，了解综合布线系统的发展。
- 熟悉综合布线各子系统的定义与综合布线的特点。
- 掌握综合布线系统的设计等级划分。
- 熟悉智能家居中的综合布线系统组成。
- 熟悉安全防范系统中的各子系统的组成。
- 熟知标准的含义。了解国际标、国标、行标以及地标的不同应用范围。
- 熟知目前综合布线系统中主要执行的相关标准。
- 熟知目前安防系统中主要执行的相关标准。

任务一　认识智能建筑

一、任务目标与要求

- 知识目标：熟悉智能建筑的含义；熟知各子系统与综合布线之间的关系；了解智能建筑中的几个子系统。
- 能力目标：认知相关设备。

二、相关知识与技能

1. 智能建筑（Intelligent Building）简介

智能建筑（也称为智能楼宇）和综合布线的发展历史并不久，对其有关的描述不少。

美国智能建筑学会（American Intelligent Building Institute）对智能建筑的定义是：将结构、系统、服务、运营及相互关系全面综合并达到最优化组合，以获得高效率、高性能与高舒适性的大楼或建筑。智能建筑通过对建筑物的4个基本要素，即结构、系统、服务和管理以及它们之间的内在联系，以最优化的设计提供一个投资合理又拥有高效率的幽雅舒适、便利快捷和高度安全的环境空间。

日本智能建筑研究会的观点是：智能建筑是指同时具有信息通信、办公自动化服务以及楼宇自动化服务各项功能，并便于智力活动需要的建筑物。

我国在《智能建筑设计标准》中是这样定义智能建筑的：智能建筑是以建筑为平台，兼备建筑设备、办公自动化及通信网络系统、集结构、系统、服务、管理及它们之间的最优化组合，向人们提供一个安全、高效、舒适、便利的建筑环境。

综上所述，对智能建筑的共识是智能建筑是经过优秀的结构设计、系统设计、服务设计和管理设计，最终提供一个高效、经济的环境。它可为其管理者提供管理代价最小、管理效果最为显著的现代化管理方式，为业主、管理者和住户提供一个投资合理、优雅舒适、便利快捷、高度安全的环境空间。

2. 智能建筑的发展历程

世界上最早的智能建筑，当数 1984 年建成的美国康涅狄格州哈特福德（hartford）市的“都市办公大楼”（city place building）和 1985 年 8 月在日本东京建成的青山建筑。

以“都市办公大楼”为例，这幢建筑高 38 层，总建筑面积达十多万 m^2，大楼内配有空调系统、照明系统、防火和防盗系统、电梯系统、通信系统。该建筑内的公共计算机、程控用户交换机和计算机局域网络系统，可为用户提供语音通信、文字处理、电子邮件、情报资料检索及科技计算机服务。建筑内的设备实现了综合管理自动化。这些设备都是以提高能源节约和达到综合安全性为目标，不仅由于节约能源而使住户的租金费用降低了，同时还使住户感到更安全、更舒适、更方便。被誉为世界上最早的智能建筑。

从早期的智能建筑的功能来看，主要依赖集成技术将所谓的“3C”技术：计算机技术（Computer）、自动控制技术（Control）、通信技术（Communication）综合应用于建筑物内，在建筑物内建立一个以计算机网络为主体的，包含有线电视、电话通信、消防报警、电力管理、照明控制、空调通风和门禁保安的综合系统，使建筑物实现智能化的信息管理与控制，结合现代化的服务与管理方式，给人们提供一个安全和舒适的生活、学习与工作环境空间。这些就构成了智能建筑。

之后，美国、日本、法国、英国、新加坡等地又兴建了许多智能建筑，我国相对来讲起步较晚，20 世纪 90 年代开始并迅猛发展，在北京、上海、广州等大城市已先后建起了具有相当水准的智能建筑，如中国国际贸易中心、上海花园饭店、广州中信广场等。

当前，随着物联网技术的发展和应用，建筑中的智能部分已列为设计的先决条件之一，智能建筑正朝着规范化方向发展；从单一的建造发展到成群的规划和建造。从智能办公大楼发展到向公寓、医院、学校、体育馆等建筑领域扩展，特别是智能小区与住宅的兴起将使智能建筑有更广阔的发展天地。智能楼宇技术及相关产品正在发展成为一个新兴的技术产业，各大高校、科研院所及相关厂商也都在密切关注，积极投入。可以预见，智能建筑产业将成为 21 世纪非常有前途的产业之一。

3. 智能建筑的组成

智能建筑系统按照功能划分可分为三部分：楼宇自动化系统、通信自动化系统、办公自动化系统。这三部分共用建筑物内的信息资源和各种软、硬件资源，它们完成各自的功能，并相互联动、协调、统一在智能楼宇总系统中。在智能楼宇中，要实现上述三个功能子系统的一体化集成，需要将各个部门、各个房间的语音、数据、视频、监控等不同信号的传输介质进行综合布线，形成建筑物内或建筑群之间的结构化综合布线系统，如图 1-1 所示，综合布线系统则是上述三个功能子系统的物理基础。

（1）楼宇自动化系统（Building Automation System，BAS）又称为建筑物自动化系统。它采用最新的传感技术、自动控制技术、计算机组态、网络集成、信息交换技术等，对楼宇内所有机电设备施行自动控制，这些机电设备包括变电配电、给水、排水、空气调节、采暖、通风、运输、火警、保安等。而楼宇综合管理人员又通过计算机对上述设施实行综合监控管理，包括：

① 空调新风管理系统。

② 新（清洁）能源利用系统，包括太阳能集热系统、蓄热控制管理系统。

③ 保安系统，包括闭路监视系统、电子门自动开关系统、刷卡身份识别系统等。

④ 消防系统防火系统，包括火灾自动检测、自动报警、自动消防系统，用于实现火灾全局告警、火灾定位、自动通风、自动排烟；另外，还包括气体报警（又称瓦斯报警或煤气报警）、漏电报警等。

⑤ 停车场监视系统。

⑥ 供电配电系统，它包括变、配电设备和自备发电电源设备，昼光利用照明、点光调光照明，功率因数改善等。

⑦ 物业设备及管理系统，该系统包括电梯控制、扶梯控制、单元门控制、停车场控制。物业管理系统在软件上包括操作数据采集、运行情况分析、能源计量、故障诊断、报警信息记录、机器维修记录、设备更新计划等。它们保证设备高效、可靠运行，为用户提供安全、便利、舒适的工作环境和生活环境。

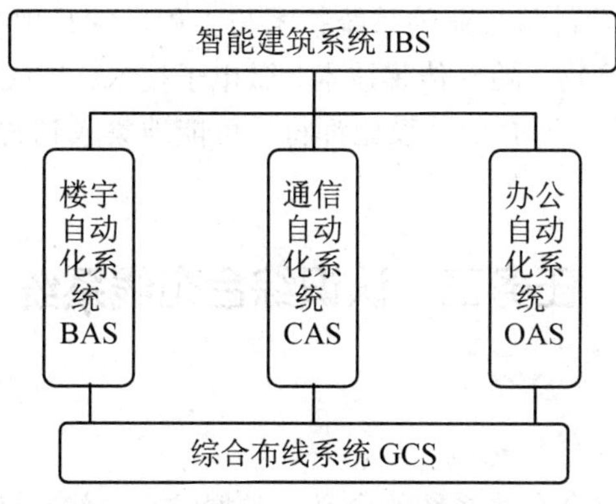

图 1-1　智能建筑的系统架构

（2）通信自动化系统（Communication Automation System，CAS）是利用最新的信息技术构建智能楼宇的信息传输系统，通过星罗棋布的通信设备保证各种语音、数据、图像在建筑物内传输，并通过专线系统或卫星等系统保证建筑物内通信网络与建筑物之间各种通信网络的连接与信息传递。

通信自动化系统是要利用一种具有高度数字化能力的综合业务数字网，实现在一个数字网中传输、交换、处理语音、数据、图文等，实现信息收集、存储、传送、处理和控制，即只通过一个网络为用户提供电话、传真、电报、图文、电子邮政、电视会议、数据通信及移动通信等服务。

（3）办公自动化系统（Office Automation System，OAS）是借助于各种先进的办公设备，提供文字处理、模式识别、图像处理、情报检索、统计分析、决策支持、计算机辅助设计、印刷排版、文档管理、电子商务、电子数据交换、来访接待、电视会议、同声传译等，以提高办公效率，达到更好的办公效果，使各类业务来往更加规范化、快捷化、便利化。

（4）结构化综合布线系统（Structured Cabling System，SCS）是通过整体化设计，将楼宇自动化系统、通信自动化系统和办公自动化系统中的语音、数据、视频等信号综合在一套标准的布线系统中，构成智能楼宇的感知、思考、决策体系。按照其应用环境和处理对象的不同，可分为建筑物建筑群布线系统（Premises Distribution System，PDS）、智能楼宇布线系统（Intelligent Building System，IBS）、工业布线系统（Industry Cabling System，IDS）。

① 建筑物建筑群布线系统是应用于各类商务环境和各类办公环境的，为传送数字网络信

息而专门设计的配线系统。这类系统大多采用双绞线传输语音、数据、图像信号，采用光纤传输数据、图像信号，这种系统在设计时不但要考虑信号电缆的当前需要，还要想到将来增容、发展的需要。

② 智能建筑布线系统是以建筑环境控制及管理为主，它包括数据处理系统、数据通信系统、语音通信系统、图像传输系统和楼宇自动化系统。智能建筑布线系统可以传送供热、通风、空调等的控制信号，可以传输保安系统、消防泵统、照明系统、时钟系统、传呼系统等的传感器信号和控制信号，完成楼宇内的各种协调、控制和管理。

③ 工业布线系统用于工业系统的传感器信息、控制信息、管理信息的快速且准确的传递和信息的共享。它包括过程控制数据和状态、传动控制的数据和状态、能源供应系统的数据和状态、流水作业线的数据采集和数据共享、仓库进销存数据查询、生产任务的计划及完成情况信息等。

因此，智能建筑是多学科跨行业的系统技术与工程。它是现代高新技术的结晶，是建筑艺术与信息技术相结合的产物。随着传感技术、微电子技术、集成技术的不断发展和通信、计算机的应用普及，建筑物内的所有公共设施都将尽可能地集成到智能系统中来，以提高建筑的综合服务能力。

任务二 认识综合布线系统

一、任务目标与要求

- 知识目标：掌握综合布线系统的含义；掌握综合布线系统的组成与子系统的定义。
- 能力目标：掌握综合布线系统的设计等级的划分方法；熟悉综合布线的特点。

二、相关知识与技能

1. 综合布线系统的含义

综合布线是一种模块化的建筑物内或建筑群之间的信息传输通道。它既能使语音、数据、图像设备和信息交换设备与其他信息管理系统彼此相连，又能使这些设备与外部通信网络相连。它还包括建筑物到外部配线网络或电信线路与应用系统设备之间的所有缆线及相关的连接部件。综合布线由不同种类和规格的部件组成，其中包括：传输介质、相关连接硬件（如配线架、连接器、插座、插头、适配器）以及电气保护设备等。这些部件可用来构建各种配线子系统，它们都有各自的具体用途，不仅易于实施安装，而且能随需求的变化而平稳升级。

2. 综合布线系统的组成

综合布线系统是开放式星型拓扑结构的预布线系统，应能支持电话、数据、图文、图像、多媒体业务等应用的信息传递需求。

由中华人民共和国建设部和国家质量监督检验检疫总局于2007年4月6日联合发布，《综合布线系统工程设计规范》（编号为GB 50311-2007）和《综合布线系统工程验收规范》（编号为GB 50312-2007）为国家标准，2007年10月1日起实施。标准描述“综合布线系统工程宜按下列7个部分进行设计”。它们是工作区、配线子系统（国外称为水平子系统）、干线子系统（国外称为垂直子系统）、建筑群子系统、设备间、管理和进线间。

（1）工作区是一个独立的需要设置终端设备（TE）的区域。工作区应由配线子系统的信息插座模块延伸到终端设备处的连接缆线及适配器组成。通常一个工作区的服务面积可按 5～$10m^2$ 估算，或按建筑物不同的应用场合及功能需求调整面积的大小。但每个工作区内的每一个信息插座均应支持电话机、数据终端、计算机、电视机、监视器以及传感器等终端设备的设置和安装。设备的连接插座应与连接电缆的插头匹配，不同的插座与插头应加装适配器。如在连接使用不同信号的数模转换或数据速率转换等相应的装置时，宜采用适配器；对于不同网络规程的兼容性，可采用协议转换适配器；各种不同的终端设备或适配器均安装在信息插座之外的工作区的适当位置。

（2）配线子系统应由工作区的信息插座模块、信息插座模块至电信间配线设备（FD）的配线电缆和光缆、电信间的配线设备及设备缆线和跳线等组成，如图 1-2 所示。

（3）干线子系统应由设备间至电信间的干线电缆和光缆和安装在设备间的建筑物配线设备（BD）及设备缆线和跳线组成。

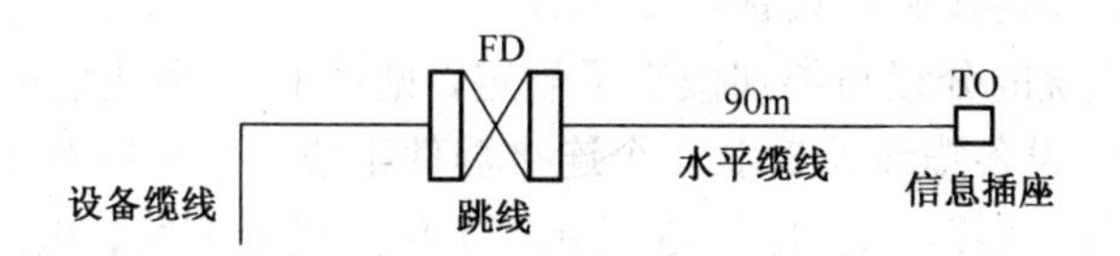

图 1-2 配线子系统组成

（4）建筑群子系统应由连接各个建筑物之间的主干电缆和光缆、建筑群配线设备（CD）及设备缆线和跳线等组成。建筑群主干缆线宜采用地下管道或电缆沟的敷设方式。管道内敷设的铜缆或光缆应遵循电话管道和入孔的各项设计规定。此外安装时至少应预留 1～2 个备用管孔，以供扩充之用。当建筑群子系统采用直埋沟内敷设时，如果在同一沟内埋入了其他的（如监控系统等）电缆，应设立明显的共用标志。

（5）设备间是在每一幢大楼的适当地点进行网络管理和信息交换的场地。对于综合布线系统工程设计，设备间主要安装建筑物配线设备。电话交换机、计算机主机设备及入口设施也可与配线设备安装在一起。设备间内的所有总配线设备应用色标区别各类用途的配线区。设备间的位置及大小应根据设备的数量、规模、最佳网络中心等因素，综合考虑确定。服务商的局端通信电缆应进入一个阻燃接头箱，再接至过压过流等保护装置。各子系统之间的关系如图 1-3 所示。

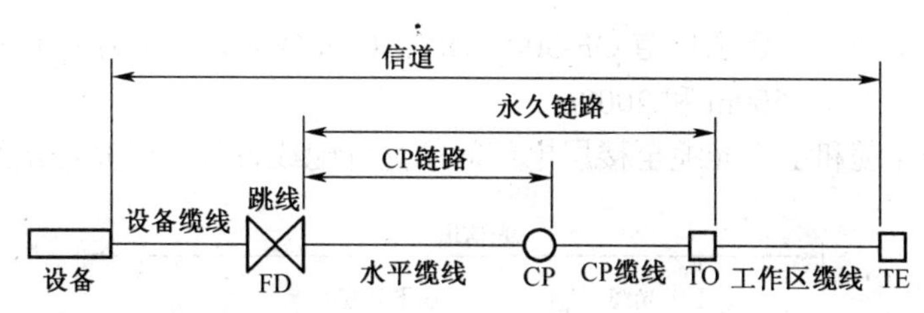

图 1-3 布线系统信道、永久链路、CP 链路构成

（6）工程上对于一个建筑群及建筑物的配线系统而言，还需考虑到外部缆线的引入场地即进线区。那么进线间就是建筑物外部通信和信息管线的入口部位，并可作为设施和建筑群配线设备的安装场地。

（7）管理应对工作区、电信间、设备间、进线间的配线设备、缆线、信息插座模块等设备和设施按一定的模式进行标识与记录，并形成记录文档。文档要求如下：

- 规模较大的综合布线系统宜采用计算机进行管理，简单的综合布线系统宜按图纸资料进行管理，并应做到记录准确、及时更新、便于查阅。
- 综合布线的每条电缆、光缆、配线设备、端接点、安装通道和安装空间均应给定唯一的标志。标志中可包括名称、颜色、编号、字符串或其他组合。
- 配线设备、缆线、信息插座等硬件均应设置不易脱落和磨损的标识，并应有详细的书面记录和图纸资料。
- 电缆和光缆的两端均应标明相同的编号。
- 设备间、交接间的配线设备宜采用统一的色标区别各类用途的配线区。
- 配线机架应留出适当的空间，供未来扩充之用。

3. 综合布线系统的设计等级方法

综合布线系统应能满足所支持的电话、数据、图文、图像等多媒体业务的分级要求，并应选用相应等级的缆线和连接硬件设备。

国标对铜缆布线系统的分级与类别做出了规定，见表 1-1。系统信道应由最长 90m 水平缆线、最长 10m 的跳线和设备缆线及最多 4 个连接器件组成。永久链路则由 90m 水平缆线及 3 个连接器件组成。信道的连接方式如图 1-3 所示。工作区设备缆线、电信间配线设备的跳线和设备缆线之和不应大于 10m。当大于 10m 时，水平缆线长度的 90m 应适当减少。对 FD 跳线、设备缆线及工作区设备缆线各自的长度不应大于 5m。

表 1-1 铜缆布线系统的分级与类别

系统等级	支持带宽 Hz	支持应用器件	
		电缆	连接硬件
A	100K	-	-
B	1M	-	-
C	16M	3 类	3
D	100M	5/5e 类	5/5e 类
E	250M	6 类	6 类
F	600M	7 类	7 类

对光纤信道做出规定，要求信道 OF-300、OF-500 和 OF-2000 分为三个等级，它们支持的应用长度不应小于 300m、500m 和 2000m。

图 1-4 是水平光缆和主干光缆至楼层电信间的光纤配线设备应经光纤跳线连接。

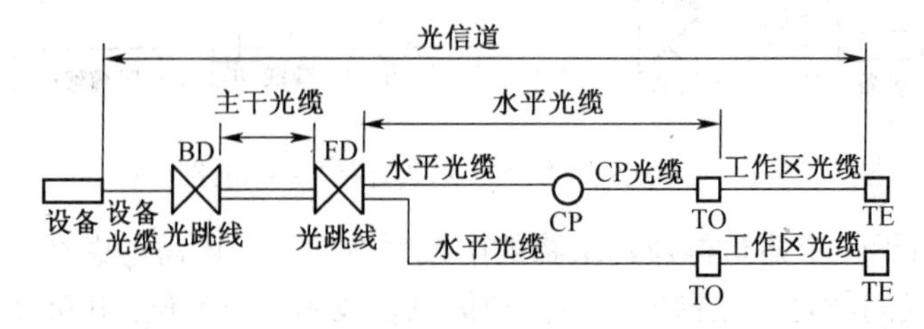

图 1-4 光缆经电信间 FD 光跳线连接

图 1-5 是水平光缆和主干光缆至楼层电信间应经端接（熔接或机械连接）。

图 1-6 是水平光缆经过电信间直接连至大楼设备间。

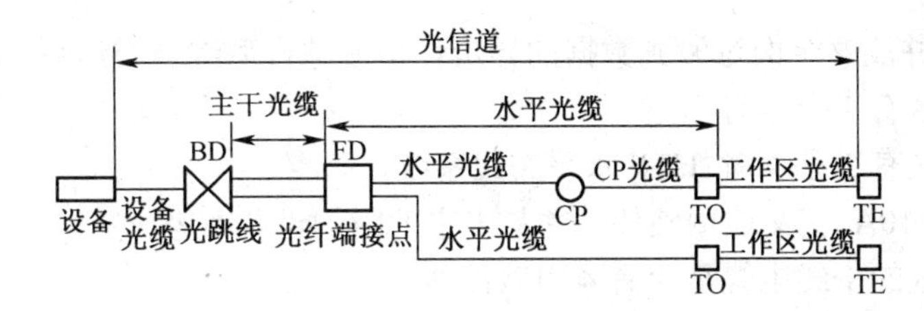

图 1-5 光缆在电信间 FD 做端接

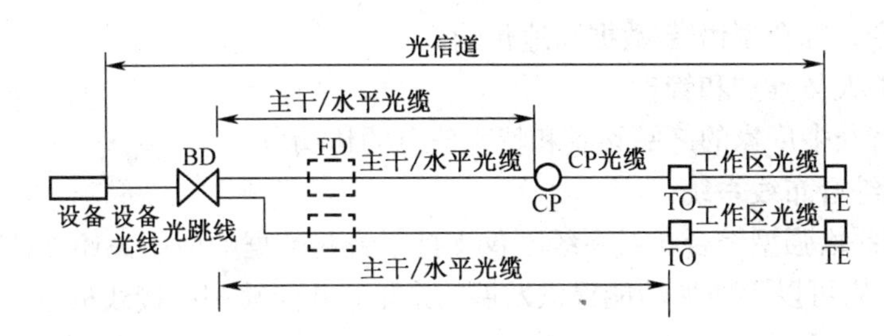

图 1-6 光缆经电信间 FD 直接连接至设备间 BD

在设计、施工和应用时，应特别注意：同一布线信道及链路的缆线和连接器件应保持系统等级与阻抗的一致性。对综合布线系统工程的产品类别及链路、信道等级确定，应综合建筑物的功能、应用网络、业务终端类型、业务的需求及发展、性能价格、现场安装条件等因素，见表 1-2。

表 1-2 布线系统等级与类别的选用

业务种类	配线子系统		干线子系统		建筑群子系统	
	等级	类别	等级	类别	等级	类别
语音	D/E	5e/6	C	3（大对数）	C	3（室外大对数）
数据	D/E/F	5e/6/7	D/E/F	5e/6/7（4 对）	—	—
	光纤	62μm/50μm 多模或小于 10μm 单模	光纤	62μm/50μm 多模或小于 10μm 单模	光纤	62μm/50μm 多模或小于 10μm 单模
其他应用	可采用 5e/6 类 4 对双绞电缆和 62 μm/50μm 多模或小于 10μm 单模光缆					

单模和多模光缆的选用应符合网络的构成方式、业务的互通互连方式及光纤在网络中的应用传输距离。楼内宜采用多模光缆，建筑物之间宜采用多模或单模光缆，需直接与电信业务经营者相连时宜采用单模光缆。

工作区信息点为电端口时，应采用 8 位模块通用插座（RJ45），光端口宜采用 SFF 小型光纤连接器件及适配器。FD、BD、CD 配线设备应采用 8 位模块通用插座或卡接式配线模块（多对、25 对及回线型卡接模块）和光纤连接器件及光纤适配器（单工或双工的 ST、SC 或 SFF 光纤连接器件及适配器）。CP 集合点安装的连接器件应选用卡接式配线模块或 8 位模块通用插座或各类光纤连接器件和适配器。

简单的说，从设计或应用的角度来看，对于建筑物的综合布线系统，一般可分为基本型、增强型和综合型 3 种不同的布线系统等级方案。

（1）基本型综合布线系统。

1）基本配置。基本型综合布线系统方案是一个经济有效的布线方案。它支持语音或综合型语音/数据产品，并能够全面过渡到数据的异步传输或综合型综合布线系统。其基本配置为：

- 每个工作区有 1 个信息插座。
- 每个工作区有 1 条 4 对 UTP 水平布线系统。
- 完全采用 110A 交叉连接硬件，并与未来的附加设备兼容。
- 每个工作区的干线电缆至少有 4 对双绞线。

2）特点：

- 能够支持所有语音和数据传输的应用。
- 支持语音、综合型语音/数据高速传输。
- 便于维护人员维护和管理。
- 能够支持众多厂家的产品设备和特殊信息的传输。

（2）增强型综合布线系统。

1）基本配置：增强型综合布线系统不仅支持语音和数据的应用，还支持图像、影像、影视和视频会议等。它可以为增加功能提供发展的余地，并能够利用接线板进行管理，它的基本配置为：

- 每个工作区有 2 个以上的信息插座。
- 每个信息插座均连接 4 对 UTP 水平布线系统。
- 具有 110A 交叉连接硬件。
- 每个工作区的电缆至少有 8 对双绞线。

2）特点：

- 每个工作区有 2 个信息插座，灵活方便、功能齐全。
- 任何一个信息插座都可以提供语音和高速数据传输。
- 便于管理与维护。
- 能够为众多厂商提供服务环境的布线方案。

（3）综合型综合布线系统。

1）基本配置：综合型综合布线系统是将双绞线和光缆纳入建筑物布线的系统。它的基本配置为：

- 在建筑物、建筑群的干线或水平子系统中配置 62.5μm 的光缆。
- 在每个工作区的电缆内配有 4 对双绞线。
- 每个工作区的电缆中应有 2 条以上的双绞线。

2）特点：

- 每个工作区有 2 个以上的信息插座，不仅灵活方便而且功能齐全。
- 任何一个信息插座都可以提供语音和高速数据传输。
- 有一个很好的环境为客户提供服务。
- 便于管理与维护。
- 能够为众多厂商提供服务环境的布线方案。

特别应该说明的是：从现有的工程情况上看工作区从设置 1 个到 10 个信息点的现象都是存在的，并预留了电缆和光缆备份的信息插座模块。

4. 综合布线的特点

同传统的布线相比较，综合布线有着许多优越性，其特点主要表现在它具有兼容性、开放性、灵活性、可靠性、先进性和经济性。而且在设计、施工和维护方面也给人们带来了许多方便。

（1）兼容性。综合布线的首要特点是它的兼容性。所谓兼容性是指它自身是完全独立的，与应用系统相对无关，可以适用于多种应用系统。

过去，为一幢大楼或一个建筑群内的语音或数据线路布线时，往往是采用不同厂家生产的电缆、配线插座以及接头等。例如用户交换机通常采用双绞线，计算机系统通常采用粗同轴电缆或细同轴电缆。这些不同的设备使用不同的配线材料，而连接这些不同配线的插头、插座及端子板也各不相同，彼此互不相容。一旦需要改变终端设备或设备位置时，就必须敷设新的缆线，以及安装新的插座和插头。

综合布线可将语音、数据与监控设备等信号经过统一的规划和设计，采用相同的传输介质、信息插座、交连设备、适配器等，把这些不同信号综合到一套标准的布线中进行传送。由此可见，这种布线比传统布线大为简化，可节约大量的物资、时间和空间。在使用时，用户不必定义某个工作区的信息插座的具体应用，只把某种终端设备（如个人计算机、电话、视频设备等）插入这个信息插座，然后在交接间和设备间的配线设备上做相应的接线操作，这个终端设备就被接入到与它相适应的系统中完成系统所赋予工作。

（2）开放性。对于传统的布线方式，只要用户选定了某种设备，也就选定了与之相适应的布线方式和传输介质。如果更换另一设备，那么原来的布线就要全部更换。事实上这种变化是十分困难的。综合布线由于采用开放式体系结构，设备和产品符合各种国际上现行的标准，并对相应的通信协议也是支持的，因此它几乎对所有著名厂商的产品都是开放的，如计算机设备、交换机设备等。

（3）灵活性。传统的布线方式是封闭的，其体系结构是固定的，若要迁移或增加设备，则相当困难而麻烦，甚至是不可能的。

综合布线采用标准的传输缆线和相关连接硬件，模块化设计，因此所有通道是通用的。在计算机网络中，每条通道可支持终端、以太网工作站及令牌环网工作站，所有设备的开通或变更均不需要改变布线，只需增减相应的应用设备以及在配线架上进行必要的跳线管理即可。另外，组网也可灵活多样，甚至在同一房间为用户组织信息流提供了必要条件。

（4）可靠性。传统的布线方式由于各个应用系统互不兼容因而在一个建筑物中往往要有多种布线方案。建筑系统的可靠性要由所选用的布线可靠性来保证，当各类应用系统布线不当时，还会造成交叉干扰。

综合布线采用高品质的材料和组合的方式构成一套高标准的信息传输通道。所有线槽和相关连接件均通过 ISO 认证，每条通道都要采用专用仪器测试以保证其电气性能。应用系统布线全部采用点到点端接，任何一条链路故障均不影响其他链路的运行，这就为链路的运行维护及故障检修提供了方便，从而保障了应用系统的可靠运行。各应用系统往往采用相同的传输媒体，因而可互为备用，提高了冗余度。

（5）先进性。综合布线采用光纤和双绞线混合布线方式，极为合理地构成一套完整的布线。所有布线均符合世界上多类通信标准，链路均按 8 芯 4 对双绞线配置。5 类双绞线带宽可达 100MHz，6 类双绞线带宽可达 250MHz。根据用户的需求可把光纤引到桌面 FTTD（Fiber To The Desk）。语音干线部分采用铜缆，数据部分采用光缆，为同时传输多路实时信息提供足够的带宽容量。

（6）经济性。综合布线比传统布线更具经济性，主要是综合布线可适应相当长时间的用户需求，而传统布线改造则很费时间，耽误工作造成的损失更是无法用金钱计算。

因此，综合布线取代单一、昂贵、复杂的传统布线，较好地解决了传统布线方法存在的许多问题，是“信息时代”的要求，也是历史发展的必然趋势。

5. 智能建筑与综合布线的关系

智能建筑是建筑、通信、计算机网络和自动控制等多种技术的集成，作为智能化建筑中的神经系统——综合布线系统，是智能建筑的关键部分和基础设施之一，因此，不应将智能化建筑和综合布线系统相互等同。综合布线系统在建筑内和其他设施一样，都是附属于建筑物的基础设施，为智能化建筑的主人或用户服务。虽然综合布线系统和房屋建筑彼此结合形成不可分离的整体，但要看到它们是不同类型和工程性质的建设项目。它们在规划、设计、施工、测试验收及使用的全过程中，其关系是极为密切的。具体为以下几点：

（1）综合布线系统是衡量智能化建筑的智能化程度的重要标志。

在衡量智能化建筑的智能化程度时，既不是看建筑物的体积是否高大巍峨和造型是否新颖壮观，也不是看装修是否华丽和设备是否配备齐全，主要是看综合布线系统承载信息系统的种类和能力，看设备配置是否成套，各类信息点分布是否合理，工程质量是否优良，这些都是决定智能化建筑的智能化程度高低的重要因素，因为智能化建筑能否为用户更好地服务，综合布线系统具有决定性的作用。

（2）综合布线系统是智能化建筑中必备的基础设施。

综合布线系统把智能建筑内的通信、计算机、监控等设备及设施，相互连接形成完整配套的整体，以实现高度智能化的要求。由于综合布线系统能适应各种设施当前的需要和今后的发展，具有兼容性、可靠性、使用灵活性和管理科学性等特点，所以它是智能化建筑能够保证优质、高效服务的基础设施之一。在智能建筑中如果没有综合布线系统，各种设施和设备因无信息传输介质连接而无法相互联系、正常运行，智能化也难以实现，这时智能化建筑是一幢只有空壳躯体的、实用价值不高的土木建筑。在建筑物中只有配备了综合布线系统时，才有实现智能化的可能性，这是智能建筑工程中的关键内容。

（3）综合布线系统应能适应今后智能建筑和各种科学技术的发展需要。

通常房屋建筑的使用寿命较长，大都在几十年以上，甚至近百年。因此，目前在规划和设计新的建筑时，应考虑如何适应今后发展的需要。由于综合布线系统具有很高的适应性和灵活性，能在今后相当长的时期内满足客观发展需要，为此，在新建的高层或重要的智能化建筑中，应根据建筑物的使用性质和今后发展等各种因素，积极采用综合布线系统。对于近期不拟设置综合布线系统的建筑，应在工程中考虑今后设置综合布线系统的可能性，在主要部位、通道或路由等关键地方，适当预留房间（或空间）、洞孔和线槽，以便今后安装综合布线系统时，避免打洞穿孔或拆卸地板及吊顶等装置，有利于扩建和改建。

总之，综合布线系统分布于智能建筑中，必然会有相互融合的需要，同时又可能发生彼此矛盾的问题。因此，在综合布线系统的规划、设计、施工和使用等各个环节，都应与负责建筑工程的有关单位密切联系和配合协调，采取妥善合理的方式来处理，以满足各方面的要求。

6. 关注点

综合布线系统是智能化建筑或智能化小区内部的神经系统和基础设施，从理论上讲，它应该是可以综合各个弱电子系统的上层管理部分，但在涉及到信息网络系统的性质时有：

（1）各个系统的不同要求。

（2）主管部门规定不应综合所有系统。

（3）综合布线系统的初期建设投资较高。

（4）安装的灵活性或通用性等因素的限制。

因此，综合布线系统的综合范围不宜过宽，也不可能综合所有系统，如果过于强调综合和高度集成，则将使网络结构组织复杂，通信设备数量大大增加，且也难以符合各个系统实际使用需要。也就是说，综合布线系统的综合范围应适度，应根据工程的实际情况和用户的客观信息的需要以及现场具体条件来确定，当然还有一个工程造价的因素。

任务三　认识智能家居系统

一、任务目标与要求

- 知识目标：认识智能家居布线系统的各子系统及其组成。
- 能力目标：对智能家居布线系统各产品的市场信息的收集与整理能力；新产品的认知能力。

二、相关知识与技能

智能家居（SmartHome）的名称和定义目前还没有统一的标准，通常智能家居是以家为平台，兼备建筑、网络通讯、信息家电、网络家电、自动化和智能化、集系统、结构、服务、管理、控制于一体的高效、舒适、安全、便利、节能、健康，环保的家居环境。

智能家居布线系统是智能家居中最基本的系统，其他智能家居系统都需基于智能家居布线系统来完成信号传输和配线管理，包括宽带接入系统、家庭通讯系统、家庭局域网、家庭安防系统、家庭娱乐系统等。它是智能家居系统的基础，是其传输的通道。

目前，我国的新建、改建住宅中正在加快实施光纤到户的工程。它是“三网”融合的先决条件，我国深圳市已实现了家庭 IPTV 到户。

应该看到随着办公楼宇、商业中心、住宅小区电力光纤入户，实现电网、互联网、电信网、广电网的“四网合一”，将会在不远的将来融入到我们的生活中。

室内装修应该如何安排自己的弱电线路，不同需求的用户答案也不尽相同，通常住宅中可以拥有局域网系统、有线电视系统、电话系统、背景音乐系统、门禁系统、视频监控、入侵报警系统等各个子系统，如图 1-7 所示。下面简要介绍前三个系统。

1. 局域网系统

信息网时代对家居生活产生了重要的影响，我们应跟上时代的脚步为新居组建小型局域网络，以应对家人上网、信息家电接入网络、远程网络监控等需求。在家里组建小型局域网络，只需申请一根上网宽带线路，让每个房间都能够用电脑同时上网。随着物联网技术的发展和智能家电网络化的趋势，网络影音中心、智能冰箱、智能微波炉、“三表”远程抄表、网络视频监控会陆续出现，这些智能家电或设备都应能可靠接入网络。

局域网是一个星型拓扑结构，在信息接入箱安装起总控作用的 RJ45 配线面板模块，所有网络插座来的线路接入配线面板的后面，信息接入箱中还应有装有小型网络交换机，通过 RJ45 跳线接到配线面板的正面接口。任何一个节点或连接电缆发生故障，只会影响一个节点。

为现在访问因特网和以后大量面世的智能家电预留网络信息接口，我们需要每间房都至少有两个网络接口，一口可用于网络，一口可用于电话，这是基于网络和电话复用和互相线路备份的要求。包括 RJ45 配线面板、双绞线、RJ45 信息模块，宜选择目前流行的超五类或六类或光纤缆线等产品，以应对现在和将来的需要。

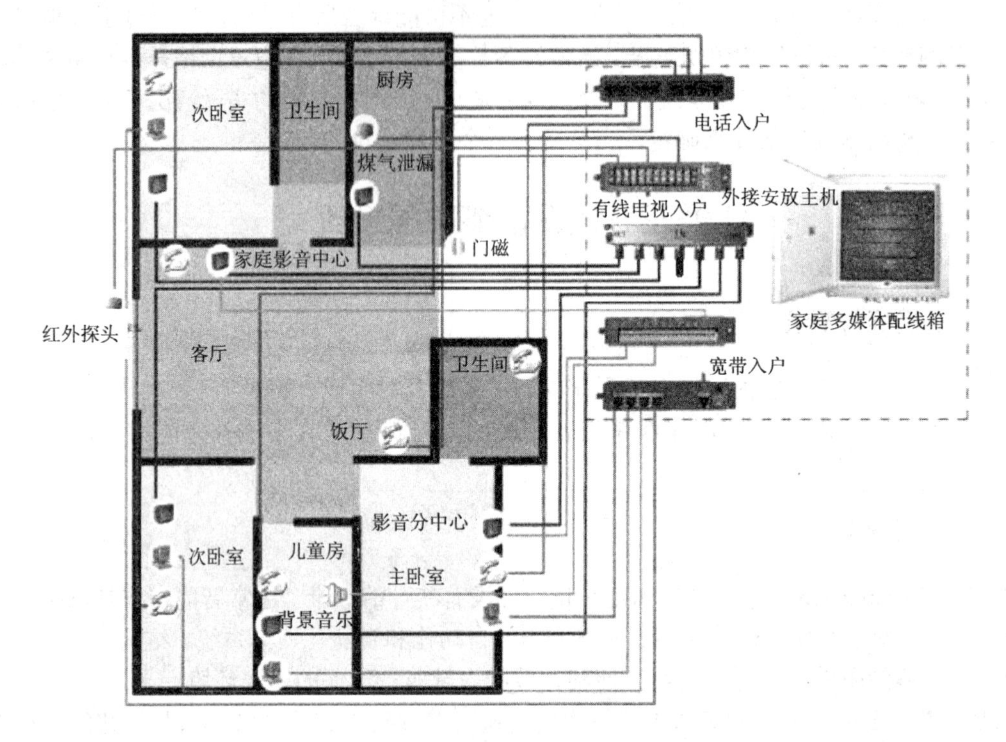

图 1-7 常见的家庭智能布线系统

2. 有线电视系统

家居生活中可能不只有摆在客厅中的一部电视机，卧室房间中也应有电视机，特别是现在液晶大屏幕电视大幅降价，部分家庭也需要更新电视，原来的电视就可以移到卧室里。有线电视系统可传输模拟或数字信号，将信号送到每一个房间，既能收看模拟电视节目，也能收看数字信号电视节目。家用的有线电视系统应选用较好的材料，应使用专用双向、高屏蔽、高隔离 1000MHz 同轴电缆和面板、分配器。

电缆应选用对外界干扰信号屏蔽性能好的 75-5 型同轴电缆，保证每个房间的信号电平；有线电视图像清晰、无网纹干扰。有线电视的布线相对简单，对于普通商品房，我们只需在家庭信息箱中安装一个一分四的分配器模块就可以将外线接入的有线电视信号在这里分到客厅和各个房间。

3. 电话系统

虽然现在手机很普及，但是人们总习惯追逐各种优惠的资费套餐不断换电话卡，手机也可能丢失，这导致我们的手机号码不顾定，有线电话就不存在这个问题，加上它的资费总比手机的低，所以新居安装有线电话还是必要的。

如今国产的小型一拖四、二拖八小型电话程控交换机价格非常便宜，因此家里安装小型电话程控交换机已经成为可能。家里安装小型电话程控交换机后，只需申请一根外线电话线路，让每个房间都能拥有电话。而且既能内部通话，又能拨接外线。

当然还有普通的只用信息接入箱配套的电话语音模块面板，但是这种面板只能共享接入电话外线，电话进来时，铃声同响，一房通话，别房可监控，没有通话保密功能。电话系统和局域网络系统布线是按照我们的“复用和双备份”的要求一起布线的，在缆线和接口插座上用材是一样的，不同的是在信息接入箱的连接方法不同。用作电话的网络双绞线，我们采用色标为蓝和蓝白的线对打上 RJ11 水晶头，若采用小型程控交换机的话，应将 RJ11 改换为 RJ45 直接插入程控交换机的接口。

现在，国内、外大的综合布线厂家都针对智能家居市场推出了解决方案和产品。可选择信息传输介质的方案有：电力线、无线射频、红外线、双绞线、同轴电缆、光纤。

三、相关知识链接

三重播放（Triple-Play）是指提供三种服务：因特网、电视（视频和一般的广播）和通过宽带连接的电话服务与网络基础架构。三重播放业务是一种融合了话音、数据和视频业务的捆绑业务模式。三重播放业务不仅能够满足用户对数据业务的需求，同时也能满足用户对高端业务的需求，三重播放业务中最关键的是以 IPTV 业务为代表的视频业务。运营商提供包含视频在内的业务捆绑，使用户能够享受到业务捆绑所带来的资费优惠。

当前，运营商正努力从传统基础网络运营商向现代综合信息服务提供商转型，网络的建设发展将是以业务为核心的发展模式。宽带业务的转型将表现为：多媒体、互动形态逐渐占主流的多重业务模式；基于 IP 的网络业务融合（视频、语音、数据融合）；个性化的点对点通信广泛应用；用户按需获得充足的带宽资源和服务。这种业务演变趋势对光纤接入网络提出了迫切要求。

EPON 接入平台是实现三重播放业务的理想承载平台，从业务支持能力、带宽能力、QoS、安全性和网络管理等各个方面对多重业务提供保障，系统根据光纤入户和三重播放业务模式不断推出成熟适合的 ONU，满足未来宽带网络发展的趋势。

现代社会的家居生活，不仅要方便舒适，还要智能、娱乐、安全，这就需要完善良好的家居弱电布线。弱电布线就是家居房间内的“神经”，它们传递各种电路信号到各种设备，从而实现上述应用需求。

任务四　认识安全防范系统

一、任务目标与要求

- 知识目标：认识安全防范系统的各子系统及其组成。
- 能力目标：对安全防范系统各产品市场信息的收集与整理能力；新产品的认知能力。

二、相关知识与技能

安全防范系统一般由安全防范管理系统和若干个相关子系统组成。现阶段较常用的子系统主要包括入侵报警系统；出入口控制系统；视频安防监控系统；楼宇对讲系统；电子巡查系统；停车库（场）管理系统和以防爆安全检查系统为代表的特殊子系统等。安全防范系统的结构模式按其规模大小、复杂程度可有多种构建模式。如按照系统集成度的高低，安全防范系统分为集成式、组合式、分散式三种类型。在防范策略上又可采用人力防范、实体防范、技术防范或它们的组合方式加以实现。

1. 入侵报警系统（IAS）

它是利用传感器技术和电子信息技术探测并指示非法进入或试图非法进入设防区域的行为，处理报警信息、发出报警信息的电子系统或网络。系统应能根据被防护对象的使用功能及安全防范管理的要求，对设防区域的非法入侵、盗窃、破坏和抢劫等进行实时有效的探测与报警。高风险防护对象的入侵报警系统应有报警复核（声音）功能。系统不得有漏报警。误报警率应符合工程合同书的要求。

入侵报警系统通常由前端设备（包括探测器和紧急报警装置）、传输设备、处理/控制/管理设备和显示/记录设备四个部分构成。

根据信号传输方式的不同，入侵报警系统组建的常见模式：分线制（即探测器、紧急报警装置通过多芯电缆与报警控制主机之间采用一对一专线相连）；总线制（探测器、紧急报警装置通过其相应的编址模块与报警控制主机之间采用报警总线（专线）相连）；无线制（探测器、紧急报警装置通过其相应的无线设备与报警控制主机通讯，其中一个防区内的紧急报警装置不得大于 4 个）；公共网络（探测器、紧急报警装置通过现场报警控制设备和/或网络传输接入设备与报警控制主机之间采用公共网络相连。公共网络可以是有线网络，也可以是有线—无线—有线网络）。

2. 出入口控制系统（ACS）

它是利用自定义符号识别和（或）模式识别技术对出入口目标进行识别并控制出入口执行机构启闭的电子系统或网络。系统应能根据建筑物的使用功能和安全防范管理的要求，对需要控制的各类出入口，按各种不同的通行对象及其准入级别，对其进、出实施实时控制与管理，并应具有报警功能。

系统的识别装置和执行机构应保证操作的有效性和可靠性，可有防尾随措施；系统的信息处理装置应能对系统中的有关信息自动记录、打印、存储，并有防篡改和防销毁等措施。应有防止同类设备非法复制的密码系统，密码系统应能在授权的情况下修改；系统应能独立运行。应能与电子巡查系统、入侵报警系统、视频安防监控系统等联动。

集成式的出入口控制系统应能与安全防范系统的安全管理系统联网，实现安全管理系统对出入口控制系统的自动化管理与控制；组合式的出入口控制系统应能与安全防范系统的安全管理系统联接，实现安全管理系统对出入口控制系统的联动管理与控制；分散式安全防范系统的出入口控制系统，应能向管理部门提供决策所需的主要信息。

系统必须满足紧急逃生时人员疏散的相关要求。疏散出口的门均应设为向疏散方向开启。人员集中场所应采用平推外开门。配有门锁的出入口，在紧急逃生时，应不需要钥匙或其他工具，亦不需要专门的知识或费力便可从建筑物内开启。其他应急疏散门，可采用内推闩加声光报警模式。

3. 视频安防监控系统（VSCS）

它是利用视频技术探测、监视设防区域并实时显示、记录现场图像的电子系统或网络。系统应能根据建筑物的使用功能及安全防范管理的要求，对必须进行视频安防监控的场所、部位、通道等进行实时、有效的视频探测、视频监视，图像显示、记录与回放，可具有视频入侵报警功能。与入侵报警系统联合设置的视频安防监控系统，应有图像复核功能，可有图像复核加声音复核功能。

该子系统应根据各类建筑物安全防范管理的需要，对建筑物内（外）的主要公共活动场所、通道、电梯及重要部位和场所等进行视频探测、图像实时监视和有效记录、回放。对高风险的防护对象，显示、记录、回放的图像质量及信息保存时间应满足管理要求。

系统的画面显示应能任意编程，能自动或手动切换，画面上应有摄像机的编号、部位、地址和时间、日期显示。

系统应能独立运行。应能与入侵报警系统、出入口控制系统等联动。当与报警系统联动时，能自动对报警现场进行图像复核，能将现场图像自动切换到指定的监视器上显示并自动录像。

集成式的视频安防监控系统应能与安全防范系统的安全管理系统联网，实现安全管理系统对视频安防监控系统的自动化管理与控制；组合式视频安防监控系统应能与安全防范系统的安全管理系统联接，实现安全管理系统对视频安防监控系统的联动管理与控制；分散式的视频安防监控系统，应能向管理部门提供决策所需的主要信息。

4. 楼宇对讲系统

它是具有选通、对讲功能，并提供电控开锁的电子系统。系统的防盗安全门、访客对讲系统、可视对讲系统已作为一种民用出入口控制系统。

5. 电子巡查系统

它是对保安巡查人员的巡查路线、方式及过程进行管理和控制的电子系统。系统应能根据建筑物的使用功能和安全防范管理的要求，按照预先编制的保安人员巡查程序，通过信息识读器或其他方式对保安人员巡逻的工作状态如是否准时、是否遵守顺序等进行监督、记录，并能对意外情况及时报警。

系统应可编制巡查程序，应能在预先设定的巡查路线中，用信息、识读器或其他方式，对人员的巡查活动状态进行监督和记录，在线式电子巡查系统应在巡查过程发生意外情况时能及时报警；系统可独立设置，也可与出入口控制系统或入侵报警系统联合设置。独立设置的电子巡查系统应能与安全防范系统的安全管理系统联网，满足安全管理系统对该系统管理的相关要求。

6. 停车库（场）管理系统

它是对进、出停车库（场）的车辆进行自动登录、监控和管理的电子系统或网络。系统应能根据建筑物的使用功能和安全防范管理的需要，对停车库（场）的车辆通行道口实施出入控制、监视、行车信号指示、停车管理及车辆防盗报警等综合管理。

7. 防爆安全检查系统

它是检查有关人员、行李、货物是否携带爆炸物、武器和（或）其他违禁品的电子设备系统或网络。系统应能对规定的爆炸物、武器或其他违禁物品进行实时、有效的探测、显示、记录和报警。系统的探测率、误报率和人员物品的通过率应满足国家现行相关标准的要求；探测不应对人体和物品产生伤害，不应引起爆炸物起爆。

8. 安全管理系统（SMS）

它是对入侵报警、视频安防监控、出入口控制等子系统进行组合或集成，实现对各子系统的有效联动、管理和（或）监控的电子系统。在构建上常见的模型有集成式、组合式和分散式安全防范系统的安全管理系统。无论哪种方式系统都应满足下列规定：系统由多媒体计算机及相应的应用软件构成，以实现对系统的管理和监控；系统的应用软件应先进、成熟，能在人机交互的操作系统环境下运行；应使用简体中文图形界面；应使操作尽可能简化；在操作过程中不应出现死机现象。如果安全管理系统一旦发生故障，各子系统应仍能单独运行；如果某子系统出现故障，不应影响其他子系统的正常工作。同时系统应用软件应至少具有：

① 对系统操作员的管理功能。设定操作员的姓名和操作密码，划分操作级别和控制权

限等。

② 系统状态显示功能。以声光和/或文字图形显示系统自检、电源状况（断电、欠压等）、受控出入口人员通行情况（姓名、时间、地点、行为等）、设防和撤防的区域、报警和故障信息（时间、部位等）及图像状况等。

③ 系统控制功能。视频图像的切换、处理、存储、检索和回放，云台、镜头等的预置和遥控。对防护目标的设防与撤防，执行机构及其他设备的控制等。

④ 处警预案功能。入侵报警时入侵部位、图像和/或声音应自动同时显示，并显示可能的对策或处警预案。

⑤ 事件记录和查询功能。操作员的管理、系统状态的显示等应有记录，需要时能简单快速地检索和/或回放。

⑥ 报表生成功能。可生成和打印各种类型的报表。报警时能实时自动打印报警报告（包括报警发生的时间、地点、警情类别、值班员的姓名、接处警情况等）。

公共安全技术防范工程是用来保障公民人身安全和国家、集体、个人财产安全，维护社会稳定的工程。安全防范工程在设计和建设时必须符合国家现行工程建设强制性标准和有关法律、法规的规定。工程的设计应根据被防护对象的使用功能、建设投资及安全防范管理工作的要求，综合运用安全防范技术、电子信息技术、计算机网络技术等，构成先进、可靠、经济、适用、配套的安全防范应用系统。设计应以结构化、规范化、模块化、集成化的方式实现，应能适应系统维护和技术发展的需要。安全防范系统的配置应采用先进而成熟的技术、可靠而适用的设备。安全防范系统中使用的设备必须符合国家法规和现行相关标准的要求，并经检验或认证合格。

各类安全防范工程均应具有安全性、可靠性、开放性、可扩充性和使用灵活性，做到技术先进、经济合理、实用可靠。

任务五 相关标准的认识

一、任务目标与要求

- 知识目标：掌握标准的含义；知道综合布线系统有哪些主要标准；知道 GB 50311-2007、GB 50312-2007、TIA/EIA 568B 和 ISO/IEC 11801-2002 等标准的含义。知道 TIA/EIA-606 标准对标识的规定。
- 能力目标：能够查询相关标准。

二、相关知识与技能

按照美国电信工业协会（TIA）工程手册中的定义，标准是“为已经被权威机构颁布或者已经被一致同意采用的工序、过程、细则和方法制定工程和技术要求的文档。对于材料的选择、应用和设计标准，也可以制定标准”。标准是保证最低性能级别的规范。标准用于量化和限制给定的材料或组件。由于可以使用的软件和硬件种类繁多，所以标准在日常生活和工业中就显得特别重要。

我国布线行业主要参照国际标准、美洲标准、欧洲标准、国家标准、国内行业标准及相应的地方标准实施。

1. 协会标准

中国工程建设标准化协会在 1995 年颁布了《建筑与建筑群综合布线系统工程设计规范》（CECS 72:95）。该标准在很大程度上参考了北美的综合布线系统标准 EIA/TIA 568，这是我国第一部关于综合布线系统的设计规范。

经过几年的实践和经验总结，并广泛征求建设部、原邮电部和原广电部等主管部门和专家的意见后，该协会在 1997 年颁布了新版《建筑与建筑群综合布线系统工程设计规范》（CECS 72:97）和《建筑与建筑群综合布线系统工程施工及验收规范》（CECS 89:97），该标准积极采用国际先进经验，与国际标准 ISO/IEC 11801:1995（E）接轨，增加了抗干扰、防噪声污染、防火和防毒等方面的内容。

2. 行业标准

1997 年 9 月 9 日，我国通信行业标准 YD/T 926《大楼通信综合布线系统》正式发布，并于 1998 年 1 月 1 日起正式实施。

2001 年 10 月 19 日，由我国信息产业部发布了中华人民共和国通信行业标准 YD/T 926-2001《大楼通信综合布线系统》第二版，并于 2001 年 11 月 1 日起正式实施。

3. 地方标准

为满足地方现代化都市的发展需要，使建筑与建筑群的综合布线系统能适应楼宇智能化、电信公用网数字化、宽带化、高速化、个人化、全球化的发展，保障通信的通畅、快捷、高效，有必要对综合布线系统设计的规范和统一管理作出明确的要求。为此，我国部分地方制定了相关标准，如 1997 年 10 月 22 日北京市颁布了《北京市建筑与建筑群综合布线系统工程设计技术规定》（暂行），广东省质量技术监督局 2000 年 4 月 24 日发布并于 2000 年 8 月 1 日实施的《建筑物综合布线系统检测验收规范》等。

特别说明：随着我国经济建设的发展，目前地方标准正渐渐地被国家标准取代。

4. 国家标准

国家标准《建筑与建筑群综合布线系统工程设计规范》GB/T 50311-2000、《建筑与建筑群综合布线系统工程验收规范》GB/T 50312-2000 于 1999 年底上报国家信息产业部、建设部、国家质量技术监督局于 2000 年 2 月 28 日联合发布，2000 年 8 月 1 日开始执行。与 YD/T 926 相比，确定了一些技术细节。这两个标准只是关于 100MHz 5 类布线系统的标准，不涉及超 5 类布线系统以上的布线系统。经过几年的工程设计和施工，2007 年对标准进行修订并发布了国家标准《综合布线系统工程设计规范》GB 50311- 2007、《综合布线系统工程验收规范》GB 50312-2007。标准中增设了进线间部分和强制执行条款。

5. 综合布线相关部分国际标准组织与机构

ANSI 美国国家标准协会（American National Standards Institute）

EIA 电子行业协会（Electronic Industries Association）

ICEA 绝缘电缆工程师协会（Insulated Cable Engineers Association）

IEC 国际电工委员会（International Electrotechnical Commission）

IEEE 美国电气与电子工程师协会（Institute of Electrical and Electronics Engineers）

ISO 国际标准化组织（International Standards Organization）

NFPA 国家防火协会（National Fire Protection Association）

TIA 电信行业协会（Telecommunications Industry Association）

UL 安全实验室（Underwriters Laboratories）

ETL 电子测试实验室（Electronic Testing Laboratories）
FCC 美国联邦电信委员会（Federal Communications CommissionU.S）
NEC 国家电气规范（National Electrical Code(issued by the NFPA in the U.S.）
CSA 加拿大标准协会（Canadian Standards Association）
ISC 加拿大工业技术协会（Industry and Science Canada）

这些组织都在不断努力制定更新的标准以满足技术和市场的需求。

6. TIA/EIA-568 标准简介

TIA/EIA 标准主要包括的内容有 568（1991 年）商业建筑通信布线标准；569（1990 年）商业建筑电信布线路径和空间标准；570（1991 年）居住和轻型商业建筑标准；606（1993 年）商业建筑电信布线基础设施管理标准；607（1994 年）商业建筑中电信布线接地及连接要求。

TIA/EIA-568 即“商务大厦电信布线标准”，正式定义发布综合布线系统的线缆与相关组成部件的物理和电气指标。

ANSI TIA/EIA-568-A 的出现将 TSB-36 和 TSB-40 包括到 ANSI TIA/EIA -568 的修订版本中，随着更高性能产品的出现和市场应用需要的改变，对这个标准也提出了更高的要求。其委员会也相继公布了很多的标准增编、临时标准，以及技术公告（TSB）。

ANSI TIA/EIA-568-B.1：第一部分，是一般要求。这个标准着重于水平和主干布线拓扑、距离、介质选择、工作区连接、开放办公布线、电信与设备间、安装方法以及现场测试等内容。

ANSI TIA/EIA-568-B.2：第二部分，平衡双绞线布线系统。这个标准着重于平衡双绞线电缆、跳线、连接硬件的电气和机械性能规范以及部件可靠性测试规范、现场测试仪性能规范、实验室与现场测试仪比对方法等内容。

ANSI TIA/EIA-568-B.2.1 是 ANSI TIA/EIA-568-B.2 的增编，是第一个关于 6 类布线系统的标准。

ANSI TIA/EIA-568-B.3：第三部分，光纤布线部件标准。这个标准定义光纤布线系统的部件和传输性能指标，包括光缆、光跳线和连接硬件的电气与机械性能要求，器件可靠性测试规范，现场测试性能规范。该标准取代了 ANSI TIA/EIA-568 -A 中的相应内容。

TSB-36 是 TIA 公布的技术白皮书，即“非屏蔽双绞线附加参数”，该白皮书进一步以“Category”定义了 UTP 性能指标。TSB-40 即“非屏蔽双绞线连接硬件的附加传输参数”。TSB40 将布线连接硬件分为 3 类、4 类、5 类，同时，由于布线过程也会影响到布线性能，TSB-40 还包含了布线的具体操作规范。

TIA/EIA/IS-729：100Ω 外屏蔽双绞线布线的技术规范。这是一个对 TIA-568-A 和 ISO/IEC 11801 外屏蔽（ScTP）双绞线布线规范的临时性标准。它定义了 ScTP 链路和元器件的插座接口、屏蔽效能、安装方法等参数。

TIA/EIA-570-A：住宅电信布线标准，是订出新一代的家居电信布线标准，以适应现今及将来的电信服务。标准提出了有关布线的新等级，并建立一个布线介质的基本规范及标准，主要应用支持话音、数据、影像、视频、多媒体、家居自动系统、环境管理、保安、音频、电视、探头、警报及对讲机等服务。标准主要规划于新建筑，更新增加设备，单一住宅及建筑群等。

TIA/EIA-607：商业建筑物接地和接线规范。制定这个标准的目的是在了解要安装电信系统时，对建筑物内的电信接地系统进行规划、设计和安装。它支持多厂商、多产品环境及可能安装在住宅的工作系统接地。

7. TIA/EIA-606 标准简介

TIA/EIA-606 标准是《商业建筑物电信基础结构管理标准》。也是目前国际上有关商业建筑物电信基础结构的唯一的管理标准。电信基础结构是指建筑物或建筑群内所有信息分配提供基本支持的各种组件的总成，包括电信间、电缆通路、接地、终接硬件等。

智能建筑物要求有有效的电信基础结构以支持依靠电子信息传输的各种服务——网络、电话、各类控制信号、多媒体信息等。何谓有效？并不是布线性能非常高就是有效，布线是个基础，加之管理得当、得法，才谓有效。

606 管理标准依据相关布线标准而制定，因而在一些规定上具有强制性而与布线标准相一致。606 标准还规定了典型的管理系统应由标识、记录、图纸、报告和工单组成，并设定了方案。这些内容在布线的过程中执行，在应用和维护中使用，在变化中更新。它们之间又相互关联，互为补充。

布线工程或多或少都在做 606 标准所制定的工作，像标识、图纸、工单等，最后都会给用户一个文档。606 标准规定了该如何作标识，用什么样的标识，怎样做记录，其中应该包含什么东西，报告又是怎样的，系统图，平面图，安装图等，当布线完成后应该把这些东西存档，交给用户一份，这才是一个完善的工程。

606 标准在综合布线结构的基础上，把管理的目标定位在线缆（电信介质）、通道、空间、端接硬件（电信介质终端）和接地上。那么我们就应该在这些地方上作标识，对这些地方进行记录和报告，在图纸上体现这些地方，当有什么地方有变动时我们都要生成变更文件。

标识由标识符和标记组成。标识符是文字，用以说明被标识的对象。而标识符的方式可分为两种：非编码的和编码的。非编码的很简单，如 D002 只是表示一条独立的电缆，其他的电缆不可重复使用。又如 7A-C108-005 就可表示电信间 7A、C 行、8 排、信息块位置 005。并且对于线缆来说要求最起码在线缆的两端都进行标识，最好要每隔一段距离就进行标识，在维修口处的线缆部分要进行标识。标记是标识的方法，可以直接写在目标上，也可以使用标签来标记。建议使用标签来标识，这样可以更换方便，维护方便。标签简单可分为粘贴型和插入型，606 标准对标签的选择有特殊的要求，不是随便使用就可以，而要求使用满足 UL969 认证的标签。

对于配线架、机柜以及通道的标识，应选择不同材料的标签进行标识。而且不同颜色的标签使用在不同的应用上是很好的办法。606 标准也制定了各种颜色的不同应用分类（色标）。不要认为只要是标签就可任意使用。线缆有线缆的标签，端接硬件有端接硬件的标签。606 标准规定了接地专用的标识符（如 TGB，电信接地总线）。醒目详细的接地标签是必要的，也是很重要的。

根据 TIA/EIA-606 标准的规定：传输机房、设备间、介质终端、双绞线、光纤、接地线等都有明确的编号标准和方法。通常施工人员为保证线缆两端的正确端接，会在线缆上贴上标签。用户可以通过每条线缆的唯一编码，在配线架和面板插座上识别线缆。

（1）布线物理标识的选择根据以下 3 点决定：

① 制作标识的时间（工程完成前还是完成后）。外围缠绕标签可在任何时候使用，即工程完成前后均可。套管类产品只能在工程完成前使用，因为需要从线缆的打开端滑动套入。套管线标紧贴线缆提供最大的绝缘和永久性。

② 准备做标识的线缆规格。线缆的规格决定所用外围缠绕标签的长度或套管的直径。大多数外围缠绕型的标签可以适用多种尺寸。

③ 这些标签所在环境（脏、化学、水、易磨损等）。。选择一种线标材料来满足您工作环

境的要求是非常重要的。很多公司因为没有选择正确的标签材料而遇到了麻烦，他们不得不在一到两年内再次更换所有的标签。

（2）布线物理标识的制作。

① 外围缠绕线缆标识。由线标顶部开始将线标从衬垫上剥下，尽量少接触带胶的部分。将标签顶部先粘在线缆上，然后将其余部分顺势缠绕，注意不要接触到带胶部分（皮肤接触可以损失 50%的粘胶，使标签粘接效果降低）。

② 热缩套管。挤压衬垫上打印好的套管，使被压平的套管一端开口，将线缆插入套管，然后将其从衬垫上拆下（有些人更喜欢先拆下套管，然后挤压打开一端插入线缆），穿线后将套管调整至适当位置，如果为热缩套管可以使用加热枪使其收缩放置固定位置。

8. 国际标准 ISO/IEC 11801 简介

国际标准 ISO/IEC 11801 是由联合技术委员会 ISO/IEC JTC1 的 SC 25/WG 3 工作组在 1995 年制定发布的，这个标准把有关元器件和测试方法归入国际标准。

目前该标准有三个版本：

ISO/IEC 11801：1995

ISO/IEC 11801：2000

ISO/IEC 11801：2000+

修订稿 ISO/IEC 11801:2000 修正了对链路的定义。ISO/IEC 认为以往的链路定义应被永久链路和通道的定义所取代。此外，该标准还规定了永久链路和通道的等效远端串扰、综合近端串扰、传输延迟。而且，修订稿也将提高近端串扰等传统参数的指标。应当注意的是，修订稿的颁布，可能使一些全部由符合现行 5 类布线标准的线缆和元件组成的系统达不到 D 级系统的永久链路和通道的参数要求。

第 2 版的 ISO/IEC 11801:2000+：这个新规范定义了 6 类、7 类布线的标准，给布线技术带来革命性的影响。

第 2 版的 ISO/IEC 11801 规范将把 5 类 D 级的系统按照超 5 类重新定义，以确保所有的 5 类系统均可运行千兆位以太网。更为重要的是，布线系统的电磁兼容性（EMC）问题、6 类和 7 类链路在这一版的规范中有了定义。

9. 欧洲标准 EN50173

它和 EIA/TIA 标准在基本理论上是相同的，都是利用铜质双绞线的特性实现链路的平衡传输，但欧洲标准更强调电磁兼容性，提出通过线缆屏蔽层，使线缆内部的双绞线对在高带宽传输的条件下，具备更强的抗干扰能力和防辐射能力。

10. 综合布线其他相关标准

（1）防火标准。

国际上综合布线中电缆的防火测试标准有 UL 910 和 IEC 60332。UL 910 标准高于 IEC 60332 -1 及 IEC 60332 -3 标准。

我国国家标准《火灾自动报警系统设计规定》（GB50116-98）、《火灾自动报警系统施工验收规范》（GB50166-92）、《高层民用建筑设计防火规范》（GB50045-95）等明确规定，要求火灾报警和消防专用的传输信号控制线路必须单独设置和自行组网，不得与建筑自动化各个系统的低压信号线路合用，也不允许与通信系统的线路混合组网。同样，安全保卫系统也有类似的要求。所以，在综合布线系统中不应纳入这些系统的通信传输线路，避免相互影响和彼此干扰，产生不应有的（如误报等）障碍或事故。

（2）机房及防雷接地标准。

机房及防雷接地标准可参照以下标准：

《建筑物防雷设计规范》GB 50057-94

《计算机场地技术要求》GB 2887-2000

《防雷保护装置规范》IEC 1024-1

《防止雷电波侵入保护规范》IEC 1312-1

11. 国内智能建筑与智能小区相关标准与规范

《智能建筑设计标准》GB/T 50314-2000（推荐性国家标准）

《城市住宅建筑综合布线系统工程设计规范》CECS 119：2000

《住宅设计规范》GB 50096-1999

《居住区智能化系统配置与技术要求》CJ/T 174-2003

12. 安防监控标准和规范简介

报警传输系统的要求 GA/T600-2006/IEC60839-5:1991

住宅小区安全防范系统通用技术要求 GB/T 21741-2008

全防范工程技术规范 GB50348-2004

入侵报警系统工程设计规范 GB 50394-2007

视频安防监控系统工程设计规范 GB 50395 -2007

出入口控制系统工程设计规范 GB 50393-2007

安全防范系统验收规则 GA 308 -2001

电子巡查系统技术要求 GA/T644-2006

联网型可视对讲系统技术要求 GA/T678-2007

城市监控报警联网系统 GA/T 669- 2008

安全技术防范工程检验规范 DB34 /221-2001

住宅小区安全防范系统设计规范 DB 34/T490-2005

思考与练习

1. 智能建筑系统按照功能划分可分为几个部分？
2. 综合布线系统的含义？
3. 为什么说综合布线系统不宜高度综合？
4. 综合布线系统的特点是什么？
5. 综合布线系统是如何分级的？
6. 综合布线系统由哪几个子系统组成？
7. 安全防范系统可以由哪些子系统组成？
8. 标准的含义？
9. 我国综合布线系统的国家标准是什么编号？分别代表什么含义？
10. 谈谈你对 TIA/EIA-606 标准中对标识的规定的理解。
11. 参观你们学校的计算中心，认识计算中心的综合布线系统的各种设备。
12. 参观你们学校的安防中心，认识安防系统的各种设备。

项目二　综合布线系统工程设计

项目目标与要求

- 会用 Visio 或 AutoCAD 软件绘制综合布线系统工程图。
- 学会对用户需求进行分析的方法。
- 熟悉综合布线术语、符号。
- 掌握综合布线系统结构及其变化，并能根据需要选择所需的系统结构。
- 认知布线产品，了解产品市场，学会选择布线产品。
- 掌握综合布线各子系统的设计原则和步骤。
- 知道电气防护设计的基本知识。

任务一　系统结构与配置中符号与术语

一、任务目标与要求

- 知识目标：熟悉综合布线术语、符号与名词；掌握综合布线系统结构；学会综合布线系统结构选择；掌握系统设计原则与步骤。
- 能力目标：熟悉用户需求分析方法；掌握语音和数据的配置方法；熟知综合布线工程的几种图纸；能用 Visio 或 AutoCAD 软件绘制综合布线系统拓扑图。

二、相关知识与技能

1. 认知系统中符号与术语

在综合布线工程中常用或常见的综合布线符号见附录中的附录 A，实际工程中还会看到一些其他的符号，此时应查看该工程设计图纸或标书中的说明。应熟知这些术语和常用设计符号。对于综合布线中的其余术语将在相关项目中介绍。

① 布线：能够支持信息电子设备相连的各种缆线、跳线、接插软线和连接器件组成的系统。

② 电信间：放置电信设备、电缆和光缆终端配线设备并进行缆线交接的专用空间。

③ 信道：连接两个应用设备的端到端的传输通道。信道包括设备电缆、设备光缆和工作区电缆、工作区光缆。

④ 永久链路：信息点与楼层配线设备之间的传输线路。它不包括工作区缆线和连接楼层配线设备的设备缆线、跳线，但可以包括一个 CP 链路。

⑤ 集合点（CP）：楼层配线设备与工作区信息点之间水平缆线路由中的连接点。

⑥ 建筑物入口设施：提供符合相关规范机械与电气特性的连接器件，使得外部网络电缆和光缆引入建筑物内。

⑦ 连接器件：用于连接电缆线对和光纤的一个器件或一组器件。

⑧ 交接（交叉连接）：配线设备和信息通信设备之间采用接插软线或跳线上的连接器件相连的一种连接方式。

⑨ 互连：不用接插软线或跳线，使用连接器件把一端的电缆、光缆与另一端的电缆、光缆直接相连的一种连接方式。

工程设计人员如果要使用其他软件中的用语或自定义的符号应在系统设计文件中标注，使符号在该工程中无二义。

2. 工程设计软件和常用工具软件

在综合布线工程中，设计人员与施工人员自始至终在和图纸打交道，设计人员首先通过建筑图纸来了解和熟悉建筑物结构并设计综合布线系统结构图和施工图，施工人员根据设计图纸组织施工，最后验收阶段将相关技术图纸移交给建设方。图纸简单、清晰、直观地反映了网络和布线系统的结构、管线路由和信息点分布等情况。因此，识图、绘图能力是综合布线工程设计与施工组织人员必备的基本功。

目前，在综合布线工程中常采用 AutoCAD 或 Visio 或综合布线系统厂商提供的布线绘制软件并辅助其他工具软件如 Excel、Word、LinkWare 等设计工程图和生成有关文档。

综合布线工程图一般包括以下 5 类图纸：

① 网络拓扑结构图。

② 综合布线系统拓扑（结构）图。

③ 综合布线管线路由图。

④ 楼层信息点平面分布图。

⑤ 机柜配线架信息点分布图。

通常，综合布线楼层管线路由图和楼层信息点平面分布图可在一张图纸上绘出。

综合布线系统的设计中 AutoCAD 被广泛应用。特别是在设计中，当建设单位提供了建筑物的 AutoCAD 建筑图纸的电子文档后，设计人员可以在 AutoCAD 建筑图纸上进行布线系统的设计，起到事半功倍的效果。AutoCAD 主要用于绘制综合布线管线设计图、楼层信息点分布图、布线施工图等。

在综合布线中常用 Visio 绘制网络拓扑图、布线系统拓扑图、信息点分布图等。

布线设计软件是综合布线设计与安装工程师常用的一种辅助软件工具，能实现的功能包括平面图设计、系统图设计、统计计算及智能分析和其他辅助功能。一套设计软件可能包含以上功能中的一种或几种。

① 平面图设计。这类软件可在目前各种流行的建筑设计软件所绘建筑平面图上直接进行综合布线设计，也可以利用软件本身提供的功能完成土建平面图设计，并在工作区划分后，完成在综合布线设计中的线缆、管槽、配线架、各类信息插座以及其他设备、家具的布置。

② 系统图设计。这类软件在各标准层平面图设计基础上，通过对建筑物楼层的定义还可以进行干线子系统等设计，采用自动或手动方式生成综合布线系统图。

③ 统计计算及智能分析。在软件完成平面设计和系统图设计后，使用者可以不必脱离设计环境，即可对整个综合布线系统中所需的信息插座、配线架、水平线缆、主干线缆、穿线管、走线槽等部件自动计算、自动统计。并在计算、统计结果过程中根据规范，智能检测各级配线架间的连线长度是否满足设计规范要求，查看综合布线的线缆与其他管线之间的最小净距是否符合规定。

④ 其他辅助功能。使用者所设计的图纸可按不同比例出图，各种设备材料表可用图形和

文本方式输出。此外，这类软件的专业符号库强大、使用便捷，用户可以根据情况，方便地分类添加各种设计所需的专业符号。在参数设定、图示、标注等方面软件为用户提供了简便的自定义功能，只作简单的操作就可将用户自定义的参数、图示等加入系统。设计中所有的数据均用数据库进行管理，并与图中对应部件双向联动，修改数据库中的部件记录，图中的部件同时修改。

Excel 常用于编制综合布线工程的用料清单；Word 常用于编制综合布线工程施工中的文档；LinkWare 常用于生成综合布线工程的测试报告和测试文档的管理。

3. 综合布线系统设计步骤

设计一个合理的综合布线系统一般有 7 个步骤。

① 分析用户需求。② 获取建筑物平面图。③ 系统结构设计。④ 布线路由设计。⑤ 可行性论证。⑥ 绘制综合布线施工图。⑦ 编制综合布线用料清单。图 2-1 是综合布线系统的设计流程图。

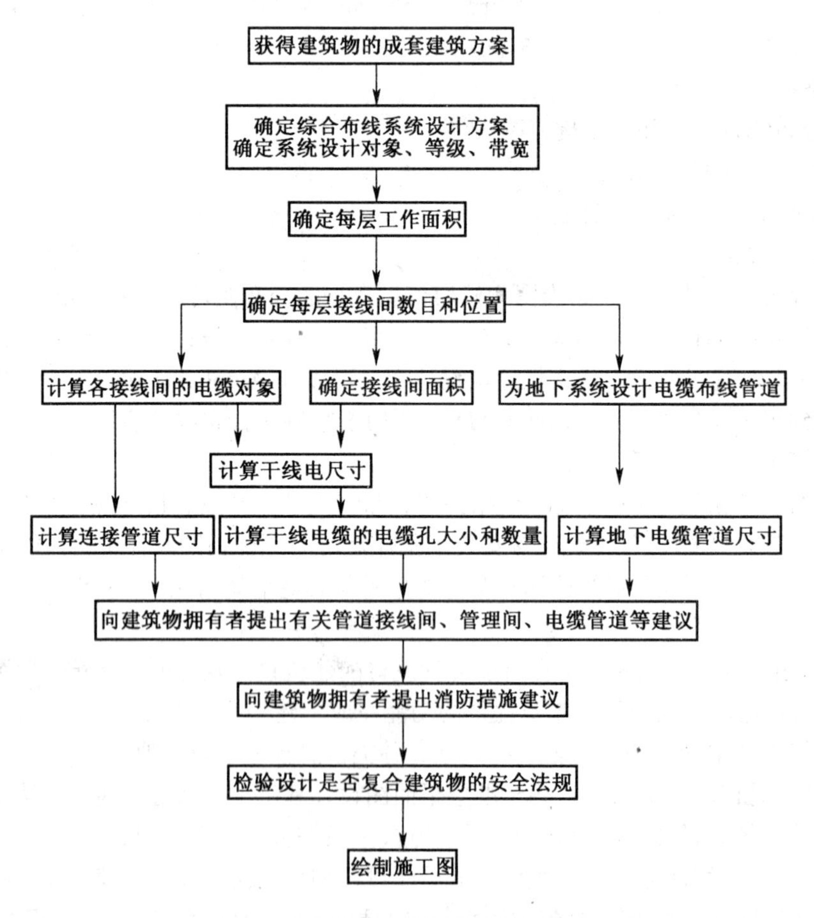

图 2-1 综合布线系统的设计流程图

4. 用户需求分析

（1）为什么要进行需求分析。由于智能建筑和智能小区使用功能、业务范围、人员数量、组成成分以及对外联系的密切程度的不同，每一个综合布线工程的建设规模、工程范围和性质也不一样，因此，要对用户信息需求进行详细的分析。

用户信息需求分析就是对信息点的数量、位置以及通信业务需要进行分析，分析结果是综合布线系统的基础数据，它的准确和完善程度将会直接影响综合布线系统的网络结构、线缆规格、设备配置、布线路由和工程投资等重大问题。分析得出信息点数量和信息分布图，分析结果必须得到设计方和建设方的双方认可，是工程设计的依据。

（2）需求分析原则。为准确分析用户信息需求，必须遵循以下基本原则：

1）确定工作区数量和性质。对用户的信息需求进行分析，确定建筑物中需要信息点的场所，也就是综合布线系统中工作区的数量，摸清各工作区的用途和使用对象，从而为准确预测信息点的位置和数量创造条件。

2）主要考虑近期需求，兼顾长远发展需要。通常近期需求的信息插座的数量和位置是固定的。为了保护建筑物投资者的利益，应采取“总体规划，分步实施，水平布线尽量一步到位”的策略。因为水平布线一般敷设在建筑物的天花板内或管道中，如果要更换或增加水平布线，不但损坏建筑结构，影响整体美观，且施工费比初始投资的材料费高；对主干布线大多数都敷设在建筑物的弱电井中，和水平布线相比，更换或扩充相对省事。因此，在用户信息需求分析中，信息插座的分布数量和位置要适当留有发展和应变的余地。

3）多方征求意见。根据调查收集到的资料，参照其他已建智能建筑的综合布线系统的情况，初步分析出该综合布线系统所需的用户信息。将得到的用户信息分析结果与建设单位或有关部门共同讨论分析，多方征求意见，进行必要的补充和修正，最后形成比较准确的用户信息需求报告。

（3）如何得到需求分析的结论。

1）建筑物现场勘察。需求分析之前，综合布线的设计与施工人员必须熟悉建筑物的结构，主要通过两种方法来熟悉了解，首先是查阅建筑图纸，其次是携带图纸到现场勘察。勘察工作一般是在新建大楼主体结构完工后进行。勘察参与人包括工程负责人、建筑单位的技术负责人、布线系统设计人、施工负责人、项目经理及其他需要了解工程现场状况的人，以便现场研究决定一些事情。并逐一确认以下任务：

① 查看各楼层、走廊、房间、电梯厅和大厅等吊顶的情况，如吊顶高度和吊顶距梁的高度等。根据吊顶的情况确定水平线槽的敷设方法。对于新楼，要确定是走吊顶内线槽，还是走地面线槽；对于旧楼，改造工程需确定水平线槽的敷设路线。找到布线系统要用的电缆垂井，查看竖井有无楼板，询问同一竖井内有哪些其他线路（包括自控系统、空调、消防、闭路电视、保安监视和音响等系统的线路）。可与哪些线路共用槽道，特别注意不要与语音以外的其他线路共用槽道，如果必需要共用，那么要有隔离设施确保信号不受干扰。

② 没有可用的电缆竖井，则要和甲方技术负责人商定竖井槽道的位置，并选择竖井槽道的种类是梯级式、托盘式、槽式桥架还是钢管等。

③ 在设备间和楼层配线间，要确定机柜的安放位置，确定到机柜的主干线槽的敷设方式，特别要注意的是一般主楼和裙楼、一层和其他楼层的楼层高度有所不同，同时还要确定分支配线箱的安放位置。

④ 确定到分支配线箱的槽道的敷设方式和槽道种类。

⑤ 如果在垂井内墙上挂装楼层配线箱，要求垂井内有电灯，并没有楼板，而不是直通的。如果是在走廊墙壁上暗嵌配线箱，则要看墙壁是否贴大理石，是否有墙围要做特别处理，是否离电梯厅或房间门太近影响美观。

⑥ 讨论大楼结构方面尚不清楚的问题。一般包括：哪些是承重墙，大楼外墙哪些部分有玻璃幕墙，设备层在哪层，大厅的地面材质，各墙面的处理方法（如喷涂、贴大理石、木墙围等），柱子表面的处理方法（如喷涂、贴大理石、不锈钢包面等）。

2）用户需求分析的对象。综合布线系统建设对象通常分为智能建筑和智能小区两种类型：

智能建筑。是指建筑物的系统集成中心通过综合布线系统将各种终端设备，如通信终端（计算机、电话机、传真机等）、传感器（如烟雾、压力、温度、湿度等传感器）的连接，实现楼宇自动化、通信自动化和办公自动化三大（3A）功能。

智能小区。随着智能建筑技术的发展，人们把智能建筑技术应用到一个区域内的多座建筑物中，将智能化的功能从一座大楼扩展到一个区域，实现统一管理和资源共享，这样的区域就称为智能小区。智能小区可以分为住宅智能小区、商住智能小区、校园智能小区等几种类型。

目前智能小区主要是指住宅智能小区，根据建设部关于在全国建成一批智能小区示范工程的规划，根据其智能化程度（由低到高）将智能小区示范工程分为一星级、二星级和三星级3种类型，它们需达到的要求如下：

① 一星级。因具备的功能：I）安全防范子系统。包括：出入口管理及周界防越报警；闭路电视监控；对讲与防盗门控制；住房报警；巡更管理。II）信息管理子系统。包括：远程抄表与管理IC卡；车辆出入与停车管理；供电设备、公共照明、电梯、供水等主要设备的监控管理；紧急广播与背景音乐系统；物业管理计算机系统。III）信息网络子系统。为实现上述功能的科学合理的布线系统，必须做到两点：每户不少于两对电话线和两个有线电视插座；建立有线电视网。

② 二星级。在一星级的全部功能之外，同时还要在安全防范子系统和信息管理子系统的建设方面大幅度提高其功能及技术水平。信息传输通道应采用高速宽带数据网作为主干网，物业管理计算机系统应配置局域网络，并可供住户联网使用。

③ 三星级。在二星级的全部功能上，其中信息传输通道应采用宽带光纤用户接入网作为主干网，实现交互式数字视频业务。

3）用户信息需求分析的范围。综合布线系统工程设计的范围就是用户信息需求分析的范围，这个范围包括信息覆盖的区域、区域上有什么信息两层含义，因此要从工程地理区域和信息业务种类两方面来考虑这个范围。

一是工程区域的大小。综合布线系统的工程区域有单幢独立的智能建筑和由多幢组成的智能建筑群两种。前者的用户信息预测只是单幢建筑的内部需要，后者则包括由多幢大楼组成的智能建筑群的内部需要。显然后者用户信息调查预测的工作量要增加若干倍。

二是信息业务种类的多少。从智能建筑的“3A”功能来说，综合布线系统应当满足以下几个子系统的信息传输要求。①语音、数据和图像通信系统。②保安监控系统（包括闭路监控系统、防盗报警系统、可视对讲、巡更系统和门禁系统）。③楼宇自控系统（空调、通风、给排水、照明、变配电、换热站等设备的监控与自动调节）。④卫星电视接收系统。⑤消防监控系统。也就是说建筑物内的所有信息流、数据流均可接入综合布线系统。随着技术水平和经济水平的不断提高，建筑物的智能化程度将越来越高，加入到综合布线系统中的信息子系统也将越来越多。因此，在用户信息需求分析时，要根据建筑物的功能和智能化程度的实际水平，作综合布线系统中信息业务种类的需求分析。

5. 系统结构

综合布线系统是一个开放式的结构，该结构下的每个分支子系统都是相对独立的单元，对每个分支单元系统的改动都不会影响其他子系统。只要改变结点连接就可在星型、总线型、环型等各种类型网络间进行转换，它应能支持当前普遍采用的各种局域网及计算机系统，同时支持电话、数据、图文和图像等多媒体业务的需要。

综合布线系统结构最新国家标准《综合布线系统工程设计规范》GB 50311-2007 将综合布线系统分为 7 个部分进行设计。综合布线系统基本构成如图 2-2 所示，从建筑群设备间的 CD 至工作区的终端设备（计算机、电话等），形成一条完整的通信链路。其中，配线子系统中可以设置集合点（CP 点），也可不设置集合点。

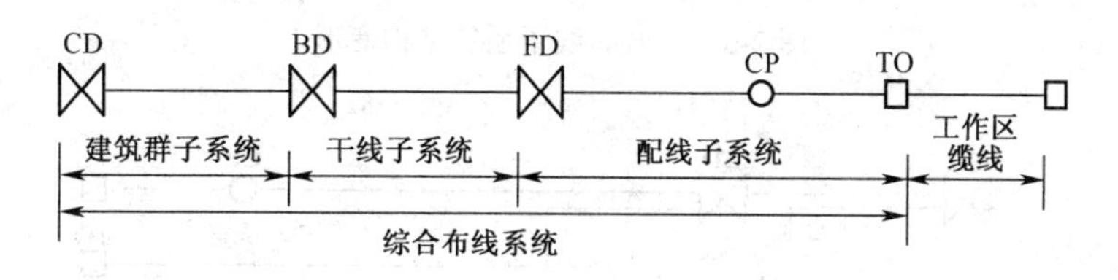

图 2-2　综合布线系统基本构成

链路的含义表明：

① 建筑群子系统从建筑群配线架到各建筑物配线架的布线属于建筑群子系统。该布线子系统包括建筑群干线电缆、光缆和在建筑群配线架及其配线架上的机械终端、接插线和跳线。通常，建筑群干线子系统宜采用光缆。建筑群干线电缆、光缆也可用来直接连接两个建筑物配线架。

② 干线子系统从建筑物配线架到各楼层电信间配线架的布线属于建筑物干线子系统（垂直子系统）。该干线子系统应由设备间至电信间的干线电缆和光缆、安装在设备间的建筑物配线设备（BD）及设备线缆和跳线组成。建筑物干线电缆、光缆应直接端接到有关的楼层配线架，中间不应有集合点或接头。

③ 配线子系统从楼层配线架到各信息插座的布线属于配线子系统（水平子系统）。配线子系统应由工作区的信息插座模块、信息插座模块至电信间配线设备（FD）的配线电缆和光缆、电信间的配线设备及设备线缆和跳线等组成。水平电缆、光缆一般直接连接到信息插座。必要时，楼层电信间配线架和每个信息插座之间允许有一个集合点。进入与接出集合点的电缆线对或光纤应按 1:1 连接以保持对应关系。集合点处的所有电缆、光缆应作为机械终端。集合点处只包括无源连接件，应用设备不应在这里连接。集合点处宜为永久性连接，不应作为配线使用。对于包含多个工作区的较大区域，且工作区划分有可能调整时，允许在较大区域的适当部位设置非永久性连接的集合点。这种集合点最多为 12 个工作区配线。

随着我国经济建设的发展，我国的目前建筑物的功能类型较多，因而在实际应用中各子系统在构建时应灵活处理，因此可有如图 2-3 表示的子系统结构的变形。

在这个系统图中虚线表示 BD 与 BD 之间，FD 与 FD 之间可以设置主干缆线。

在图 2-4 这个系统图中建筑物 FD 可以经过主干缆线直接连至 CD，TO 也可以经过水平缆线直接连至 BD。

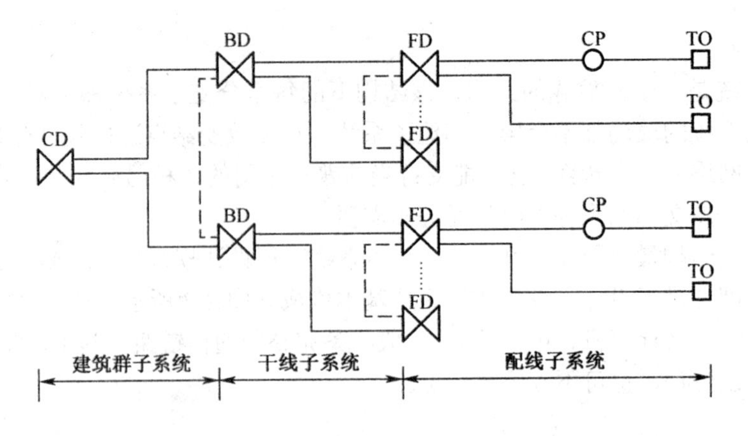

图 2-3 综合布线子系统结构变形 1

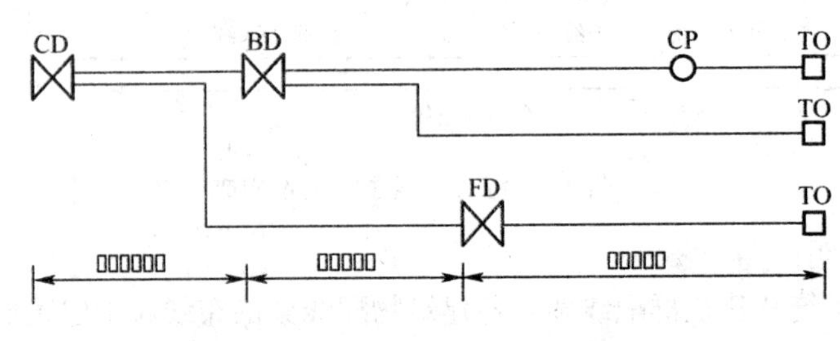

图 2-4 综合布线子系统结构变形 2

对于引入部分构成综合布线进线间的入口设施及引入线缆可构建为如图 2-5 所示。

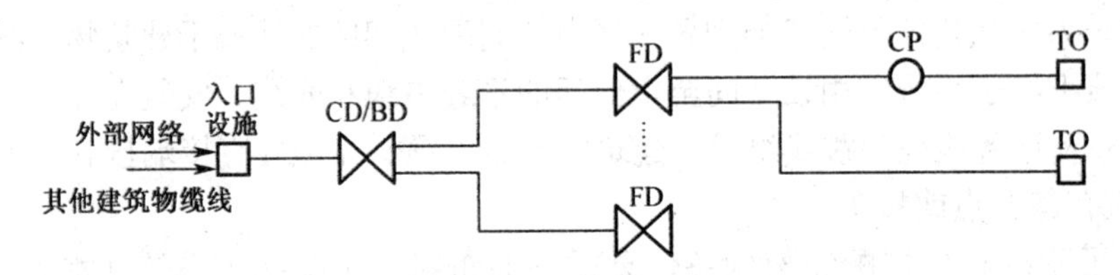

图 2-5 综合布线系统引入部分构成

对设置了设备间的建筑物，设备间所在楼层的 FD 可以和设备间中的 BD/CD 及入口设施安装在同一场地。

对光纤信道构成方式应符合：水平光缆和主干光缆至楼层电信间的光纤配线设备应经光纤跳线连接构成如图 2-6 所示。

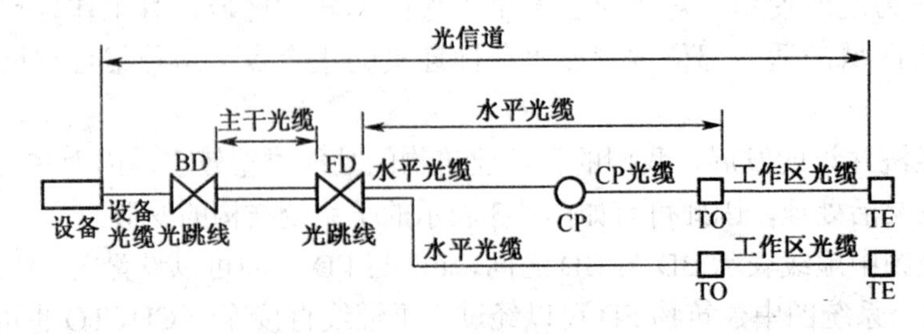

图 2-6 光纤信道构成一

水平光缆和主干光缆至楼层电信间应经端接（熔接或机械连接）构成如图 2-7 所示。

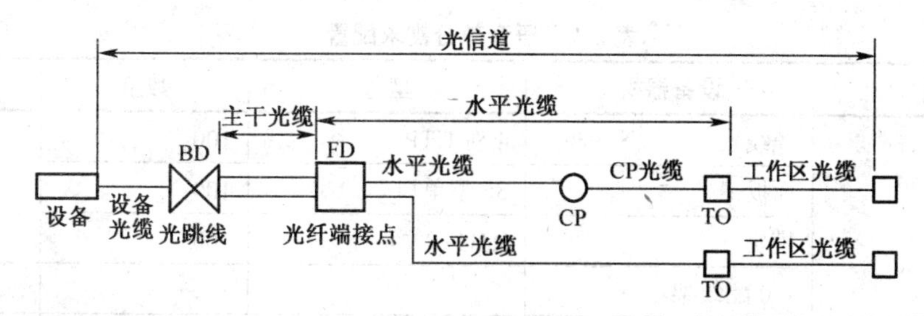

图 2-7　光纤信道构成二

水平光缆经过电信间直接连至大楼设备间光配线设备构成如图 2-8 所示。

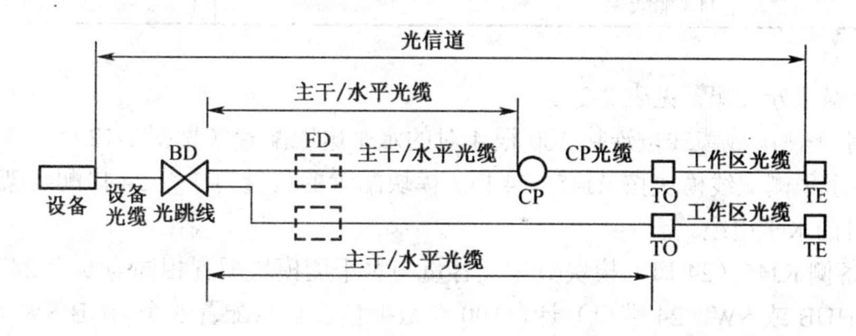

图 2-8　光纤信道构成三

因此，综合布线各部分（或称子系统）在构建系统时可以依据用户的需求灵活构建。如从图 2-9 变迁为图 2-10 或变迁为图 2-11 等的多种形式。

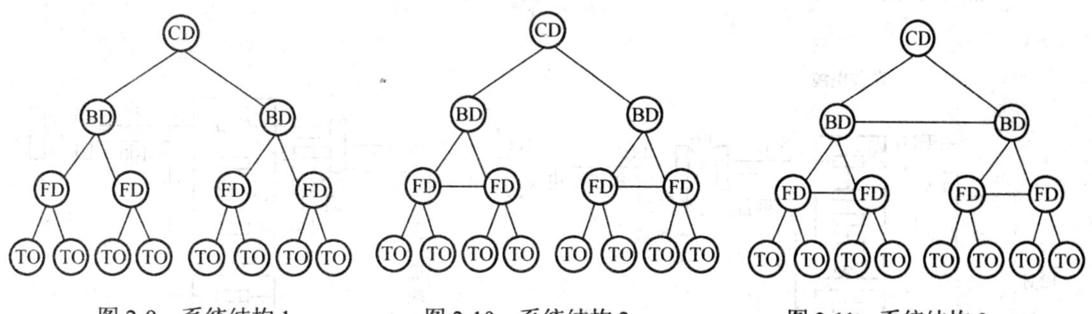

图 2-9　系统结构 1　　图 2-10　系统结构 2　　图 2-11　系统结构 3

在进行系统配置设计时，应充分考虑用户近期与远期的实际需要与发展，使之具有通用性和灵活性，尽量避免布线系统投入正常使用以后，较短的时间又要进行扩建与改建，造成资金浪费。一般来说，布线系统的水平配线应以远期需要为主，垂直干线应以近期实用为主。

6. 系统设备与缆线的配置配置

设某建筑物的某一层共设置了 200 个信息点，配置模式为计算机网络有 100 个，电话的信息点数 100 个。当网络使用要求尚未明确时请为其配置。

（1）电话部分（配置见表 2-1）。

① FD 水平侧配线缆线按连接 100 根 4 对的水平电缆配置。

② 语音主干的总对数按水平电缆总对数的 25%计，考虑 10%的备份线对，则语音主干电缆总对数需求量为 4*100*25%*（1+10%）=110 对。按 25 对大对数电缆计算需 5 根。

③ FD 干线侧配线模块可按卡接大对数主干电缆 110 对端子容量配置。

表 2-1 语音部分需求配置

子系统	设备器材	型号	数量	备注
配线子系统	缆线	4 对 UTP	100	
	面板	86 型单口	100	
	模块	RJ11	100	
	110 配线架		1	
干线子系统	缆线	Cat5 对数	5	
	端子排	4 对	28	
	110 配线架		1	

（2）数据部分（配置见表 2-2）。

1）FD 水平侧配线缆线按连接 100 根 4 对的水平电缆配置（见图 2-12）。

- FD 水平侧配线模块按 RJ45（24 口）模块配置的数量为 5 个 24 口配线架连接 100 根 4 对的水平电缆。
- 设备侧 RJ45（24 口）模块数量及容量与水平侧模块配置相同为 5 个 24 口配线架。
- 按 HUB 或 SW（24 端口）计，100 个数据信息点需配置 5 个 HUB/SW 设备。
- FD 中配线架之间可以采用两端都为 RJ45 插头的跳线进行管理，需 100 根跳线。
- 按每 4 个 HUB/SW（24 端口）设置一个群，需设置 2 个 HUB/SW 群。
- HUB/SW 与设备侧、主干侧配线架间可采用单端为 RJ45 插头的设备电缆进行互连，需 102 根。

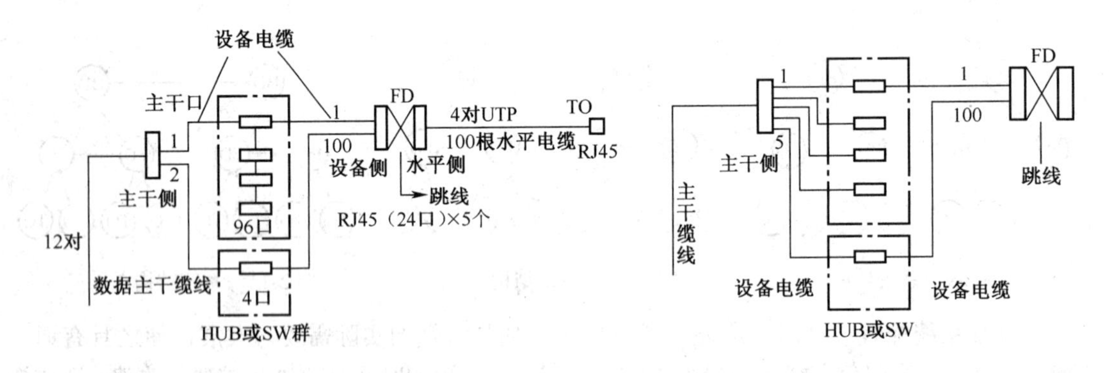

图 2-12 数据部分电缆配置

2）数据主干缆线。

最少量配置：以每个 HUB/SW 群设置 1 个主干端口，并考虑 1 个备份端口，则 2 个 HUB/SW 群共需设 4 个主干端口。如主干缆线采用对绞电缆，每个主干端口需 1 根 4 对跳线，共需 4 根跳线；如主干缆线采用光缆，每个主干光端口按 2 芯光纤考虑，则光纤的需求量为 8 芯。

最大量配置：在最大量配置时，相当于每个 HUB/SW 设置 1 个主干端口，考虑备份，每 1 个 HUB/SW 设置 1 个备份端口，共需设置 7 个主干端口。如主干缆线采用对绞电缆，每个主干端口需 1 根 4 对跳线，共需 7 根跳线；如主干缆线采用光缆，每个主干光端口按 2 芯光纤考虑，则光纤的需求量为 14 芯。

表 2-2　数据部分需求配置

子系统	设备器材	型号	数量	备注
配线子系统	缆线	4 对 UTP	100	
	面板	86 型单口	100	
	模块	RJ45	100	
	RJ45 配线架		10	非屏蔽
	HUB/SW	24 端口	5	
	跳线	4 对 UTP	204	
干线子系统（选电缆/光缆 2 选 1）	缆线	4 对 UTP	5	
	RJ45 配线架		1	
	光缆	6 芯	2	光电转发器（待选）
	光纤配线架		1	
	光耦合器		6	

3）主干光缆配置。如果 FD 至 BD 之间采用主干电缆的传输距离大于 100 米或其他情况时则应采用光缆。主干光缆中不包括光纤至桌面（FITD）光纤的需求容量。

配置原则：

当主干缆线采用光缆时，HUB/SW 群的主干端口则为光端口，每个光端口需要占用 2 芯光纤，本例子中两个 HUB/SW 群实需光纤为 4 芯，如果考虑到光纤的备份（以 2 芯为备份）总数为 6 芯光纤。此时，可选用 6 芯光缆作为本层主干光缆。并根据光纤的芯数配备主干侧的光纤模块容量同样为 6 个光耦合器。

在最大量配置时，则相当于每个 HUB/SW 具备一个光端口，共需设置 5 个光端口，如果考虑光纤的备份，主干光缆总芯数为 12 芯。

根据光缆的规格与产品情况，可按 1 根 12 芯光缆或 2 根 6 芯光缆进行配置。2 根光缆的配置同时满足光纤的备份和光缆的备份。

此外，主干侧必须是光配线设备。光配线模块与 HUB/SW 的光端口之间采用设备光缆连接，数量由光端口数决定。如果 HUB/SW 是电端口，则需经过光、电转换设备转换后才能进行连接。

得出配置数量后，再根据用户需求，选择电缆、光缆、配线架和跳线等的类型、规格做出合理配置。

上述配置的基本思路，用于计算机网络的主干缆线，可采用光缆；用于电话的主干缆线则采用大对数对绞电缆，并考虑适当的备份，以保证网络安全。

由于工程的实际情况比较复杂，不可能按一种模式，设计时还应结合工程的特点和需求加以调整。

三、技能实训　系统设备与缆线的简单配置训练

设某建筑物的某一层共设置了 300 个信息点，配置模式为计算机网络有 150 个，电话的信息点数 150 个。请为其进行较合理的配置。

小知识：

带宽单位：Hz，它是频率单位，是电气信号的描述，属于物理介质层。

数据速率单位：bps，描述系统的吞吐量，属于数据链路层。

ISO/IEC11801 定义了类 Class，EIA/TIA 定义了类 Catalog（Cat）。如：工程应用中可将 Cat6 等价为 Class E。

任务二　工作区子系统设计

一、任务目标与要求

- 知识目标：掌握工作区子系统的划分、设计原则与步骤。
- 能力目标：能用 Visio 或 AutoCAD 软件绘制工作区平面图。

二、相关知识与技能

在综合布线系统中，一个独立的、需要设置终端设备的区域称为一个工作区。工作区的终端包括电话机、数据终端、计算机、电视机、监视器以及传感器等终端设备，工作区是指办公室、写字间、工作间、机房等需用上述终端设施的区域。

目前建筑物的功能类型较多，大体上可以分为商业、文化、媒体、体育、医院、学校、交通、住宅、通用工业等类型，因此，对工作区面积的划分应根据应用的场合做具体的分析后确定，工作区面积需求可参照表 2-3 所示内容。

表 2-3　工作区面积划分表

建筑物类型及功能	工作区面积 m^2
网管中心、呼叫中心、信息中心等终端设备较为密集的场地	3～5
办公区	5～10
会议、会展	10～60
商场、生产机房、娱乐场所	20～60
体育场馆、候机室、公共设施区	20～100
工业生产区	60～200

对于应用场合，如终端设备的安装位置和数量无法确定时，或使用场地为大客户租用并考虑自设置计算机网络时，工作区的面积可按区域（租用场地）面积确定。

对于 IDC 机房（为数据通信托管业务机房或数据中心机房）可按生产机房每个机架的设置区域考虑工作区面积。此类项目若涉及数据通信设备安装工程设计，应单独考虑实施方案。

信息插座是属于配线子系统的连接件，由于它位于工作区，所以很多教材都在工作区来讨论它的设计要求，也是可以的。

事实上，工作区子系统设计也是网络设计的一个组成部分，可以作为二次设计来完成。

一般来讲，工作区的终端设备可用跳接线直接与信息插座相连接，但当信息插座与终端连接电缆不匹配时，需要选择适当的适配器或平衡/非平衡转换器进行转换，才能连接到信息插座上。

工作区中的跳接线和适配器（网络设计和应用时选用）都有具体的要求。特别是工作区适配器的选用要求应符合下列规定：

① 当在设备连接器处采用不同信息插座的连接器时，可以使用专用接插电缆或适配器。

② 当在配线子系统中选用的电缆类别（介质）与设备所需的电缆类别（介质）不同时，应采用适配器进行转换。

③ 在连接使用不同信号的数/模转换，光、电转换或数据速率转换等相应的装置时，应采用适配器。

④ 为了网络的兼容性，可采用协议转换适配器。

⑤ 根据工作区内不同的应用终端设备（如 ISDN 终端），可配备相应的终端适配器。

三、技能实训 1　工作区平面图设计实训

1. 设计训练 1：独立单人办公室平面图设计

请用 CAD 或 Visio 软件绘制出独立单人办公室平面图（面积为 $4*5\ m^2$）。

室内配办公桌、椅各 1 张，茶几 1 个，单人沙发 2 个，文件柜 3 个；室内安装设备有：计算机 1 台，传真机 1 台，打印机 1 台，挂壁式空调室内机 1 个。

2. 设计训练 2：独立 4 人办公室平面图设计

请用 CAD 或 Visio 软件绘制出独立 4 人办公室平面图（面积 $3*5\ m^2$）。

室内配办公桌、椅各 4 张，文件柜 2 个；室内安装设备有：计算机 4 台，电话机 1 台，打印机 1 台，挂壁式空调室内机 1 个。办公桌摆放方式：①办公桌摆放在中间；②办公桌（120cm*50cm*80cm）设计靠墙两两对靠摆放。

3. 设计训练 3：集中办公区平面图设计

请用 CAD 或 Visio 软件绘制集中办公区平面图，采用隔断式集中办公。该集中办公区使用面积 108（即 $12*9m^2$），供 15 人同时办公。

室内有 4 个立柱（0.5m*0.5m）均匀分布。计算机 20 台，电话机 16 台，打印机 2 台，文件柜 10 个，其中 4 人又组成产品研发设计部，享有室内独立环境和集中办公区的两个工作位。此外，同时需考虑空间的利用率和便于办公人员工作。

4. 设计训练 4：学生宿舍（某个楼层）平面图设计

根据学校对学生住宿的规划，每个房间供 4 人住宿，学生床铺的下部为学习、生活区，安装有课桌和衣柜等，上面为床（面积为 $3.3*5m^2$/间）。房间家具的摆放，16 间/层，公用洗漱间（面积为 $3.3*10m^2$）1 个，两个楼梯。

四、认识双绞线、同轴电缆和水晶头

数据的传输介质有无线和有线之分，这里只介绍除光纤外的有线传输介质。

1. 双绞线的结构

双绞线（Twisted Pair，TP）是综合布线工程中最常用的有线通信传输介质。双绞线由两根 22～26 号绝缘铜导线相互缠绕而成，每根铜导线的绝缘层上分别涂有不同的颜色（纯色：单一颜色；杂色：白色与单色交替），把一对或多对双绞线放在一个绝缘套管中便构成了双绞线电缆（简称双绞线）。在双绞线电缆内，不同线对具有不同的扭绞长度。把两根绝缘的铜导线按一定密度互相绞合在一起，可降低信号受干扰的程度，一般绞线越密其抗干扰能力就越强。所以又称平衡双绞线。同时它价格较为低廉，布线成本较低。因此，网络布线的应用也越来越

广泛。

随着制造技术的发展，1000 Mbps 的双绞线已大量的应用，10 Gbps 的双绞线也已出现。用双绞线传输数字信号时，由于信号衰减、施工工艺等因素的影响，传输的距离受到限制。采用双绞线的局域网络的带宽取决于所用导线的质量、导线的长度及传输技术等。

按美国线缆标准（American Wire Gauge，AWG），双绞线的绝缘铜导线线芯大小有 22、24 和 26 等规格，如表 2-4 所示。常用的 5 类和超 5 类非屏蔽双绞线是 24AWG，规格数字越大，导线越细。加上绝缘层的铜导线直径约为 0.92mm。典型的加上塑料外部护套的超 5 类非屏蔽双绞线电缆直径约为 5.3mm。我国线规称 CWG。

表 2-4 美国线缆标准

线规 AWG	AWG 22	AWG 23	AWG 24	AWG 25	AWG 26
缆线直径 mm	0.643	0.574	0.511	0.455	0.404

使用场合不同时，应选用不同材质的电缆。常见的电缆护套外皮采用的材料有非阻燃（CMR）、阻燃（CMP）和低烟无卤（LSZH）三种。电缆的护套若含卤素，则不易燃烧（阻燃），但在燃烧过程中所释放的毒性大。电缆的护套若不含卤素，则易燃烧（非阻燃），但在燃烧过程中所释放的毒性小。所以在设计综合布线时，应根据建筑物的防火等级，选择阻燃型线缆或非阻燃型线缆。

双绞线电缆的外部护套上每隔一段距离会印刷一些标志，国外通常每隔两英尺会印刷上一些标识，我国通常每隔 1 米印刷上一些标识。不同生产商的产品标识可能不同，但一般包括双绞线类型、符合相关标准的防火测试和级别、长度标志、生产日期、双绞线的生产商和产品号码等信息。

双绞线外皮某处标有“AVAYA-C SYSTEIMAX 1061C+ 4/24AWG CM VERIFIED UL CAT5E 31086 FEET 09745.0 METERS”，其含义：AVAYA-C SYSTEIMAX 表示此双绞线的生产商；1061C+表示此双绞线的产品号；4/24AWG 表示 4 对 24AWG 的线对构成；CM 是指通信通用电缆；VERIFIED UL 是指双绞线满足 UL 的标准要求；CAT5E 是超 5 类双绞线；31086 FEET 09745.0 METERS 表示生产此双绞线时的长度。

生产双绞线及其相关产品的国内外知名厂家有很多，常见：南京普天、豪斯威尔、丽特（NORDX/CDT）、TCL、梅兰日兰、AVAYA 等不胜枚举。

2. 双绞线的种类与型号

双绞线是目前局域网中最通用的电缆，它有价格便宜、易于安装、适用于多种网络拓扑结构，且能满足当今布线系统的垂直干线、水平布线通信要求等优点。

按结构分类，双绞线电缆可分为非屏蔽双绞线电缆和屏蔽双绞线电缆。

按性能指标分类，双绞线电缆可分为 1 类、2 类、3 类、4 类、5 类、5e 类、6 类、6A 类、7 类双绞线电缆。

按特性阻抗划分，双绞线电缆则有 100Ω、120Ω 及 150Ω 等几种。常用的是 100Ω 的双绞线电缆。

按双绞线对数多少进行分类，有 1 对、2 对、4 对双绞线电缆，还有 25 对、50 对、100 对的大对数双绞线电缆。

双绞线电缆品种繁多，除一些标准产品外，还有在塑料外部护套内加上防水层的室外双绞线电缆和铠装电缆等。

（1）非屏蔽双绞线电缆（UTP）。顾名思义，没有用来屏蔽双绞线的金属屏蔽层，它在绝缘套管中封装了一对或一对以上的双绞线，每对双绞线按一定密度互相绞在一起，提高了抗系统本身电子噪声和电磁干扰的能力，但不能防止周围的电子干扰。UTP 中还有一条撕剥线，使套管更易剥脱，如图 2-13 所示。

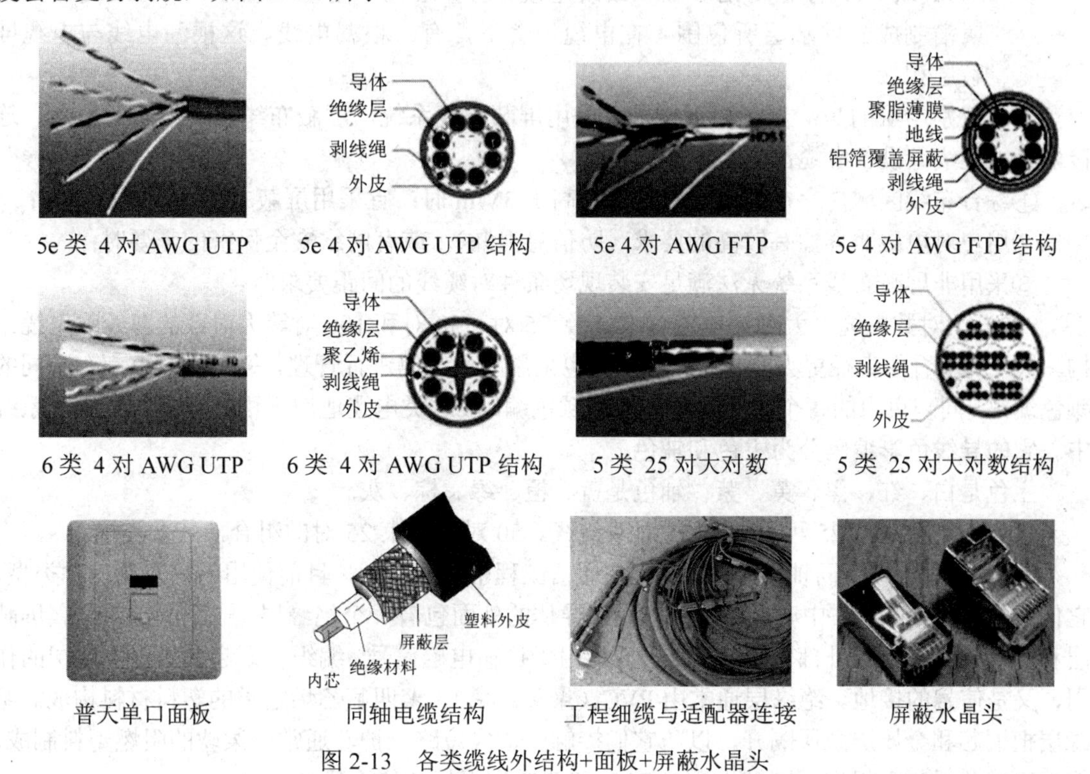

图 2-13　各类缆线外结构+面板+屏蔽水晶头

UTP 电缆是通信系统和综合布线系统中最流行使用的传输介质，可用于语音、数据、音频、呼叫系统以及楼宇自动控制系统。UTP 电缆可同时用于干线子系统和配线子系统的布线。非屏蔽双绞线电缆的优点为：①无屏蔽外套，直径小，节省所占用的空间；②质量小、易弯曲、易安装；③ 将串扰减至最小或加以消除；④具有阻燃性。

特别是 6 类电缆在 4 对线的中间设置有“+”字骨架，并带有螺旋状。

（2）屏蔽双绞线。在某些安装环境中，如果电磁干扰或其他电子干扰过强，则不能使用 UTP，可改用 FTP 电缆屏蔽这些干扰，以保证电缆传输信号的完整性。FTP 电缆可以保存电缆中传输信号的能量，电缆的正常辐射能量会通过接地的屏蔽层将电荷引入地下，从而防止信号对通信系统或其他对电子噪声比较敏感的电气设备的电磁干扰（EMI）。

在双绞线电缆中增加屏蔽层的设计有如下几种形式：

① 屏蔽整个电缆；② 屏蔽电缆中的线对；③ 屏蔽电缆中的单根导线。

电缆屏蔽层由金属箔或金属丝或金属网构成。

屏蔽双绞线电缆有 STP 和 ScTP（FTP）两类，STP 又分为 STP 电缆和 STP-A 电缆两种。增加屏蔽方法有：

- 箔屏蔽（FTP）电缆 4 对线外部采用 1 层金属箔纵向包在线对的外部，在箔屏蔽层上压了一根金属的导体，该导体与接插件的屏蔽罩连通，起到排流作用。

- 箔屏蔽+网屏蔽（STP）。该电缆在4对线的外部加了两层不同形式的屏蔽层，对电缆起到了全频段的屏蔽作用。
- 箔屏蔽+网屏蔽+线对箔屏蔽（STP）是在SFTP的基础上每一对线又采取了屏蔽措施，7类布线就是采用此种电缆。STP-A电缆为2对线对阻抗为150Ω的STP电缆。
- ScTP或FTP称金属箔屏蔽双绞线电缆，它屏蔽整个电缆，电缆中所有线对都被金属箔制成的屏蔽层所包围。在电缆护套下，有一根漏电线。这根漏电线与电缆屏蔽层相接。

需要特别申明的是：当有如下需求宜采用屏蔽布线系统，屏蔽布线系统采用的电缆、连接器件、跳线、设备电缆都应是屏蔽的。

①综合布线区域内存在的电磁干扰场强高于3V/m时；宜采用屏蔽布线系统进行防护；

②用户对电磁兼容性有较高的要求（防信息泄漏），或有网络安全保密的需要时；

③采用非屏蔽布线系统无法满足安装现场条件对缆线的间距要求时。

（3）大对数电缆。大对数电缆有12对、25对、50对和100对等大对数的双绞线电缆结构。从外观上看像直径更大的单根电缆。它也采用颜色编码进行管理，每个线对束都有不同的颜色编码，同一束内的每个线对又有不同的颜色编码。这类电缆适用于语音通信的干线子系统中。它的导线色彩编码分为主色和辅色。

主色是白、红、黑、黄、紫；辅色是蓝、橙、绿、棕、灰。

它们的组合共有25种，即有25对双绞线。50对是两束25对的组合，其余类推。

（4）同轴电缆。同轴电缆（coax）在通信工程中仍然应用，目前使用的只有两三种类型。它们在结构上都相似：中心铜导体、中心铜导体的外面包着一个绝缘层、一个编织的金属屏蔽层和一个称为护套的外部塑料护套。铜导体用于传输电磁信号，编织套既起到噪声屏蔽层的作用，又是信号的接地。绝缘层通常由PVC（聚氯乙烯）、聚四氟乙烯之类的塑料材料构成。绝缘层把铜芯和金属屏蔽层隔开，以防它们接触而造成短路。护套通常由柔软的阻燃塑料制成，保护电缆免受物理损害。同轴电缆对EMI和RFI有很好的抗干扰性。

在远程通信中，同轴电缆最重要的规范是它的阻抗。同轴电缆段如果没有端接设备则要与它的阻抗一致的电阻器端接（如50Ω、CATV同轴电缆电阻器75Ω），以控制信号回波（有时称为信号反射）。信号回波是数据信号在网络的两端之间无限传输的现象。此外，同轴电缆的一端还必须接地。

3. 水晶头简介

RJ45型网线插头又称水晶头，共有8芯，RJ表示已注册的插孔（Registered Jack），RJ45是一种常用的以太网接口类型，广泛应用于局域网和xDSL宽带上网用户的网络设备间网线的连接。网卡上以及HUB/SW上接口的外观为8芯母插座，网线RJ45接口为8芯公插头。

RJ45型插头引脚号的识别方法是：手拿插头，有8个小镀金片的一面向上，有网线装入的矩形大口的一端向下，同时将没有细长塑料卡销的那个面对着你的眼睛，从左边第一个小镀金片开始依次是第1脚、第1脚、……、第8脚。

RJ45头根据线的排序不同常有两种排序方法：一种是橙白、橙、绿白、蓝、蓝白、绿、棕白、棕，又称568B线序；另一种是绿白、绿、橙白、蓝、蓝白、橙、棕白、棕，又称568A线序；在工程上制作跳线时根据两种不同线序的组合，可制作成两种跳线电缆即直通线、交叉线。

在具体应用时，RJ45型插头和网线有两种连接方法（线序），分别称作T568A线序和T568B线序。

图 2-14 中有 RJ45 型网线插头的 T568A、T568B 线序接法示意图。

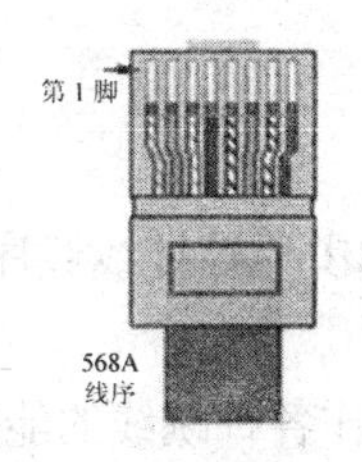

568A 线序水晶头 8 位线对安排示意

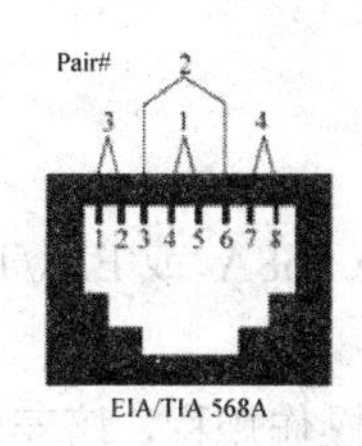

568A 线序的信息插座 8 位线对安排示意

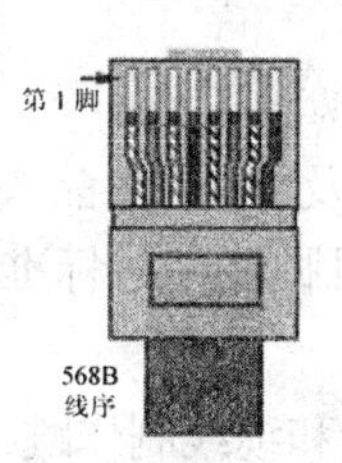

568B 线序水晶头 8 针线对安排正视图

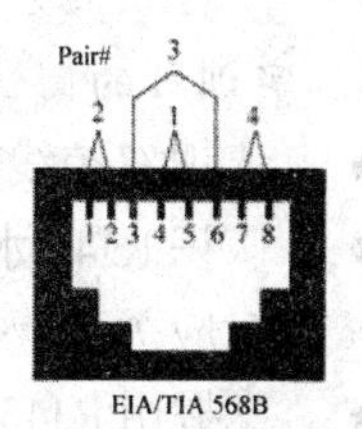

568B 线序的信息插座 8 位线对安排示意

RJ11 水晶头

Cat 5e 模块

RJ45 水晶头

6 类普天屏蔽 RJ45 插座

图 2-14　水晶头+模块+线序

交叉线：所谓交叉是指跳线的一端按 T568A 线序打接，另一端按 T568B 线序打接，适用相同种类设备的互连场合如电脑－电脑、HUB-HUB、SW-SW。

直通线：即跳网线的两端均按 T568A（或两端均按 T568B）线序打接线。适用不同种类设备互连场合如电脑-ADSL、电脑-HUB/SW、电脑-ADSL 路由器的 LAN 口。

4. 模块（RJxx 插座）简介

① RJ45 是 8 位模块式通用插座，可分为屏蔽、非屏蔽、5 类、5e 类、6 类和 7 类产品。RJ45 插座可连接 UTP、FTP 和 STP 电缆，并按 T568A 或 T568B 的方式进行打线。对 7 类的 8 位插座称为 GG45 插座，结构上不同于 RJ45 插座，但具有兼容性。

② RJ11 常见的是 2 位模块式通用插座。

所有模块应安装在面板上，常见的面板是 86×86 的，可以是单口或双口。目前市场上也有 86 型的面板是 4 口。

插座选型应考虑其材质、镀层材料、插拔次数、绝缘性能、抗张力、耐压力、安装条件等特性。

小知识：

RJ45 和 RJ11 区别：是不同的标准。所以两者的尺寸不同（RJ11 为 4 或 6 针，RJ45 为 8 针连接器件），显然 RJ45 插头不能插入 RJ11 插孔。反过来在物理上却是可行的，由此让人误以为两者应该或者能够协同工作。实际上不是这样。

在语音和数据通信中有三种不同尺寸和类型的模块：4 线位结构、6 线位结构和 8 线位结构。通信行业中将模块结构指定为专用模块型号，模块上通常都有 RJ 字样，RJ11 代表 4 线位或者 6 线位结构模块，RJ45 代表 8 线位模块结构。4 线位结构连接器用“4P4C”表示，大多用在电话系统中，6 线位结构连接器用“6P6C”表示，8 线位结构连接器用“8P8C”表示，这种结构是目前综合布线端接标准，用于 4 对 8 芯配线缆线（数据和语音）的端接。

五、技能实训 2 工作区中的跳线制作

1. 实训目的

- 认识双绞线的色标及 RJ45 水晶头引脚线序。
- 认识 RJ45 水晶头引脚线序与标准中 EIA/TIA 568A 或 EIA/TIA 568B 两种打线线序的对应关系。
- 掌握用 RJ45 水晶头和缆线制作跳线的工艺及操作规程，培养熟练制作各种跳线的能力。
- 熟知测线仪的各端口、开关档位及指示灯的功能，培养正确使用测线仪对 UTP 跳线进行通断及线序测试的能力。

2. 实训要求

- 按规范要求完成直通线和交叉线制作。
- 正确使用测线仪，完成对跳线测试的工作。
- 使用 RJ45 打线钳、剥线刀、剪刀等工具时应注意安全。
- 工作完成后的现场整理。

3. 实训器材（见图 2-15）

实训材料：Cat 5e 非屏蔽双绞线、超五类 RJ45 水晶头。

实训工具：剥线刀、RJ45 打线钳、剪刀、测试仪。

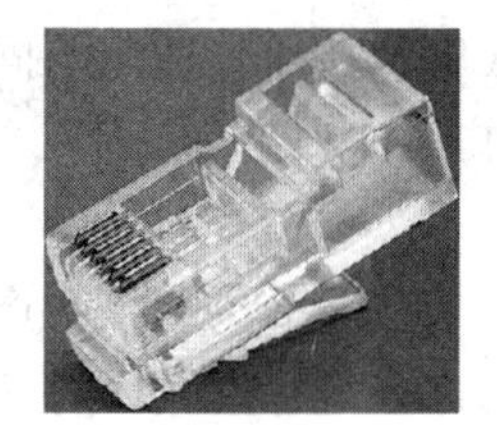

RJ45 水晶头

成品跳线

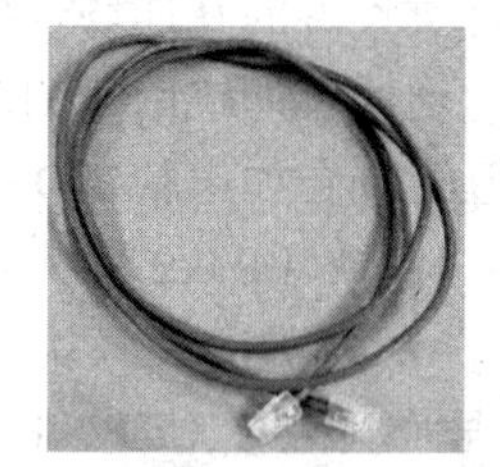

Cat 5e 线缆

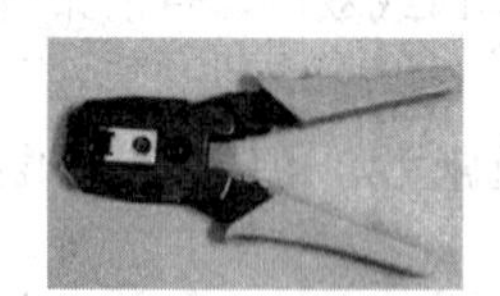

RJ45 打线钳

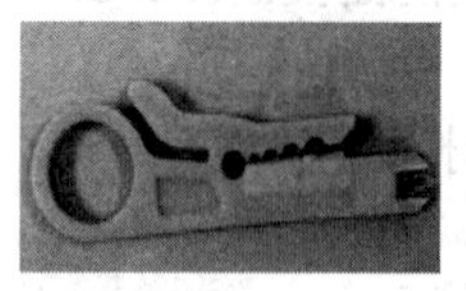

剥线刀

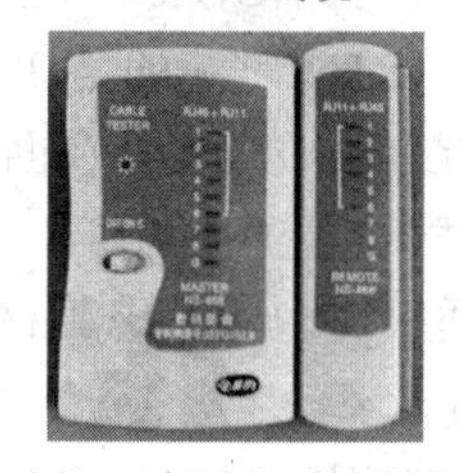

测试仪（连通仪或通断仪）

图 2-15 实训器材和工具示意图

4. 实训步骤（见图 2-16）

（1）双绞线剥线。

① 利用剪刀或打线钳剪下所需要的 Cat 5e 双绞线长度，0.5 m≤双绞线长度≤90m。

② 再利用双绞线剥线器或剪刀从电缆末端剥离 30～35mm 双绞线外皮。

（2）双绞线线对分开和解绞。

① 线对分开：按照色标顺序（橙、蓝、绿、棕），将 4 对线适度小弧度分开。

② 在保证每对线位置不变的情况下，将每一线对解绞并理直。

（3）按 EIA/TIA 568B 标准进行理线。

① 将绿色对线分开，绿白线在左边、绿色线在右边。

② 将蓝色线对放置在绿色线对之间，其他线对不变。

③ 最后的线序位置为：橙白、橙、绿白、蓝、蓝白、绿、棕白、棕。

④ 按照上述线序，将 8 芯线理直、理平。

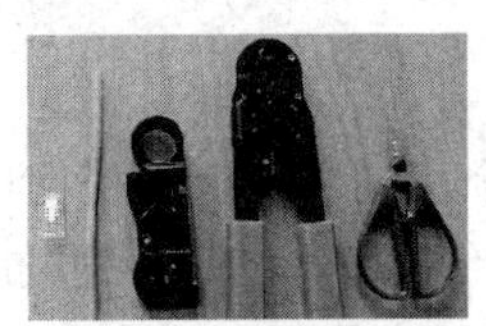

水晶头、双绞线、压线钳、剥线刀等

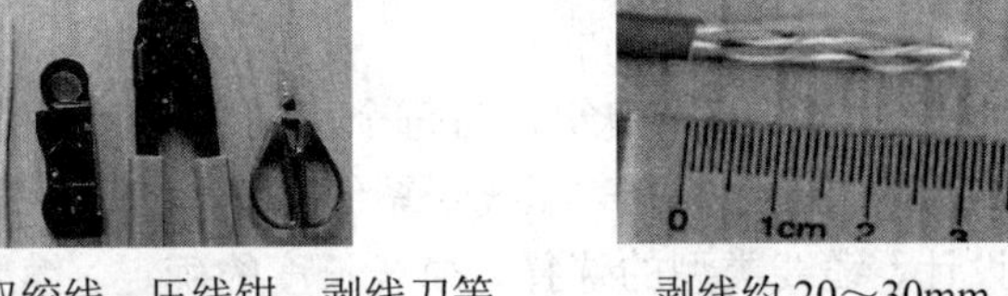

剥线约 20～30mm

用剥线刀剥线

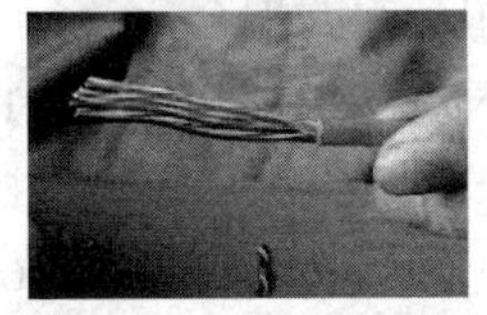

双绞线线对分离并理直

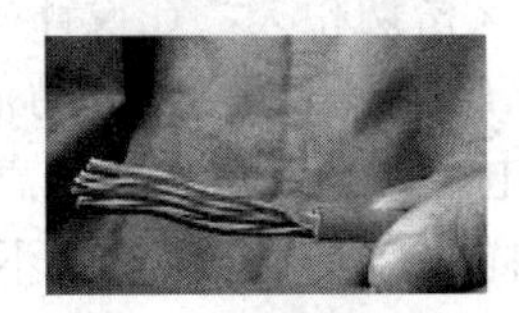

按 568A 或 B 线对跳线

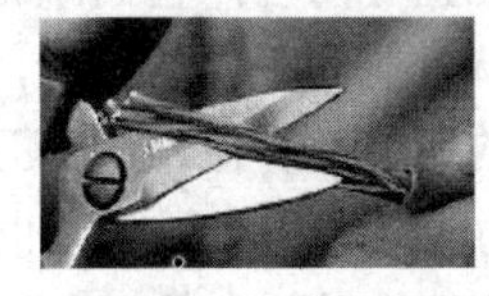

保留约 13mm 并剪去多余缆线

将双绞线按 568A 线序插入水晶头

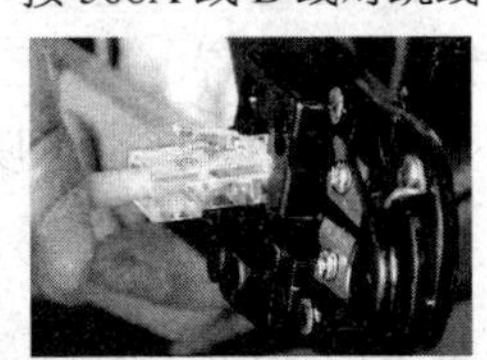

无误后用 RJ45 口压接水晶头

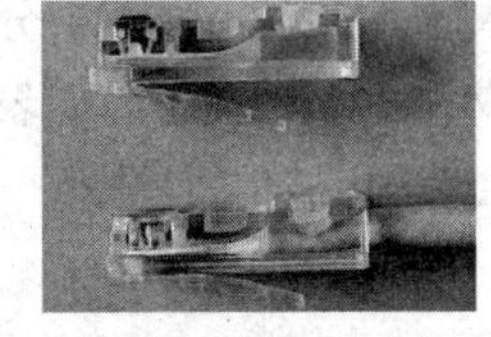

压接后缆线与水晶头的正确位置

图 2-16　跳线制作示意图

（4）剪线。

① 将排整齐的 4 对双绞线用剪刀剪下只剩约 13mm 的长度。

② 注意：所剪的双绞线必须平整，不能歪斜。

（5）制作 EIA/TIA 568B 标准 RJ45 头。

① 用拇指和食指将 4 对双绞线固定好，将 4 对双绞线平行插入 RJ45 头的 8 个凹型引导槽中。检查双绞线外皮是否经过 RJ45 头的固定槽，如果没有则要重新制作。

② 对插入部分的双绞线芯检查，8 芯线是否全部插入到位，如果全部到位，则可进入下一步的 RJ45 头压接，否则要从第 1 步开始重新制作。

③ 将 RJ45 头插入打线钳的 RJ45 口，并进行压接，注意：有的 RJ45 钳有两个压接口，一个为 6 芯 RJ11 头压接口，另一个为 8 芯 RJ45 头压接口。

（6）EIA/TIA 568A 压接过程，参考以上进行。EIA/TIA 568B 只是线序不同。

建议：对工程量较大的用户，为保证传输质量，设备连接的跳线应选用产业化制造的电、光各类跳线。

任务三　配线（水平）子系统设计

一、任务目标与要求

- 知识目标：掌握配线子系统的划分、设计原则与步骤。能够完成信息点的合理配置。
- 能力目标：掌握工作区信息点位置和数量的设计要点和统计方法；熟练掌握信息点数

统计表的设计和应用方法；掌握工程数据表格的制作方法和能力；熟悉配线子系统的布线产品，学会合理选择产品；能用 Visio 或 AutoCAD 软件绘制管线路由图和楼层信息点平面分布图。

二、相关知识与技能

配线子系统（水平子系统）的布线路由遍及整个建筑，与每个房间和管槽系统密切相关，是综合布线工程中工程量最大、最难施工的一个子系统。配线子系统的设计涉及水平布线系统的网络拓扑结构、布线路由、管槽的设计、缆线类型的选择、缆线长度的确定、缆线布放和设备的配置等内容，它们既相对独立又密切相关，在设计中要考虑相互间的配合。

从目前的工程情况看，每一个工作区信息点数量的范围比较大，从设置 1 个至 10 个信息点的现象都存在，很多还预留了电缆和光缆备份的信息插座模块。因此建筑物用户性质不一样，功能要求和实际需求也是不一样的，信息点数量就不能仅按办公楼的模式确定，尤其是对于专用建筑（如电信、金融、体育场馆、博物馆等建筑）及计算机网络存在内、外网等多个网络需求时，更应加强需求分析，做出合理的配置。每个工作区信息点数量可按用户的性质、网络构成和需求来确定。如表 2-5 所示，大客户区域也可以为公共设施的场地，如商场、会议中心、会展中心等。

表 2-5　信息点数量配置

建筑物功能区	信息点数量（每一工作区）			备注
	电话	数据	光纤（双工端口）	
办公区（一般）	1 个	1 个	—	—
办公区（重要）	1 个	1 个	1 个	对数据信息有较大的需求
出租或大客户区域	2 个或 2 个以上	2 个或 2 个以上	1 个或 1 个以上	指整个区域的配置量
办公区（政务工程）	2～5	2～5	1 个或 1 个以上	设计内、外网时

工作区信息点点数统计表简称点数表，点数表能够准确和清楚地表示和统计出建筑物的信息点数，是设计的基础数据。点数表是在需求分析和技术交流的基础上进行的，首先确定每个房间或者区域的信息点位置和数量，然后制作和填写点数统计表。点数统计表的做法是先按照楼层，然后按照房间或者区域逐层逐房间地规划和设计网络数据、语音信息点数，再把每个房间规划的信息点数量填写到点数统计表对应的位置。每层填写完毕，就能够统计出该层的信息点数，全部楼层填写完毕，就能统计出该建筑物的信息点数。

点数表的制作可利用 Microsoft Excel 等软件进行，点数表的格式可按表 2-6 的格式。在表格填写中，楼层编号由大到小按从上往下顺序填写。在填写点数统计表时，从楼层的第一个房间或者区域开始，逐个房间确认信息点数量和大概位置。同时还要考虑其他控制设备的需要，例如在重要办公室入口位置考虑设置门禁系统网络接口等。

工程设计中，信息点的统计非常重要，它涉及工程造价。因为每个信息点的造价概算中应该包括材料费、工程费、运输费、管理费、税金等全部费用。材料中应该包括机柜、配线架、配线模块、跳线架、理线环、缆线、模块、底盒、面板、桥架、线槽、线管等全部材料及其配件。

对工作区信息点命名和编号也是非常重要的一项工作，命名首先必须准确表达信息点的位置或者用途，要与工作区的名称相对应，这个名称从项目设计开始到竣工验收及后续维护最好一致。如果出现项目投入使用后用户改变了工作区名称或者编号时，必须及时制作名称变更对应表，作为竣工资料保存。

表 2-6　工作区信息点点数统计表

3 号楼 XX 办公楼信息点点数统计											
楼层编号	01		02		03		04		语音点数小计	数据点数小计	信息点数合计
	语音	数据	语音	数据	语音	数据	语音	数据			
5层	1		1		1		1		4		
		2		2		2		2		8	
4层	1		1		1		1		4		
		4		4		4		4		16	
3层	1		1		1		1		4		
		4		4		4		4		16	
2层	1		1		1		1		4		
		2		4		2		4		12	
1层	1		1		1		1		4		
		3		2		2		2		9	
合计									20	61	81

最后，在设计前，应阅读建筑物图纸和工作区编号索引。通过阅读建筑物图纸掌握建筑结构、强电路径、弱电路径，特别是主要电器设备和电源插座的安装位置，综合布线路径上的电器设备、电源插座、暗埋管线等。在阅读图纸时应进行记录，这有助于将网络和电话等插座设计在合适的位置，避免强电或者大功率电器设备对网络综合布线系统的影响。

三、技能实训

1. 实训 1：信息点配置设计

（1）设计实例：设计独立单人办公室信息点布局。需求如下：

- 单人办公室平面图（面积为 $4*5m^2$）。室内配办公桌、椅各 1 张；茶几 1 个；单人沙发 2 个；文件柜 3 个，室内安装设备有：计算机 2 台；传真机 1 台；打印机 1 台，挂壁式空调室内机 1 个。
- 信息插座可以设计为安装在墙面或地面两种。
- 实现内、外网物理分割。
- 当办公桌设计靠墙摆放时，信息插座安装在墙面，中心垂直距地 30cm；当办公桌摆放在中间时，信息插座使用地弹式地面插座，安装在地面。

（2）设计实例：设计独立 4 人办公室信息点布局。需求如下：

- 独立 4 人办公室平面图（面积 $3*5m^2$），室内设备配置有：计算机 5 台；电话机 1 台；打印机 1 台，挂壁式空调室内机 1 个。
- 信息插座可以设计为安装在墙面或地面两种。
- 只允许 1 台计算机实现内网访问、其他 4 台只允许外网访问。

- 当办公桌设计靠墙摆放时，信息插座安装在墙面，中心垂直距地 30cm。当办公桌摆放在中间时，信息插座使用地弹式地面插座，安装在地面。

（3）设计实例：集中办公区信息点布局。需求如下：

集中办公区采用隔断式集中办公。该集中办公区使用面积 108（即 $12*9m^2$），供 15 人同时办公。室内有 4 个立柱（0.5m*0.5m）均匀分布。计算机 20 台；电话机 16 台；打印机 2 台，文件柜 10 个，其中 4 人又组成产品研发设计部，享有室内独立环境和集中办公区的两个工作位。此外，同时需考虑空间的利用率和便于办公人员工作。

（4）设计实例：学生宿舍信息点布局。需求如下：

学生宿舍每个房间设计 4 个网络和 1 个语音信息点。合理地设计信息插座位置，同时为了便于信息点的开通和今后的维护。

2. 实训 2：工作区点数统计表制作

以各小组为单位，在组长的带领下，请你组为学校教师办公楼进行较合理的信息点配置，同时完成点数统计表的制作。

四、相关知识与技能

1. 配线子系统结构和组成

配线子系统应采用星状网络拓扑结构，它以楼层配线架 FD 为主结点，各工作区信息插座为分结点，二者之间采用独立的线路相互连接，形成以 FD 为中心向工作区信息插座辐射的星状网络。通常用双绞线敷设水平布线系统，此时水平布线子系统的最大长度为 90m。

配线子系统设计时需关注电信间的设备连接，对电信间 FD 与电话交换配线及计算机网络设备之间的连接方式应符合以下要求：

（1）电话交换配线的连接方式应符合图 2-17 要求。

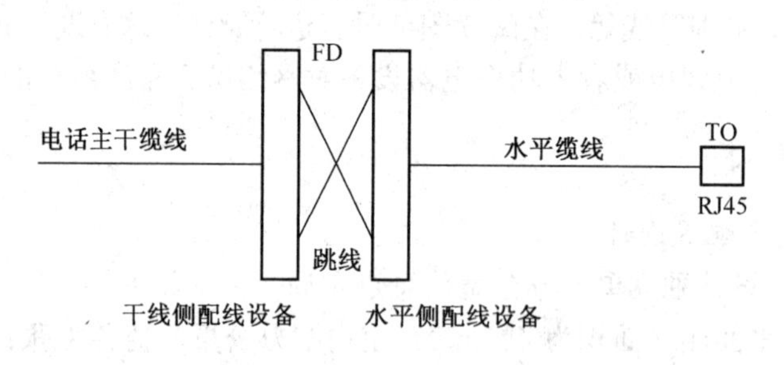

图 2-17 电话系统连接方式

（2）计算机网络设备连接方式。

1）经跳线连接应符合图 2-18 要求。

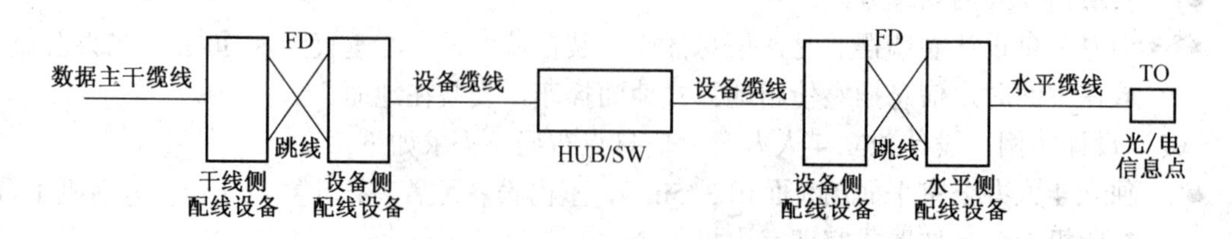

图 2-18 数据系统连接方式（经跳线连接）

2）经设备缆线连接方式应符合图 2-19 要求。

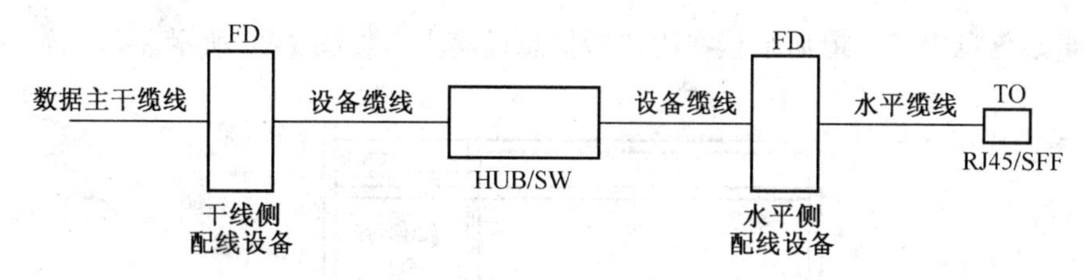

图 2-19　数据系统连接方式（经设备缆线连接）

2. 配线子系统布线路由和管槽的设计

综合布线工程施工的对象有新建建筑、扩建（包括改建）建筑和已建建筑等多种情况；有不同用途的办公楼、写字楼、教学楼、住宅楼、学生宿舍等；有钢筋混凝土结构、砖混结构等不同的建筑结构。同时在一幢建筑物不仅有弱电系统还有强电等各类系统。这样管道越来越多，如何合理安排是需要各方坐在一起讨论，有时还需现场解决的问题。因此，设计配线子系统的布线路由时，要根据建筑物的使用用途和结构特点，从布线规范、便于施工、路由最短、工程造价、隐蔽、美观和扩充方便等几个方面综合考虑。最终得出一个较佳的配线子系统布线折中方案。

布线路由和管槽是一个有机整体，配线子系统布放的缆线又依附于管槽系统。因此管槽系统是综合布线系统的基础设施之一，对于新建建筑物，要求与建筑设计和施工同步进行。对于已有建筑的改造，应仔细了解建筑物的结构，设计出合理的水平和垂直管槽系统。

管槽系统是由引入管路、电缆竖井和槽道、楼层管路（包括槽道和工作区管路）和联络管路等组成。管槽系统和房屋建筑成为一个整体，属于永久性设施。

对水平管槽系统的敷设有明敷设和暗敷设两种，一般来说，暗敷设是沿楼层的地板、楼层顶吊顶和墙体内预埋管槽的方式敷设，明敷设则沿墙面和无吊顶走廊的方式敷设。

（1）暗敷设布线方式。暗敷设方式适合于建筑物设计与建设时已考虑综合布线系统的场合。敷设的地方有天花板吊顶内敷设线缆方式、地板下敷设线缆方式和墙体暗管方式。

1）天花板吊顶内敷设线缆方式。适合于新建建筑和有天花板吊顶的已建建筑的综合布线工程。要求天花板到楼层有一定的高度空间并在天花板或吊顶的适当地方应设置检查口，以利于施工和方便日后维护检修。但操作空间也不宜过大，否则将增加工程造价。它又可分为：分区方式、直接布线方式和电缆槽道方式 3 种。

① 分区方式。将天花板内的空间分成若干个小区，敷设大容量电缆。从楼层配线间利用管道或直接敷设到每个分区中心，由小区的分区中心分别把线缆经过墙壁或立柱引到信息插座，也可在中心设置适配器，将大容量电缆分成若干根小电缆再引到信息插座。这种方法配线容量大，经济实用，工程造价低，但线缆在穿管敷设时会受到限制，施工不太方便。

② 直接布线方式。是指从楼层配线间将电缆直接敷设到信息插座。内部布线方式的灵活性最大，不受其他因素限制，经济实用，无需使用其他设施且电缆独立敷设传输信号不会互相干扰，但需要的线缆条数较多，初次投资较分区方式大。

③ 电缆槽道方式。这是使用最多的天花板吊顶内敷设线缆方式。通常安装在吊顶内或悬挂在天花板上，线槽可选用金属线槽，也可选用阻燃、高强度的 PVC 槽，缆线从配线间引出后，先走吊顶内的线槽，到各房间的预埋 PVC 线管或镀锌线管之后，再将缆线从用来连接的电缆槽和预埋管对接处 PVC 线管或镀锌管内穿出（此处工程上常称为二次接管），最后用穿线钢丝将电缆穿过一段支管引向墙柱或墙壁，沿墙而下到本层的信息出口，或沿墙而上引到上一

层墙上的暗装信息出口，最后端接在用户的信息插座上，如图 2-20 所示。

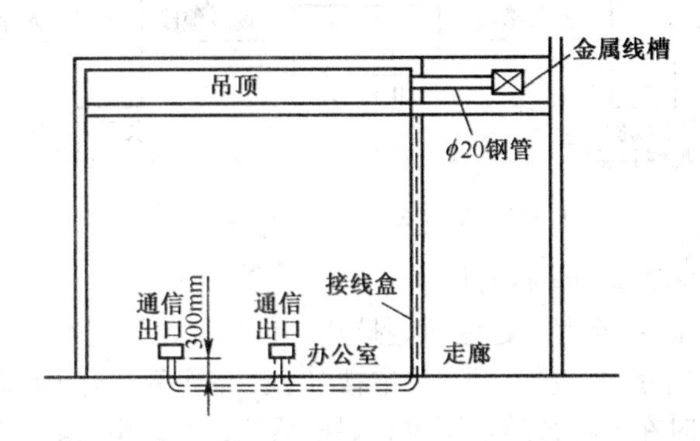

图 2-20 先走吊顶内的槽道再穿过支管至信息出口

2）地板下敷设线缆方式。地板下敷设线缆方式也是使用较为广泛的一种，适宜对新建和扩建的房屋建筑的综合布线工程。施工安装和维护检修的环境好且操作方便。地板下的布线方式主要有直接埋管方式、地面线槽布线方式、高架地板布线方式和蜂窝状地板布线方式等 4 种，工程中它们可混合使用。

① 直接埋管方式。直接埋管方式和新建建筑物同时设计施工。这种方式有一系列密封在现浇混凝土里的金属布线管道或 PVC 线管。

采用直接埋管方式存在以下问题：

- 排管埋设在地面垫层中，不可能在走廊垫层中放置线盒，而排管至少有两个弯管处，为了能够拉线，排管的长度不宜大于 30m，这限制了水平布线的距离。
- 如果埋在地面垫层中的排管数量较多，就需要有较厚的垫层。
- 对工艺要求高。钢管的截口不能有毛刺，否则就会在拉线时划破双绞线电缆的绝缘层。管子接口处需进行处理，否则在打垫层时如果有缝隙就会渗入水泥浆，造成堵塞，给穿线施工带来很大的麻烦，甚至管路废弃，对工程造成不可挽回的损失。
- 直接埋管方式是将各工作区细支管经汇线盒汇总后，集中穿进粗管进入楼层管理间，比较大的楼层可能也要进行二、三级汇总才能到达楼层管理间，这个汇线盒对房间的装修有一定的影响。由于建筑工程的其他许多管线也走地面垫层，容易与电源管线及其他管线交叉，增加了施工难度。

解决的方法：

- 现代建筑物直接埋管方式采用分段实施的方式进行。例如：水平布线路由一般从楼层管理间经走廊再进入工作区房间，因此将水平布线路由分为走廊通道和进入房间两段。
- 采用光纤微管独立组成布线路由。利用先进的吹光纤技术，将光纤直接吹至工作区的信息点（光纤技术中详细介绍）。

② 地面线槽布线方式。该方式是指由配线间出来的缆线走地面线槽到地面出线盒或由分线盒出来的支管到墙上的信息出口，如图 2-21 所示。这种方式适用于大开间或需要打隔断的场合。

目前地面线槽方式大多数用在高档会议室等建筑物中。若楼层信息点较多，应同时采用地面线槽与天花板吊顶内敷设线槽相结合的方式。

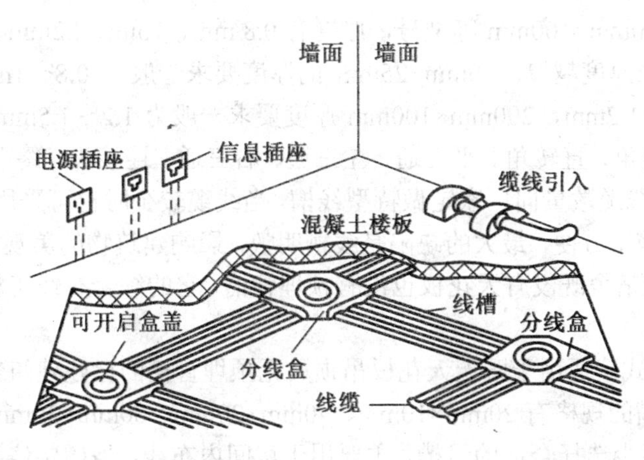

图 2-21 地面线槽布线方式

③ 高架地板布线方式。高架地板为活动地板，由许多方块面板组成，放置在钢制支架上的每块面板均能活动，如图 2-22 所示。高架地板布线方式具有安装和检修线缆方便、布线灵活、适应性强、不受限制、操作空间大、布放线缆容量大、隐蔽性好、安全和美观等特点，但初次工程投资大，并且降低了房间净高。

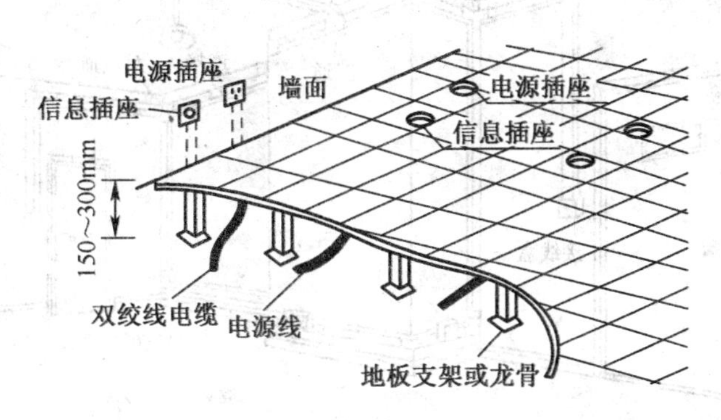

图 2-22 高架地板布线方式

④ 蜂窝状地板布线方式。地板结构较复杂，采用钢铁或混凝土制成构件，其中导管和布线槽均事先设计，在这种电力、通信两个系统交替使用的场合，蜂窝状地板布线方式与直接埋管方式相似，其容量大，适用于电缆条数较多的场合，但工程造价较高，由于地板结构复杂，令增加地板厚度和重量，与房屋建筑配合协调较多，但不适应敷设地毯的场合。

3）墙体暗管方式。建筑物土建设计时，已考虑综合布线管线设计，水平布线路由从配线间经吊顶或地板下进入各房间后，采用在墙体内预埋暗管的方式。

常见 PVC 穿线管外径的规格有 16mm、20mm、25mm、30mm、40mm、50mm、75mm、90mm、110mm。

（2）明敷设布线方式。明敷设布线方式主要用于既没有天花板吊顶又没有预埋管槽的已建建筑物的综合布线系统，通常采用走廊槽式桥架和墙面线槽相结合的方式来设计布线路由。通常布线路由从 FD 开始，经走廊槽式桥架，用支管到各房间，再经墙面线槽将线缆布放至明装信息插座。当布放的线缆较少时，配线子系统可全用墙面线槽方式。

1）走廊槽式桥架方式。是指将线槽用吊杆或托臂架设在走廊的上方，一般采用镀锌和镀彩两种金属线槽，镀彩线槽抗氧化性能好，镀锌线槽相对便宜，规格有 50mm×25mm、

100mm×100mm、200mm×100mm 等型号，厚度有 0.8 mm、1mm、1.2mm、1.5mm、2mm 等规格，槽径越大，要求厚度越厚。50mm×25mm 的厚度要求一般为 0.8～1mm，100mm×100mm 厚度要求一般为 1～1.2mm，200mm×100mm 厚度要求一般为 1.2～1.5mm，与 PVC 线槽配套的附件有：阳角、阴角、直转角、平三通、左三通、右三通、连接头、终端头、接线盒（暗合、明盒）等。也可根据线缆数量向厂家定做特型线槽。当线缆较少时也可采用高强度 PVC 线槽。槽式桥架方式设计施工方便，最大的缺陷是线槽明敷，影响建筑物的美观。目前在各高校校园网建设中，老式学生宿舍既没有天花板也没有预埋管槽，它的综合布线工程大多采用这种管槽设计和施工方式。

2）墙面线槽方式。适用于既无天花板吊顶又无预埋管槽的已建建筑物的水平布线，如图 2-23 所示。墙面线槽的规格有 20mm×10mm、40mm×20mm、60mm×30mm、100mm×30mm 等型号，根据线缆的多少选择合适的线槽，主要用于房间内布线，当楼层信息点较少时也用于走廊布线，和走廊槽式桥架方式一样，墙面线槽设计施工方便，缺陷是线槽明敷，影响建筑物的美观。

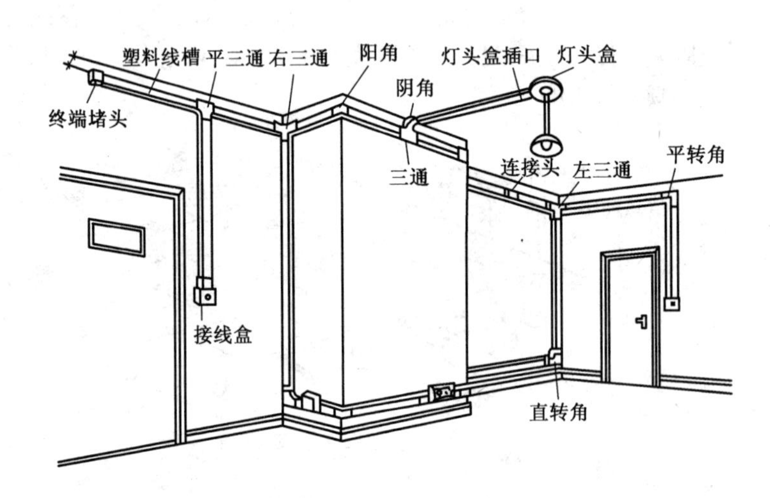

图 2-23　墙面线槽方式

3）其他布线方式。

对已建建筑物布线还有其他一些布线方式，如护壁板管道布线方式、地板导管布线方式等。

3. 管槽系统大小选择管

管槽大小的选择，可采用以下简易方式来计算。

某些结构（如“+”型等）的 6 类电缆在布放时为减少双绞电缆之间串音对传输信号的影响，不要求完全做到平直和均匀，甚至可以不绑扎，因此对布线系统管线的利用率提出了较高要求。对于综合布线管线可以采用管径利用率和截面利用率的公式加以计算，得出管道缆线的布放根数。

① 管径利用率=d/D　式中：d 为缆线外径；D 为管道内径。

② 截面利用率=A1/A　式中：Al 为穿在管内的缆线总截面积；A 为管子的内截面积。

缆线的类型包括大对数屏蔽与非屏蔽电缆（25 对、50 对、100 对），4 对双绞屏蔽与非屏蔽中缆（5e 类、6 类、7 类）及光缆（2 芯至 24 芯）等。尤其是 6 类屏蔽缆线因构成的方式较复杂，众多缆线的直径与硬度有较大的差异，在设计管线时应引起足够的重视。为了保证水平电缆的传输性能及成束缆线在电缆线槽中或弯角处布放不会产生溢出的现象，故提出了线槽利用率在30%～50%的范围。

③ 管槽截面积=（n×缆线截面积）/[70 %×(40%～50%)]

式中n：用户所要安装多少条线（已知数）；管槽截面积：要选择的槽管截面积；缆线截面积：选用的线缆截面积；70%：布线标准规定允许的空间；40%～50%：线缆之间浪费的空间。

以上计算方法的管槽大小按要求留有较多的裕量空间，在实际工程中可根据具体情况适当多容纳一些缆线。

训练1：计算施工中使用30×16线槽可敷设的双绞线数量（双绞线外径按6mm计算）。

解：由线槽结构可知 30×16线槽壁厚约1mm，即实际线槽截面积28×14。

缆线截面积：s=6×6×3.14/4=28.26

线槽宜敷设面积=28×14×70%×50 %= 137.2

宜敷设缆线数量：n=137.2/28.26=4.8　下取整宜敷设4（根）

训练2：计算施工中使用Φ50PVC 线管可敷设的双绞线数量（双绞线外径按6mm计算）。

解：缆线截面积：s=6×6×3.14/4=28.26

Φ50PVC 线管面积=48×48×3.14/4=1808.64

截面利用率取30%计算，宜敷设缆线数量：n =(1808.64×30%)/28.26=19（根）。

4. 缆线类型的选择和长度的确定

配线子系统的缆线要依据建筑物信息的类型、容量、带宽或传输速率来确定。目前双绞线电缆是水平布线的首选。只有当传输带宽要求较高，管理间到工作区超过90m时才会选择光纤作为传输介质。

（1）线缆类型选择。配线子系统中推荐采用的线缆型号为：

① 100Ω双绞线电缆。

② 50/125μm多模光纤。

③ 62.5/125μm多模光纤。

④ 8.3/125μm。

在配线子系统中，也可以使用混合电缆。采用双绞线电缆时，根据需要可选用非屏蔽双绞线电缆或屏蔽双绞线电缆。在一些特殊应用场合，可选用阻燃、低烟、无毒等线缆。

（2）配线子系统布线距离。配线缆线是指从楼层配线架到信息插座间的固定布线，一般采用100Ω双绞线电缆，水平电缆最大长度为90m，配线架跳接至交换设备、信息模块跳接至计算机的跳线总长度不超过10m，通信通道总长度不超过100m。在信息点比较集中的区域，如一些较大的房间，可以在楼层配线架与信息插座之间设置集合点（CP，最多转接一次），这种集合点到楼层配线架的电缆长度不能过短（至少15m），但整个配线电缆最长90m的传输特性保持不变。

（3）电缆长度估算。

① 确定布线方法和走向；

② 确立每个楼层配线间或二级交接间所要服务的区域；

③ 确认离楼层配线间距离最远的信息插座位置；

④ 确认离楼层配线间距离最近的信息插座位置；

⑤ 用平均电缆长度估算每根电缆长度；

⑥ 平均电缆长度=（信息插座至配线间的最远距离+信息插座至配线间的最近距离）/2；

⑦ 总电缆长度=平均电缆长度＋备用部分（平均电缆长度的 10%）＋6。每个楼层用线量 C（单位 m）的计算公式： $C=[0.55(L+S)+6]\times n$

⑧ 整座楼的用线量： $W=\sum C$。即各个楼层用线量总合。

⑨ 电缆订购数。按 4 对双绞线电缆包装标准 1 箱线长是 305m，电缆订购数=W/305 箱（不够一箱时按一箱计算）。

说明：C：每个楼层的用线量；L：服务区域内信息插座至配线间的最远距离；S：服务区域内信息插座至配线间的最近距离；n：每层楼的信息插座的数量；6：端接容差。

训练 1：已知某办公楼共有 6 层，每层信息点数为 20 个，每个楼层的最远信息插座离楼层管理间的距离均为 70m，每个楼层的最近信息插座离楼层管理间的距离均为 10m，请估算出该办公楼的双绞线缆线用量。

解：根据题意可知：每层信息点 n= 20，远点信息插座距管理间的距离 L = 70m，近点信息插座距管理间的距离 S = 10m，每层楼用线量 $C=[0.55\times(70+10)+6]\times 20=1000$m。本楼共 6 层，因此该办公楼的用线量 W= 1000×6=6000m。

电缆订购数=W/ 305=1000/305=3.28

按上取整原则需要 4 箱双绞线缆线。

（4）信息模块数量预算方式。

$m=n+n\times 3\%$

式中：m：信息模块的总需求量；n：信息点的总量；n×3%：裕量。

（5）跳接要求。

① 工作区连接信息插座和计算机或终端设备间的跳接应小于 5m。

② 跳接可订购也可现场压接。一条链路需要两条跳线，一条从配线架跳接到交换设备，一条从信息插座连到计算机或终端设备。

③ 现场压跳接线时 RJ45 所需的数量预算方式：$m=n\times 4+n\times 4\times 15\%$

式中：m：跳接线中 RJ45 的总需求量；n：信息点的总量；n×4×15%：留有的裕量。

当然，当语音链路需从水平数据配线架跳接到语音干线 110 配线架时，还需要 RJ45-110 跳接线。

最后对配线子系统的信息点的位置设计上应考虑：

- 在墙面或柱子上的信息插座底盒、多用户信息插座盒及集合点配线箱体的底部离地面的高度宜为 30cm 以上。
- 对在地面上的插座和面板等应选择有防水和抗压接线盒和地弹式插座。
- 信息插座与计算机设备的距离保持在 5m 范围内。
- 所需的信息模块、信息插座、面板的数量要准确。
- 考虑终端设备的用电需求。每组信息插座附近宜配备 220V 电源三孔插座为设备供电，暗装信息插座（RJ45）与其旁边的电源插座应保持 200mm 的距离，工作区的电源插座应选用带保护接地的单相电源插座，保护接地与零线应严格分开，如图 2-24 所示。

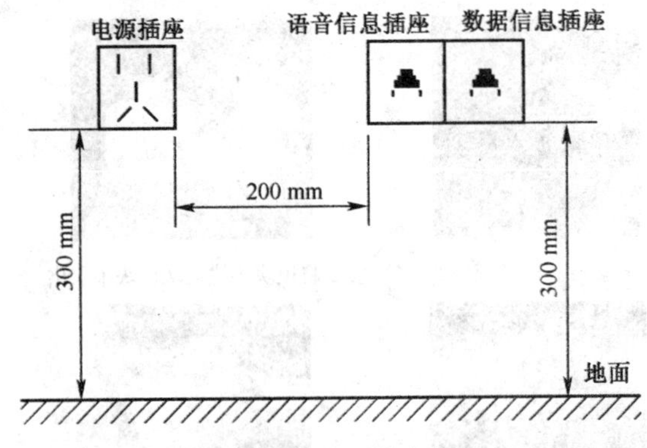

图 2-24　信息插座与电源插座的距离示意图

五、相关产品

根据图 2-25 所列产品，到相关厂家网站上收集资料，进行对比，并写出报告。

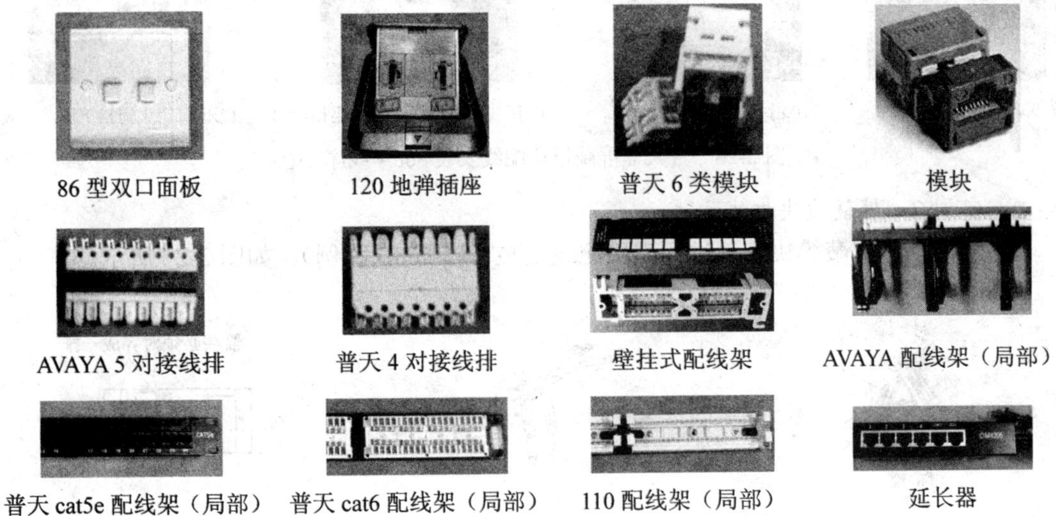

图 2-25　部分产品

小知识：

PVC 护套管重量轻，搬运和施工安装轻便省力，截取方便；φ25mm 及以下的套管只需插入相应弯管弹簧，在常温下即可进行任意角度的弯曲；用 PVC 粘合剂可快速的将套管和管配件连接成施工所需的形状。

PVC 线槽即聚氯乙烯线槽，一般称呼有行线槽或电气配线槽或走线槽等。线槽配线方便，布线整齐，安装可靠，便于查找、维修和调换线路，还具有绝缘、防弧、阻燃自熄等特点。

六、技能实训

1. 实训 1：模块配线

以普天 RJ45 非屏蔽模块为例进行模块配线安装（以 568A 为例），如图 2-26 所示。

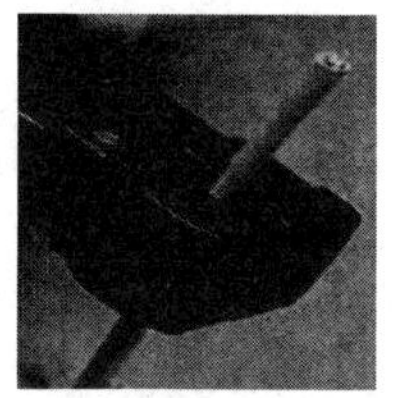

1.剥去长约 30～40mm

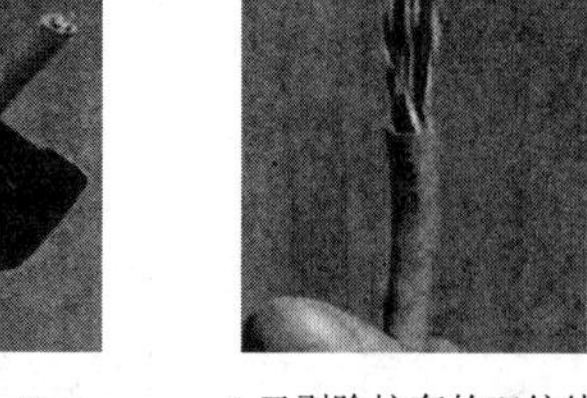

2.已剥除护套的双绞线

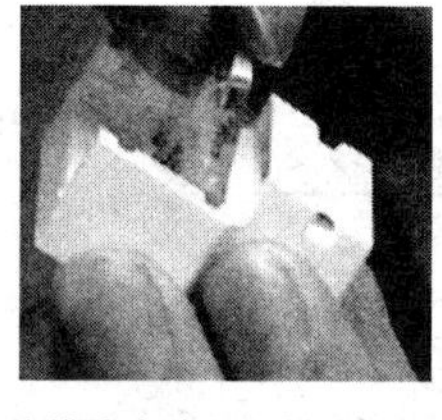

3.将模块穿线盖从模块中取出

4.按照 568A 的顺序理线

5.按 30° 剪齐缆线

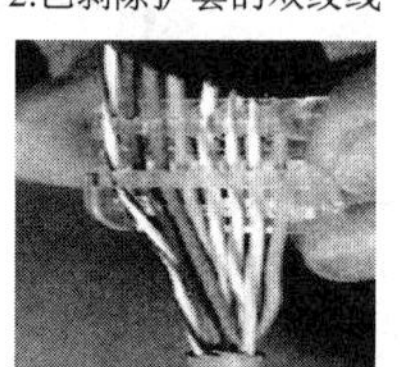

6.按色标顺序穿过穿线盖

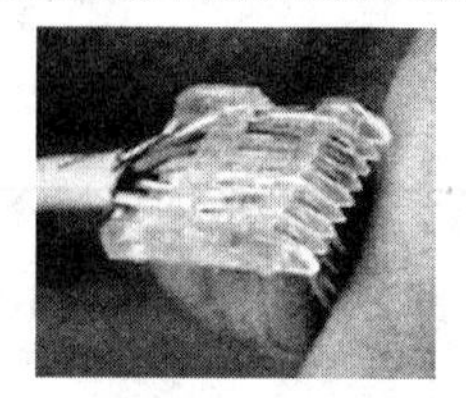

7.拉紧至未接纽部分贴近梳齿

8.使芯线嵌入盖前弧形槽中

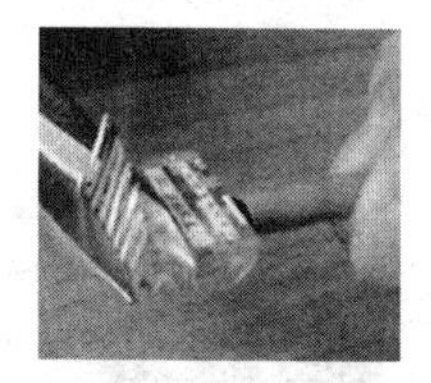

9.齐根剪去多余部分

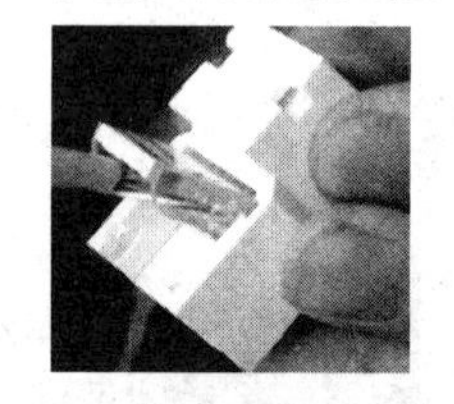

10.沿导槽垂直推入基座

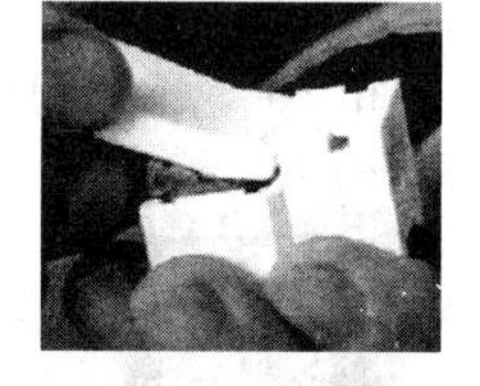

11.压线板下压使之与基座扣牢

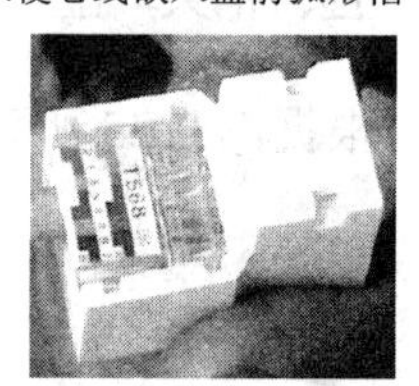

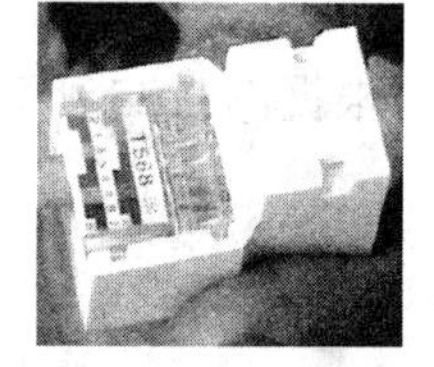

12.也可用大拇指下压，完成

图 2-26　普天非屏蔽模块配线安装 568A 线序示意

2. 实训 2：屏蔽模块打线方法

以普天 RJ45 屏蔽模块为例进行模块配线安装（以 568B 为例），如图 2-27 所示。

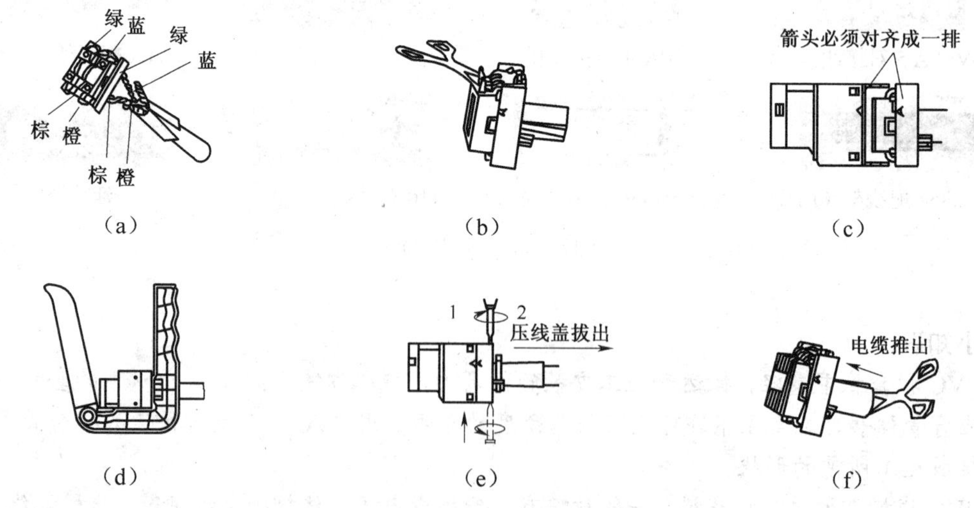

图 2-27　普天 RJ45 屏蔽模块配线安装示意

六类 RJ45 屏蔽插座模块端接操作步骤（以 568B 接线方式为例）

- 线缆剥去外护套约 40mm，注意不能切断屏蔽层，将屏蔽层沿外护套末端翻折，使其紧贴护套（不得破坏屏蔽膜）；
- 去除透明薄膜、骨架、撕裂线后，将四对线缆理成模块中图 2-27（a）所示的 568B 线序；

- 将线缆按对应线序插入压线盖组中；
- 按照线盖上的色标将各色线卡入线槽；
- 尽可能齐根剪断多余的线，线头外露一般不超过 2 mm，如图 2-27（b）所示；
- 将压线盖组件推入模块定位插销，注意模块两侧的箭头必须排成一排，否则无法接通并可能损坏模块，如图 2-27（c）所示；
- 将定位后的模块，按图 2-27（d）所示进行压接，当听到“咔嗒”声后，再将模块翻转 180 度，进行压接并听到“咔嗒”声后，才能确定可靠压接；
- 测试并确认端接成功后，电缆在模块尾部用尼龙带扎紧，端接完成。

如果测试没有通过，就必须重新打线。打线前就必须拆线。拆线操作是：

- 将模块从面板或配线架上卸下；
- 用小号一字起将压线盖和压线组件的两边按图 2-27（e）所示的方向分别多次旋转，直到分离（要用力适中）；
- 在模块后适当位置处剪去线缆，将线缆中线对分别从压线盖向上推，除去各个线缆对；或用镊子从压线盖上将各个线对取出，如图 2-27（f）所示。

七、相关知识与技能

1. 开放型办公室布线系统

对于很多的办公楼、综合楼、商场、会展中心等商用建筑物或公共区域大开间的场地，由于其使用对象数量的不确定性和流动性等因素，宜按开放办公室综合布线系统要求进行设计。大开间是指由办公用物件或可移动的隔断代替建筑墙面构成的分隔式办公环境。在这种开放型办公室中，将线缆和相关的连接件配合使用，就会有很大的灵活性，节省安装时间和费用。开放型办公室布线系统设计方案有多用户信息插座设计方案和集合点设计方案两种。

（1）多用户信息插座设计方案。多用户信息插座为在大开间中办公的多个用户提供了一个统一的工作区插座集合。用户将接插线通过内部的槽道将设备直接连至多用户信息插座。多用户信息插座应该放在像立柱或墙面这样的永久性位置上，并且应该保证水平布线在用具重新组合时保持完整性。多用户信息插座适用于那些重新组合非常频繁的办公区域使用。组合时只需重新配备接插线即可。

多用户信息插座是将多个多种信息模块组合在一起，安装在吊顶内，然后用接插线沿隔断、墙壁或墙柱而下，接到终端设备上。配线子系统布线可用混合电缆，从配线间引出，走吊顶辐射到各个大开间。每个大开间再根据需求采用厚壁管或薄壁金属管，从房间的墙壁内或墙柱内将线缆引至接线盒，与组合式信息插座相连接。

当采用多用户信息插座设计方案进行设计时，每一个多用户插座应配置适当的备用量在内，宜能支持 12 个工作区所需的 8 位模块通用插座；各段缆线长度可按表 2-7 选用，也可按下式计算。

$$C = (102 - H) / 1.2$$
$$W = C - 5$$

式中：C=W + D：工作区电缆、电信间跳线和设备电缆的长度之和；D：电信间跳线和设备电缆的总长度；W：工作区电缆的最大长度，且 W≤22m；H：配线缆线的长度。

（2）集合点（CP）设计方案。和多用户信息插座一样，集合点应安装在可接近的且永久的地点如建筑物内的柱子上或固定的墙上，尽量紧靠办公用物件。这样可使重组物件的时候能够保持水平布线的完整。在集合点和信息插座之间敷设很短的水平电缆，服务于专用区域。集合点可用模块化表面安装盒、配线架、区域布线盒等配线设备。

表 2-7 各段缆线长度限值（m）

缆线总长度	水平缆线长度 H	工作区缆线总长度 W	电信间跳线和设备缆线总长度 D
100	90	5	5
99	85	9	5
98	80	13	5
97	75	17	5
97	70	22	5

集合点和多用户信息插座的相似之处，是它也位于建筑槽道（来自配线间）和开放办公区的集合点。这个集合点的设置使得在办公区物件重组时能够减少对建筑槽道内电缆的破坏。设置集合点的目的是针对那些偶尔进行重组的场合，不像多用户信息插座所针对的是重组非常频繁的办公区，集合点应该容纳尽量多的工作区，如图 2-28 所示。

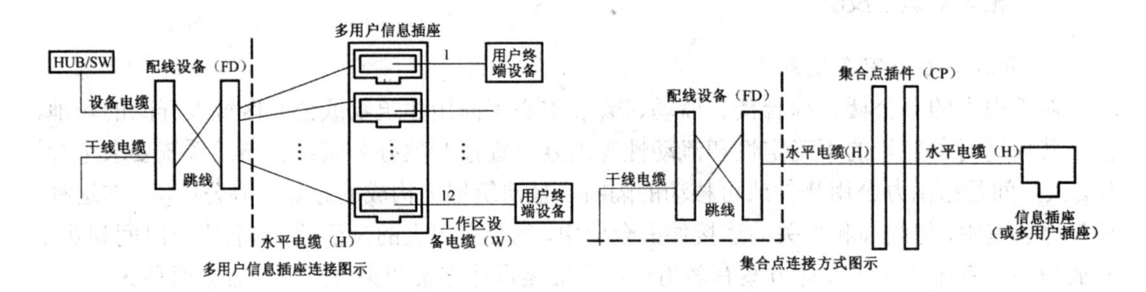

图 2-28 多用户信息插座与集合点连接示意

多用户信息插座方式是直接用接插线将工作终端插入组合式插座的，而集合点是将工作终端经一次接插线转接后插入组合式插座的。

多用户信息插座和集合点在配线布线部分的区别在于：大开间附加水平布线把水平布线划分为永久和可调整两部分。永久部分是配线子系统的线缆先从配线间到集合点，再从集合点到信息插座。当集合点变动时，水平布线部分也随之改变。如果多用户信息插座的配置较高且裕量充足，当有变动时，不要改变水平布线部分。

2. 根据现有产品情况配线模块可按以下原则选择

① 多线对端子配线模块可以选用 4 对或 5 对卡接模块，每个卡接模块应卡接 1 根 4 对双绞电缆。一般 100 对卡接端子容量的模块可卡接 24 根（采用 4 对卡接模块）或卡接 20 根（采用 5 对卡接模块）4 对双绞电缆。

② 25 对端子配线模块可卡接 1 根 25 对大对数电缆或 6 根 4 对双绞电缆。

③ 回线式配线模块（8 回线或 10 回线）可卡接 2 根 4 对双绞电缆或 8/10 回线。回线式配线模块的每一回线可以卡接 1 对入线和 1 对出线。回线式配线模块的卡接端子可以为连通型、断开型和可插入型三类不同的功能。一般在 CP 处可选用连通型，在需要加装过压过流保护器时采用断开型，可插入型主要使用于断开电路做检修的情况下，布线工程中无此种应用。

④ RJ45 配线模块（由 24 个或 48 个 8 位模块通用插座组成）每 1 个 RJ45 插座应可卡接

1 根 4 对双绞电缆。

⑤ 光纤连接器件每个单工端口应支持 1 芯光纤的连接，双工端口则支持 2 芯光纤的连接。

⑥ 各配线设备跳线可按以下原则选择与配置：光纤跳线宜按每根 1 芯或 2 芯光纤配置，光跳线连接器件采用 ST、SC 或 SFF 型。

八、技能实训　配线子系统的配置设计

1. 实训 1：完成学生宿舍配线子系统的配置设计

需求如下：该学生宿舍楼共 5 层，每层结构相同，如图 2-29 所示，每层每个房间设计网络 4 个信息点和 1 个语音点。合理地设计信息插座位置，并计算该配线子系统所需的器材和设备。

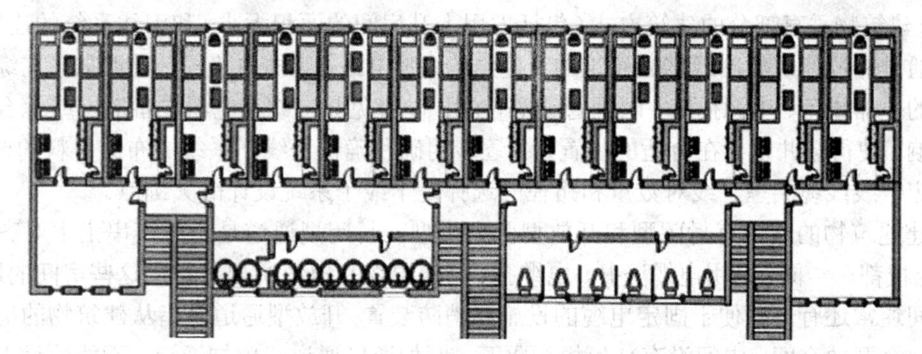

图 2-29　学生宿舍某层结构示意图

2. 实训 2：完成办公楼配线子系统的配置设计

该办公楼共 6 层，每层每个房间设计网络 4 个信息点和 1 个语音点，如图 2-30 所示。合理地设计信息插座位置，并计算该配线子系统所需的器材和设备。

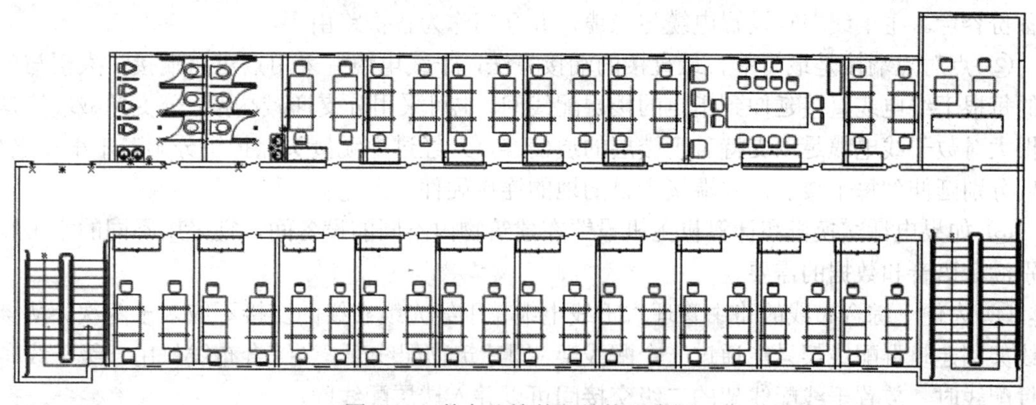

图 2-30　某办公楼某层结构示意图

任务四　干线子系统设计

一、任务目标与要求

- 知识目标：掌握干线子系统的划分、设计原则与步骤。
- 能力目标：掌握干线子系统的设计要点；熟悉干线子系统的布线产品，学会合理选择

产品；能用 Visio 或 AutoCAD 软件绘制管线路由图。

二、相关知识与技能

干线子系统又称垂直子系统，它由建筑物设备间和楼层配线间之间的连接缆线，安装在设备间的建筑物配线设备及设备缆线和跳线组成。布线采用星型结构以利于用户对系统的各种需求的变更。该子系统缆线可采用 4 对双绞线、大对数电缆或光缆，有线电视系统的主干电缆一般采用 75Ω 的同轴电缆。

1. 干线子系统的路由

干线子系统设计与建筑物结构密切相关，干线子系统设计任务是要确定布线路由的多少和位置、建筑物垂直部分的建筑方式（包括占用上升房间的面积大小）和干线系统的连接方式。因此应通过阅读建筑物图纸掌握建筑的土建结构、强电路径、弱电路径，重点掌握在综合布线路径上的电器设备、电源插座、暗埋管线等位置，以避免强电或者电器设备对网络综合布线系统的影响。使得竖井设计在合适的位置，并逐步明确和确认干线子系统的布线材料的选择。因此，确定干线线缆类型、线对数量和路径的选择是干线子系统设计的关键点。

新建建筑物的通道有封闭型和开放型两大类型。封闭型通道是指一连串上下对齐的交接间，每层楼都有一间，利用电缆竖井、电缆孔、管道电缆和电缆桥架等穿过这些房间的地板层，每个空间通常还有一些便于固定电缆的设施和消防装置。开放型通道是指从建筑物的地下室到楼顶的一个开放空间，中间没有任何楼板隔开，例如通风通道或电梯通道，不能敷设干线子系统电缆。

对于没有垂直通道的旧建筑物，一般采用敷设垂直墙面线槽的方式。

根据综合布线的标准和规范，应按下列设计要点进行干线子系统的设计和配置工作。

① 干线子系统所需要的电缆总对数和光纤总芯数，应满足工程的实际需求，并留有适当的备份容量。主干线缆宜设置电缆与光缆，并互相作为备份路由。

② 点对点端接是最简单、最直接的端接方法，干线电缆宜采用点对点端接，大楼与配线间的每根干线电缆直接延伸到指定的楼层配线间。也可采用分支递减端接，分支递减端接是有一根大对数干线电缆足以支持若干楼层的通信容量，经过电缆接头保护箱分出若干根小电缆，它们分别延伸到每个楼层，并端接于目的地的连接硬件。

③ 如果电话交换机和计算机主机设置在建筑物内不同的设备间，宜采用不同的主干线缆分别满足语音和数据的需要。

④ 为便于综合布线的路由管理，干线电缆、干线光缆布线的交接不应多于两次。从楼层配线架到建筑群配线架只能通过一个配线架，即建筑物配线架。当综合布线只用一级干线布线进行配线时，放置干线配线架的二级交接间可以并入楼层配线间。

⑤ 主干电缆和光缆所需的容量要求及配置应符合以下规定：

对语音业务，大对数主干电缆的对数应按每一个电话 8 位模块通用插座配置 1 对线，并在总需求线对的基础上至少预留约 10%的备用线对；

对于数据业务，应以 HUB/SW 群（按 4 个 HUB/SW 组成 1 群），或以每个 HUB/SW 设备设置 1 个主干端口配置。每 1 群网络设备或每 4 个网络设备宜考虑 1 个备份端口。主干端口为电端口时应按 4 对线容量配置，为光端口时则按 2 芯光纤容量配置。

⑥电信间 FD 采用的设备缆线和各类跳线宜按计算机网络的使用端口容量和电话交换机的实装容量、业务的实际需求或信息点总数的比例进行配置，比例范围为 25%～50%。

⑦在同一层若干电信间之间宜设置干线路由。

⑧ 当工作区至电信间的水平光缆延伸至设备间的光配线设备（BD/CD）时，主干光缆的容量应包括所延伸的水平光缆光纤的容量。

⑨主干路由应选在该管辖区域的中间，使楼层管路和水平布线的平均长度适中，有利于保证信息传输质量，宜选择带门的封闭型综合布线专用的通道敷设干线电缆，也可与弱电竖井合用。线缆不应布放在电梯、供水、供气、供暖、强电等竖井中。

⑩ 干线子系统垂直通道有电缆孔、电缆竖井和管道等 3 种方式可供选择时，宜采用电缆竖井方式。水平通道可选择预埋暗管或槽式桥架方式供干线子系统使用。

2. 干线子系统的线缆选择

由此在干线子系统中可采用以下几种类型的线缆：

① 100Ω 双绞线电缆（UTP/STP）。

② 100Ω 大对数对绞电缆（UTP/STP）

③ 62.5/125μm（或 50/125 μm）多模光缆。

④ 8.3/125 μm 单模光缆。

⑤ 75Ω 有线电视电缆。

无论是电缆还是光缆，综合布线干线子系统都受到最大布线距离和系统等级等的限制，即建筑群配线架（CD）到楼层配线架（FD）的距离不应超过 2000m，建筑物配线架（BD）到楼层配线架（FD）的距离不应超过 500m。通常将设备间的主配线架放在建筑物的中部附近使线缆的距离最短。当超出上述距离限制，可以分成几个区域布线，使每个区域满足规定的距离要求。

配线子系统和干线子系统布线的距离与信息传输速率、信息编码技术和选用的线缆及相关连接件有关。

3. 干线子系统的端接方式

（1）点对点端接方式。如图 2-31 所示。首先要选择一根双绞线电缆或光缆，其数量（指电缆对数或光纤根数）可以满足一个楼层的全部信息插座的需要，而且这个楼层只需设一个配线间。然后从设备间引出这根电缆，经过干线通道，端接于该楼层的一个指定配线间内的连接件。这根电缆到此为止，不再往别处延伸。所以，这根电缆的长度取决于它要连往哪个楼层以及端接的配线间与干线通道之间的距离。可能引起干线中每根电缆的长度各不相同（每根电缆的长度要足以延伸到指定的楼层和配线间），而且粗细也可能不同。在设计阶段，电缆的材料清单应反映出这一情况。此外，还要在施工图纸上详细说明哪根电缆接到哪一楼层的哪个配线间。点对点端接方法的主要优点是可以在干线中采用较小、较轻、较灵活的电缆，不必使用昂贵的铰接盒。缺点是穿过二级交接间的电缆数目较多。

（2）分支递减端接方式。分支递减就是干线中的一根多对电缆通过干线通道到达某个指定楼层，其容量足以支持该楼层所有配线间的信息插座的需要。接着安装人员用一个适当大小的铰接盒把这根主电缆与粗细合适的若干根小电缆连接起来，后者分别连往各个二级交接间。典型的分支接合如图 2-32 所示。分支接合方法的优点是干线中的主馈电缆总数较少，可以节省一些空间。在某些情况下，分支接合方法的成本低于点对点端接法。

4. 干线子系统的垂直通道

电缆孔方式：通道中所用的电缆孔是很短的管道，通常用一根或数根外径 63～102mm 的金属管预埋在楼板内，金属管高出地面 25～50mm，也可直接在地板中预留一个大小适当（如

600mm×400mm）的孔洞。电缆往往捆在钢丝绳上，钢绳固定在墙上已铆好的金属条上。当楼层配线间上下都对齐时，也可采用电缆孔方法。

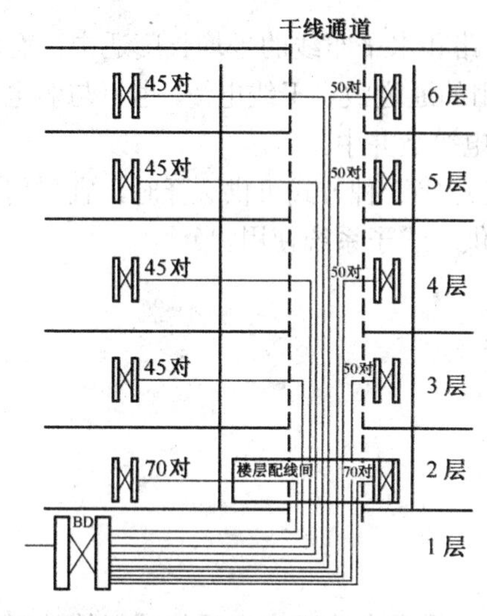

图 2-31 点对点端接方式

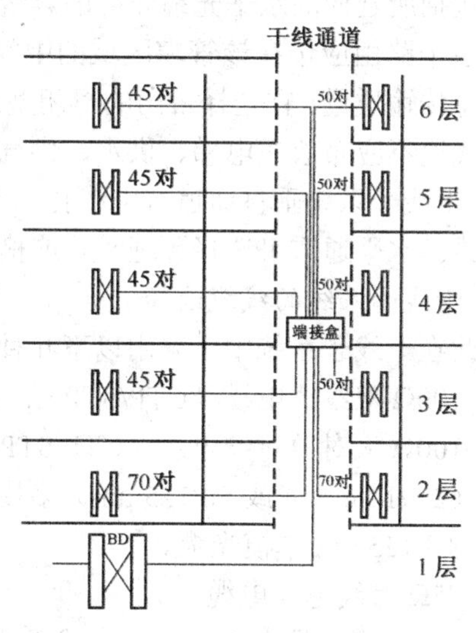

图 2-32 分支递减端接方式

电缆竖井方式也就是常说的垂井。是指在每层楼板上开出一些方孔，使电缆可以穿过这些电缆井并从这层楼伸到相邻的楼层，上下应对齐，如图 2-33 所示。电缆井的大小依所用电缆的数量而定。与电缆孔方法一样，电缆也是捆在或箍在支撑用的钢绳上，钢绳由墙上的金属条或地板三脚架固定。离电缆很近的墙上的立式金属架可以支撑很多电缆。电缆井可以让粗细不同的各种电缆以任何组合方式通过。电缆井虽然比电缆孔灵活，但在原有建筑物中采用电缆井安装电缆造价较高，它的另一个缺点是不使用的电缆井很难防火。如果在安装过程中没有采取措施去防止损坏楼板的支撑件，则楼板的结构完整性将受到破坏。

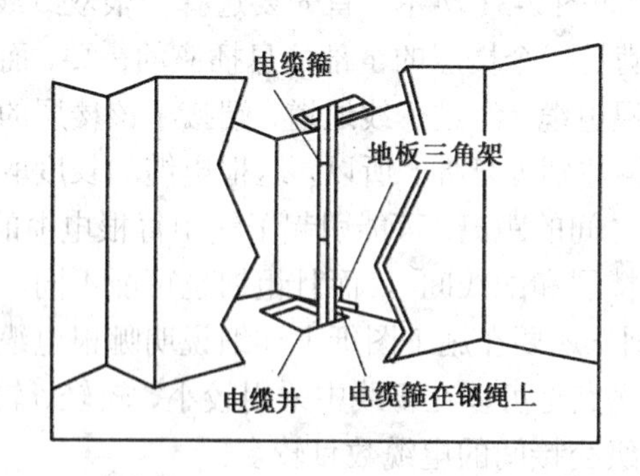

图 2-33 电缆竖井示意图

管道方式：它包括明管或暗管敷设。

在多层楼房中，经常需要使用横向通道，干线电缆才能从设备间连接到干线通道或在各个楼层上从二级交接间连接到任何一个楼层配线间。横向走线需要寻找一条易于安装的方便通路，因而两个端点之间很少是一条直线。在水平布线和干线子系统布线时，可考虑数据线、语音线以及其他弱电系统共槽问题。

干线子系统垂直通道有下列三种方式可供选择：

① 电缆孔方式，通常用一根或数根外径 63～102mm 的金属管预埋在楼板内，金属管高

出地面 25～50mm，也可直接在楼板上预留一个大小适当的长方形孔洞；孔洞一般不小于 600mm×400mm（也可根据工程实际情况确定）。

② 管道方式，包括明管或暗管敷设。

③ 电缆竖井方式，在新建工程中，推荐使用电缆竖井的方式。

5. 缆线与电力电缆等具体间距设计要求

综合布线电缆与附近可能产生高电平电磁干扰的电动机、电力变压器、射频应用设备等电器设备之间应保持必要的间距，并应符合下列规定：

（1）综合布线电缆与电力电缆的间距应符合表 2-8 的规定。

表 2-8　综合布线电缆与电力电缆的间距

类别	与综合布线接近状况	最小间距（mm）
380V 电力电缆<2kV·A	与缆线平行敷设	130
	有一方在接地的金属线槽或钢管中	70
	双方都在接地的金属线槽或钢管中[②]	10[①]
380V 电力电缆 2～5kV·A	与缆线平行敷设	300
	有一方在接地的金属线槽或钢管中	150
	双方都在接地的金属线槽或钢管中[②]	80
380V 电力电缆>2kV·A	与缆线平行敷设	600
	有一方在接地的金属线槽或钢管中	300
	双方都在接地的金属线槽或钢管中[②]	150

注：① 当 380V 电力电缆<2kV·A，双方都在接地的线槽中，且平行长度≤10m 时，最小间距可为 10mm。
② 双方都在接地的线槽中，系指两个不同的线槽，也可在同一线槽中用金属板隔开。

（2）综合布线系统缆线与配电箱、变电室、电梯机房、空调机房之间的最小净距宜符合表 2-9 的规定。

表 2-9　最小净距的要求

名称	最小净距（m）	名称	最小净距（m）
配电箱	1	电梯机房	2
变电室	2	空调机房	2

（3）墙上敷设的综合布线缆线及管线与其他管线的间距应符合表 2-10 的规定。当墙壁电缆敷设高度超过 6000mm 时，与避雷引下线的交叉间距应按公式计算：

$$S=0.05\times L$$

式中：S：交叉间距（mm）；L：交叉处避雷引下线距地面的高度（mm）。

三、技能实训　干线缆线容量选择

已知某建筑物需要实施综合布线工程，根据用户需求分析得知，其中第八层有 70 个数据信息点，各信息点要求接入 100Mbps；语音点 55 个，且第八层管理间到楼内设备间的距离为 60m，请确定该建筑物第八层的干线电缆类型及线对数。

表 2-10　综合布线缆线、管与线与其他管线的间距

	其他管线	平行净距（mm）	垂直交叉净距（mm）
综合布线缆线及管与线与其他管线的间距	避雷引下线	1000	300
	保护地线	50	20
	给水管	150	20
	压缩空气管	150	20
	热力管（不包封）	500	500
	热力管（包封）	300	300
	煤气管	300	20

① 70 个计算机网络信息点要求该楼层应配置 4 台 24 口交换机，交换机之间可通过堆叠或级联方式连接。4 台 SW 可组成一个群，该群可通过 1 条 4 对超 5 类非屏蔽双绞线连接到建筑物设备间。因此计算机网络的干线线缆配备 2 条 4 对超 5 类或 6 类非屏蔽双绞线电缆。

② 55 个电话语音点，按每个语音点配 1 对线对的原则，主干电缆应为 60 对。根据语音信号传输的要求，主干线缆可以配备 3 根 3 类 25 对非屏蔽大对数电缆。

四、相关知识与技能

1. 桥架系统设计

桥架系统设计应与土建、工艺以及有关专业密切相配合以确定最佳布置，其设计内容可含有：①桥架系统的有关剖面图。②桥架系统的平面布置图。③桥架系统所需直通、弯通、支（吊）架规格和数量的明细表以及必要的说明。④有特殊要求的非标件技术说明或示意图。

设计要求：①桥架系统的路径平面布置图；②桥架系统的有关断面图。③桥架系统所用防腐材质及所需直通、弯通、支（吊）架等的规格和数量明细表以及必要的说明，连接板及螺丝、防护帽等按要求由生产厂家配齐。④有特殊要求的非标准技术说明或示图。因此，桥架系统的设计应涉及以上四个方面的内容。

（1）桥架产品的类型和规格可以由用户在不同的使用场所来选择其材质、长度、颜色、各种形状角度的弯通及标志。在设计选择上应符合下列原则：

1）需屏蔽电气干扰的电缆网路或有防护外部（如有腐蚀液休，易燃粉尘等环境）影响的要求时，应选用槽式复合型防腐屏蔽电缆桥架（带盖）。

2）强腐蚀性环境应采用（F）类复合环氧树脂防腐阻燃型电缆桥架，托臂、支架也要选用同样材料，提高桥架及附件的使用寿命，电缆桥架在容易积灰和其他需遮盖的环境或户外场所宜加盖板。

3）除上述情况外，可根据现场环境及技术要求选用托盘式、槽式、梯级式、玻璃防腐阻燃电缆桥架或钢质普通型桥架。在容易积灰和其他需遮盖的环境或户外场所宜加盖板。

4）在公共通道或户外跨越道路段，底层梯级的底部宜加垫板或在该段使用托盘。大跨距跨越公共通道时，可根据用户要求提高桥架的载荷能力或选用行架。

5）大跨距（>3m）要选用复合型桥架。

6）户外要选用复合环氧树脂桥架。

（2）系统设计时电缆桥架型式及品种的选择。

桥架的种类和类型和生产厂家很多，分类方式多种多样，其中：有 CSP 合金桥架、托盘式桥架、槽式、梯式、组合式不锈钢铝合金玻璃钢阻燃防火大跨距电缆、热镀锌电缆、静电喷塑电缆桥架等。以下是几种桥架的特点：

1）槽式桥架是全封闭电缆桥架，它适用于敷设计算机线缆、通信线缆、热电偶电缆及其他高灵敏系统的控制电缆等，它对屏蔽干扰和在重腐蚀环境中电缆的防护都有较好的效果，适用于室外和需要屏蔽的场所。

2）托盘式桥架具有重量轻、载荷大、造型美观、结构简单、安装方便、散热透气性好等优点，适用于地下层、吊顶内等场所。

3）梯级式桥架具有重量轻、成本低、造型别致、通风散热好等特点。它适用于一般直径较大的电缆的敷设，适用于地下层、垂井、活动地板下和设备间的线缆敷设。

2. 规格选择

① 桥架的宽度和高度选择，并应符合电缆填充率不超过有关标准规范的规定值。动力电缆可取 40%～50%，控制电缆可取 50%～70%，另外需予留 10%～25%的发展余量。

② 各种弯通及附件规格应符合工程布置条件并与桥架相配套。

③ 支、（吊）架规格的选择，应按桥架规格、层数、跨距等条件配置。并应满足荷载的要求。可根据不同环境条件（如工艺管道架、楼板下、墙壁上和电缆沟内等）安装不同形式（如悬吊式、直立式、单边、双边和多层等）的桥架，安装时还需连接螺栓和膨胀螺栓。

④ 桥架横截面积的计算依据

电缆桥架的高（h）和宽（b）之比一般为 1:2，也有一些型号不以此为比例。各型桥架标准长度为 2m/根。桥架板厚度标准在 1.5～2.5mm 之间，实际还有 0.8mm、1.0mm、1.2mm 的产品，从电缆桥架载荷情况考虑，桥架越大，装载的电缆就越多，因此要求桥架截面积越大，桥架板越厚。如有特殊需求时，还可向厂家定购异型桥架。订购桥架时，应根据在桥架中敷设线缆的种类和数量来计算桥架的大小。电缆桥架宽度 b 的计算式：

电缆的总面积　　$S_0=n_1\times\pi\times(D_1/2)^2+n_2\times\pi\times(D_2/2)^2+\ldots$

式中：D_1，D_2，…：各电缆的直径；n_1，n_2…：相应电缆的根数

通常电缆桥架的填充率取 40%，所以需要的桥架横截面积为

$$S=S_0/40\%$$

则电缆桥架的宽度为：$b=S/h=S_0/(40\%\times h)$

式中：h 为桥架的净高。

3. 支（吊）架的配置

① 户内支（吊）短跨距一般采取 1.5～3m。户外立柱中跨距一般采取 6m。

② 非直线段的支（吊）架配置应遵循的原则：当桥架宽度<300mm 时，应在距非直线段与直线结合处 300～600mm 的直线段侧设置一个支（吊）架。当桥架宽度>300mm 时，除符合下述条件外，在非直线段中部还应增设一个支（吊）架。

③ 桥架多层设置时层间中心距为 200，250，300，350mm。

④ 桥架直线段每隔 50m 应预留伸缩缝 20～30mm（金属桥架）。

4. 防火要求

桥架防火的区段，必须采用钢制或不燃、阻燃材料。

五、相关产品

根据图 2-34 所列产品，到相关厂家网站上收集资料，进行对比，并写出报告。

小知识：

在综合布线中，干线子系统的线缆并非一定是垂直布置的，从概念上讲它是建筑物内的干线通信线缆。在某些特定环境中，如宽阔的单层平面大型厂房，干线子系统的线缆就是平面布置的，同样起着连接各配线间的作用。例如对于 FD/BD 一级布线结构的布线来说，配线子系统和干线子系统是一体的。

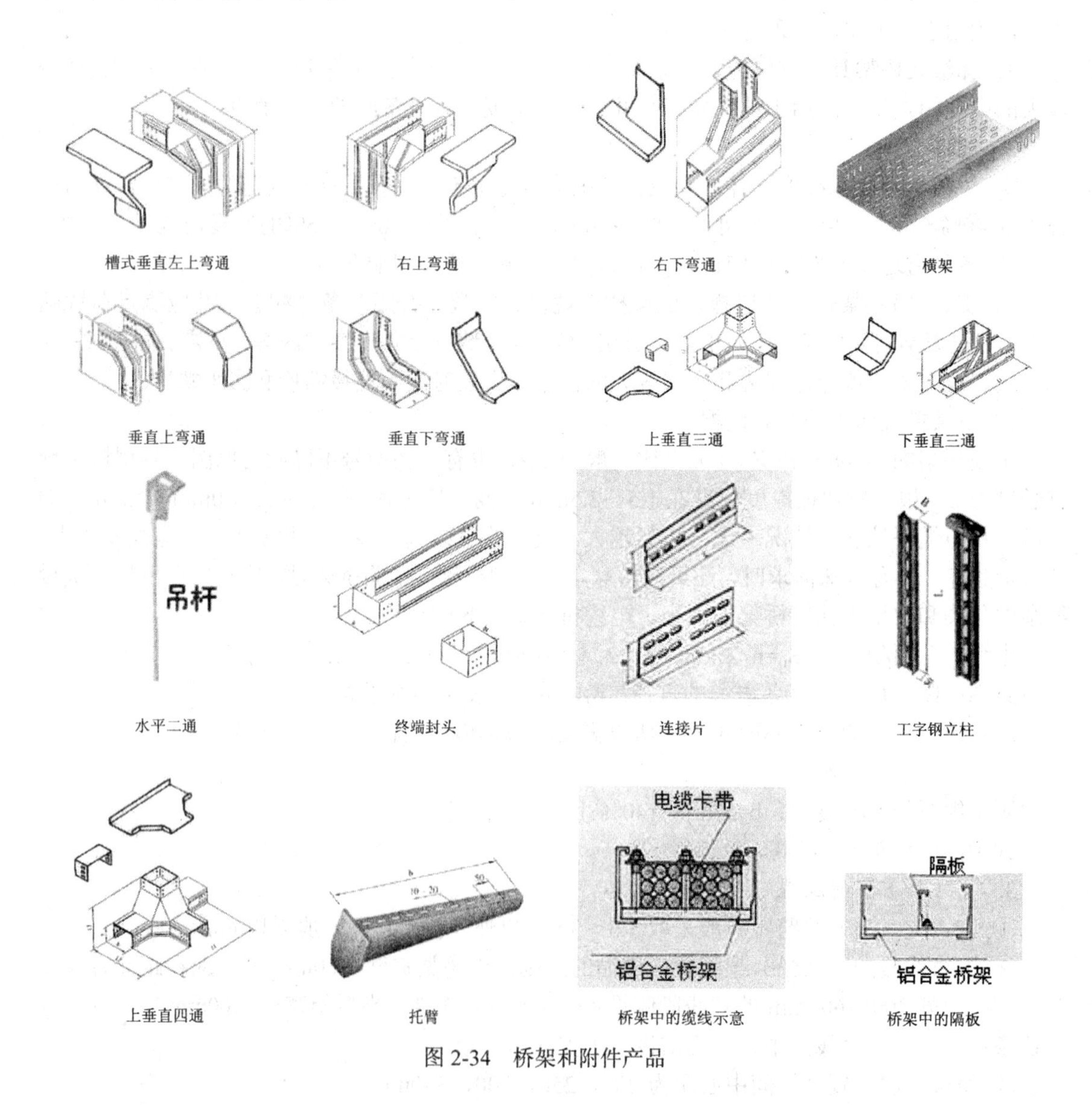

图 2-34　桥架和附件产品

六、技能实训　干线子系统的配置设计

实训 1：PVC 线槽/线管布线实训

实训 2：请你为学校学生 x 号宿舍楼设计干线子系统

实训 3：请你为学校教学楼设计干线子系统

实训 4：实地考察学校图书馆的结构，并为其设计干线子系统

任务五　设备间子系统设计

一、任务目标与要求

- 知识目标：掌握设备间子系统的划分、设计原则与步骤。
- 能力目标：掌握设备间子系统的设计要点；熟悉设备间子系统的布线产品和常见设备，学会合理选择产品。

二、相关知识与技能

1. 设备间子系统的基本概念

设备间子系统也是综合布线的核心，只有确定了设备间位置后，才可以设计综合布线的其他子系统。也就是说设备间是整个楼宇的信息点数量、设备的数量、规模、网络构成的核心，每幢建筑物内应至少设置 1 个设备间，如果电话交换机与计算机网络设备分别安装在不同的场地或根据安全需要，也可设置两个或两个以上设备间，以满足不同业务的设备安装需要。

设备间子系统的设计主要考虑设备间的位置以及设备间的环境要求。主要涉及建筑物的结构、设备间所在的位置、面积、环境（温湿度、尘埃、空气、照明、噪声、电磁场的干扰）、安全（防火、电气）设施和设备管理等多领域要求。

设备间在形式上可有建筑群设备间、建筑物设备间和楼层电信间（又称楼层设备间、楼层配线间、弱电间）。电信间主要是为楼层安装配线设备（为机柜、机架、机箱等安装方式）和计算机网络设备（HUB/SW）的场地，并可考虑在该场地设置缆线竖井、等电位接地体、电源插座、UPS 配电箱等设施。在场地面积满足的情况下，还可设置建筑物诸如安防、消防、建筑设备监控、无线信号覆盖等系统的布缆线槽和功能模块的安装。如果综合布线系统与弱电系统设备合设于同一场地，从建筑的角度出发称为弱电间。

通常，综合布线系统的配线设备和计算机网络设备采用 19″标准机柜安装。机柜尺寸宽深高通常为 600mm×900mm×2000mm，共有 42U（1U=44.45mm）的安装空间。机柜内可安装光纤连接盘、RJ45 配线模块（数据配线架）、多线对卡接模块（100 对）、理线架、计算机网络设备 HUB/SW 等。如果按建筑物每层电话和数据信息点各为 200 个考虑配置上述设备，大约需要有两个 19″（42U）的机柜空间，以此测算电信间面积至少应为 5m^2（2.5 m×2.0m）。对于涉及布线系统设置内、外网或专用网时，19″机柜应分别设置，并在保持一定间距的情况下预测电信间的面积。电信间温湿度按配线设备要求提出，如在机柜中安装计算机网络设备（HUB/SW）时的环境应满足设备提出的要求，温湿度的保证措施由空调系统专业负责解决。

2. 设备间设计

（1）电信间在设计上应满足。

① 电信间的数量应按所服务的楼层范围及工作区面积来确定。如果该层信息点数量不大于 400 个，水平线缆长度在 90m 范围以内，宜设置一个电信间；当超出这一范围时宜设两个或多个电信间；每层的信息点数量较少，且水平线缆长度不大于 90m 的情况下，宜几个楼层

合设一个电信间。

② 电信间应与强电间分开设置，电信间内或其紧邻处应设置线缆竖井。

③ 电信间的使用面积不应小于 5m^2，也可根据工程中配线设备和网络设备的容量进行调整。

④ 电信间应提供不少于两个 220V 带保护接地的单相电源插座，但不作为设备供电电源。电信间如果安装电信设备或其他信息网络设备时，设备供电应符合相应的设计要求。

⑤ 电信间应采用外开丙级防火门，门宽大于 0.7m。电信间内温度应为 10℃～35℃，相对湿度宜为 20%～80%。如果安装信息网络设备时，应符合相应的设计要求。

⑥电信间应设置等电位的接地装置。

（2）设备间设计。设备间是大楼的电话交换机设备和计算机网络设备，以及建筑物配线设备（BD）安装的地点，也是进行网络管理的场所。对综合布线工程设计而言，设备间主要安装总配线设备。当信息通信设施与配线设备分别设置时考虑到设备的电缆有长度限制的要求，安装总配线架的设备间与安装电话交换机及计算机主机的设备间之间的距离不宜太远。此外，BD 设备干线侧容量应与主干缆线的容量相一致。设备侧的容量应与设备端口容量相一致或与干线侧配线设备容量相同。并且设备连接方式应符合标准的规定。

例如，一个设备间以 10m^2 计，大约能安装 5 个 19″的机柜。如果在机柜中安装电话大对数电缆多对卡接式模块，数据主干缆线配线设备模块，则大约能支持总量 6000 个信息点所需（其中电话和数据信息点各占 50%）的建筑物配线设备安装空间。

设备间在设计中一般要考虑以下几点：

1）设备间位置应根据设备的数量、规模、网络构成等因素，综合考虑确定。

2）每幢建筑物内应至少设置 1 个设备间，如果电话交换机与计算机网络设备分别安装在不同的场地或根据安全需要，也可设置两个或两个以上设备间，以满足不同业务的设备安装需要。

3）建筑物综合布线系统与外部配线网连接时，应遵循相应的接口标准要求。

4）设备间的设计应符合下列规定：①设备间宜处于干线子系统的中间位置，并考虑主干线缆的传输距离与数量。②设备间宜尽可能靠近建筑物线缆竖井位置，有利于主干线缆的引入。③设备间的位置宜便于设备接地。④设备间应尽量远离高低压变配电、电机、X 射线、无线电发射等有干扰源存在的场地。⑤设备间室温度应为 10～35℃，相对湿度应为 20%～80%，并应有良好的通风。⑥设备间内应有足够的设备安装空间，其使用面积不应小于 10m^2，该面积不包括程控用户交换机、计算机网络设备等设施所需的面积在内。⑦ 设备间梁下净高不应小于 2.5m，采用外开双扇门，门宽不应小于 1.5m。

5）设备间应防止有害气体（如氯、碳水化合物、硫化氢、氮氧化物、二氧化碳等）侵入，并应有良好的防尘措施，尘埃含量限值宜符合表 2-11 的规定。

表 2-11 设备间尘埃限值

尘埃颗粒的最大直径（μm）	0.5	1	3	5
灰尘颗粒的最大浓度（粒子数/m^3）	1.4×10^7	7×10^5	2.4×10^5	1.3×10^5

注：灰尘粒子应是不导电的，非铁磁性和非腐蚀性的。

6）设备间应按防火标准安装相应的防火报警装置，使用防火防盗门。墙壁不允许采用易燃材料，应有至少能耐火 1h 的防火墙。地面、楼板和天花板均应涂刷防火涂料，所有穿放线缆的管材、洞孔和线槽都应采用防火材料堵严密封。

7）在地震区的区域内，设备安装应按规定进行抗震加固。

8）设备安装宜符合下列规定：①机架或机柜前面的净空不应小于 800mm，后面的净空不应小于 600mm。②壁挂式配线设备底部离地面的高度不宜小于 300mm。

9）设备间应提供不少于两个 220V 带保护接地的单相电源插座，但不作为设备供电电源。

10）设备间如果安装电信设备或其他信息网络设备时，设备供电应符合相应的设计要求。在设备间内应有可靠的 50Hz、220V 交流电源，必要时可设置备用电源和不间断电源。当设备间内装设计算机主机时，应根据需要配置电源设备。

3．设备间接地要求

设备间安装过程中必须考虑设备的接地。根据综合布线相关规范要求，接地要求如下。

（1）直流工作接地电阻一般要求不大于 4Ω，交流工作接地电阻也不应大于 4Ω，防雷保护接地电阻不应大于 10Ω。

（2）建筑物内部应设有一套网状接地网络，保证所有设备共同的参考等电位。如果综合布线系统单独设置接地系统，且能保证与其他接地系统之间有足够的距离，则接地电阻值规定为小于等于 4Ω。

（3）为了获得良好的接地，推荐采用联合接地方式。所谓联合接地方式就是将防雷接地、交流工作接地、直流工作接地等统一接到共用的接地装置上。当综合布线采用联合接地系统时，通常利用建筑钢筋作防雷接地引下线，而接地体一般利用建筑物基础内钢筋网作为自然接地体，使整幢建筑的接地系统组成一个笼式的均压整体。联合接地电阻要求小于等于 1Ω。

（4）接地使用的铜线电缆规格与接地的距离有直接关系，一般接地距离在 30m 以内接地导线采用直径为 4mm 的带绝缘套的多股铜线缆。接地铜缆规格与接地距离的关系见表 2-12。

表 2-12　接地铜缆规格与接地距离的关系

接地距离 m	接地导线直径 mm	接地导线截面积 mm^2
小于 30	4.0	12
30～48	4.5	16
48～76	5.6	25
76～106	6.2	30
106～122	6.7	35
122～150	8.0	50
150～300	9.8	75

三、相关产品

图 2-35 展示的是设备间的部分设备和器材，是我们在工程施工中和工程项目完成后的展示。对于配线架、理线器、交换机等设备有很多不能一一列出。

根据图 2-35 所列产品，到相关厂家网站上收集资料，进行对比，并写出报告。

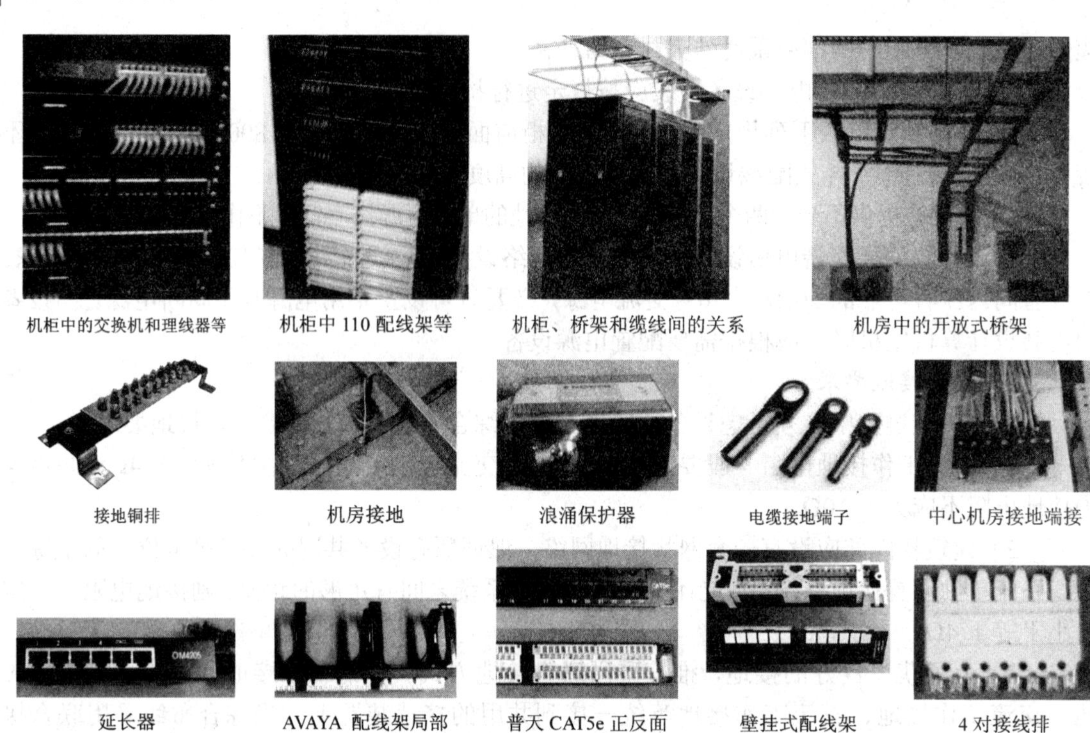

图 2-35　设备间中常见的设备和接地

任务六　管理子系统设计

一、任务目标与要求

- 知识目标：掌握管理子系统中设备、缆线等设施的标识和记录规定。掌握互连和交连的几种结构。
- 能力目标：掌握管理子系统的标识和记录的实施方法；通过设备间里各种设备的连接理解管理的含义和基本管理方式；能用 Visio 或 AutoCAD 软件绘制机柜配线架信息点分布图。

二、相关知识与技能

管理是针对工作区、电信间、设备间、进线间的配线设备、缆线、信息插座模块等设施，按一定的模式进行标识和记录的规定。内容包括：标识、色标、连接和管理方式等。

1. 管理的内容

（1）标识：电缆和光缆的两端应采用不易脱落和磨损的不干胶条标明相同的编号。采用标签表明端接区域、物理位置、编号、容量、规格等，以便维护人员在现场一目了然地加以识别。综合布线系统使用的标签可以是专用标签、套管和热缩套管。标签可通过使用预先印制的标签；手写标签；使用软件设计并打印的标签；使用标签打印机现场打印的标签等。形式上可分为粘贴型和插入型。

目前，市场上已有配套的打印机和标签纸供应，建议采用规范的标签。如图 2-36 为 Brother

PT-1650 和配套的 TZ 系列标签色带。

（2）记录：在工程施工过程中进行标记、记录、整理和迅速归档。在工程竣工后提交文档。以便维护人员在现场一目了然地加以识别和日后甲方的管理工作顺利进行、高效的网络维护并提高管理水平。

PT-1650 标签打印机和色带

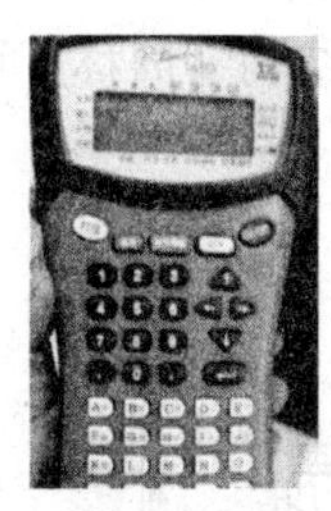
制作标签

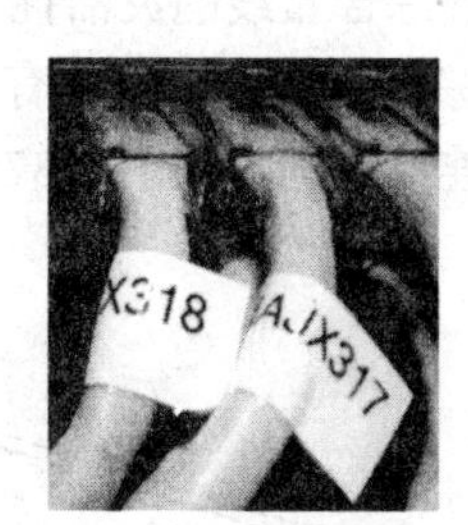

旗标式标签

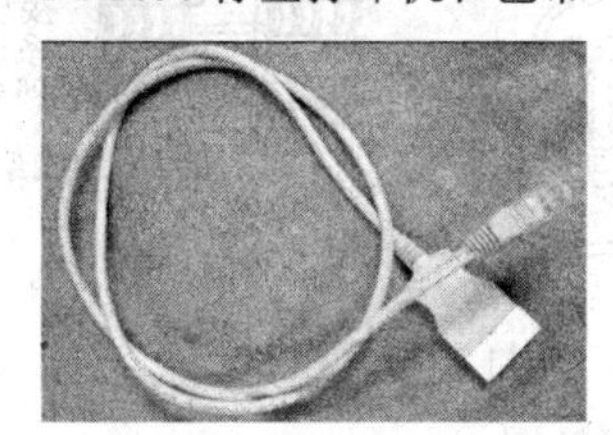
110 转 RJ45 的普天成品跳线

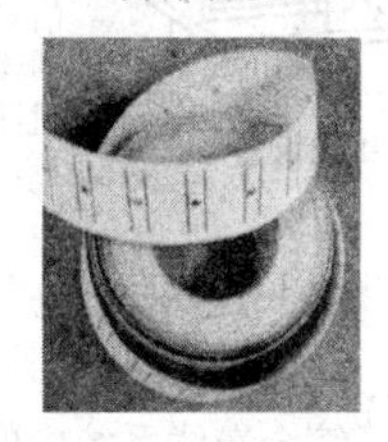
一般纸质标签

数码套管

图 2-36　打印机、色带、标签、套管和跳线

对设备间、电信间、进线间和工作区的配线设备、缆线、信息点等设施应按一定的模式进行标识和记录，并宜符合下列规定：

1）综合布线系统工程宜采用计算机进行文档记录与保存，简单且规模较小的综合布线系统工程可按图纸资料等纸质文档进行管理，并做到记录准确、及时更新、便于查阅。文档资料应实现汉化。

2）综合布线的每一电缆、光缆、配线设备、端接点、接地装置、敷设管线等组成部分均应给定唯一的标识符，并设置标签。标识符应采用相同数量的字母和数字等标明。所有标签应保持清晰、完整，并满足使用环境要求。

3）电缆和光缆的两端均应标明相同的标识符。

4）设备间、电信间、进线间的配线设备宜采用统一的色标区别各类业务与用途的配线区。

（3）色标：用来区分配线设备的性质。通常是按功能来划分配线模块的区域组成，且按垂直或水平结构进行排列。如交连管理的插入标识所用的底色及其含义如下：

1）在设备间：蓝色：从设备间到工作区的信息插座（I/O）实现连接；白色：干线电缆和建筑群电缆；灰色：端接与连接干线到计算机房或其他设备间的电缆；绿色：来自电信局的输入中继线；紫色：来自 PBX 或数据交换机之类的公用系统设备连线；黄色：来自交换机和其他各种引出线；橙色：多路复用输入；红色：关键电话系统；棕色：建筑群干线电缆。

2）在主接线间：白色：来自设备间的干线电缆端接点；蓝色：到配线接线间 I/O 服务的工作区线路；灰色：到远程通信（卫星）接线间各区的连接电缆；橙色：来自卫星接线间各区的连接电缆；紫色：来自系统公用设备的线路。

3）在远程通信（卫星）接线间：白色：来自设备间的干线电缆的点对点端接；蓝色：到

干线接线间 I/O 服务站的线路；灰色：来自干线接线间的连接电缆端接；橙色：来自卫星接线间各区的连接电缆；紫色：来自系统公用设备的线路。

（4）连接和管理方式。根据用户应用的不同，可在相关配线区之间采用跳线连接的方式对每一条线路功能再定义。这就是说采用接插跳线可以直接管理整个应用系统的终端设备，从而实现综合布线的灵活性、开放性和扩展性。

综合布线系统主要有互相连接结构（简称互连结构）和交叉连接结构（简称交连结构）两类连接结构，如图 2-37 所示。

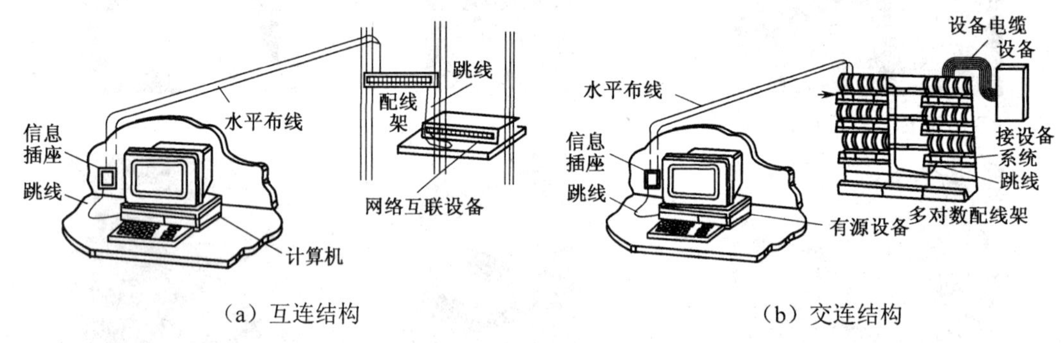

（a）互连结构　　（b）交连结构

图 2-37　综合布线系统中的连接结构示意图

1）互连结构简单，主要应用于计算机通信的综合布线系统。对应它的连接安装设备和器材主要有信息模块、RJ45 连接器、RJ45 插口的配线架和跳线。由跳线通过数据配线架的面板与信息点进行的互连实现整个用户终端的管理。

2）交叉连接结构与互连结构的区别在于配线架上的连接方式不同，水平电缆和干线电缆连接在 110 配线架的不同区域，它们之间通过跳线或接插线有选择地连接在一起。这种结构主要应用于语音通信的综合布线系统。和互连结构相比，它的连接安装采用 110 配线架。110 配线架主要有 110A 和 110P 两种规格，它们的电气功能和管理的线路数据相同，但其模块所占用的墙空间或面板面积有所不同。交连结构有不同的管理方式，通过跳线连接可（重新）安排线路路由，管理整个用户终端，从而实现综合布线系统的灵活性。110A 型适用于用户不经常对楼层的线路进行修改、移动或重组。110P 型适用于用户经常对楼层的线路进行修改、移动或重组。

交连管理有单点管理和双点管理两种类型。单点管理属于集中型管理，即在网络系统中只有一个“点”可以进行线路跳线连接，其他连接点采用直接连接。例如建筑物配线架（BD）使用跳线连接，而楼层配线架（FD）使用直接连接。双点管理属于集中分散型管理，即在网络系统中只有两个“点”可以进行线路跳线连接，其他连接点采用直接连接。这是管理子系统普遍采用的方法，适用于大中型系统工程。例如 BD 和 FD 采用跳线连接。

用于构造交连场的硬件所处的地点、结构和类型决定综合布线系统的管理方式。交连场的结构取决于工作区、综合布线的规模和选用的硬件。

根据管理方式和交连方式的不同，交连管理有单点管理单交连、单点管理双交连、双点管理双交连、双点管理三交连和双点管理四交连等方式。

① 单点管理单交连是指通常位于设备间里面的交换设备或互连设备附近的线路不进行跳线管理，直接连至用户工作区。这种方式使用的场合较少，其结构如图 2-38 所示。

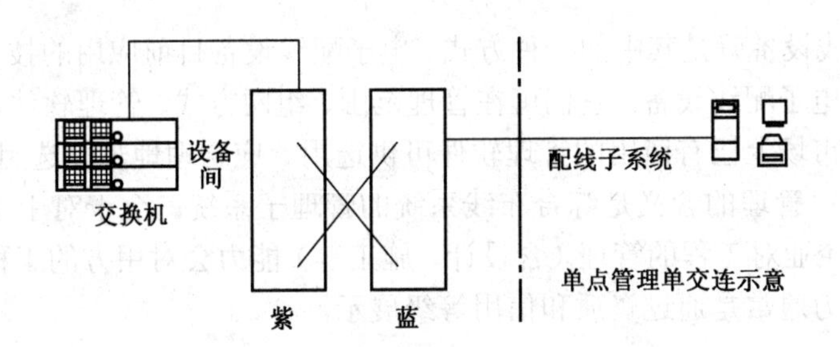

图 2-38　单点管理单交连

② 单点管理双交连是指位于设备间里面的交换设备或互连设备附近的线路不进行跳线管理，直接连至配线间里面的第二个接线交接区。如果没有配线间，第二个交连可放在用户房间的墙壁上，如图 2-39 所示。

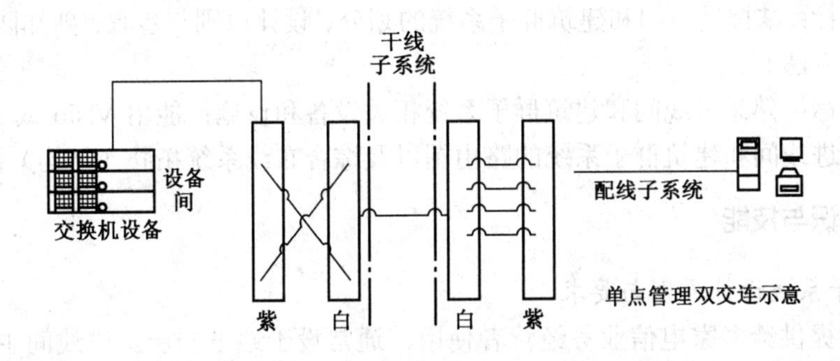

图 2-39　单点管理双交连

③ 双点管理双交连多采用二级交接间，设置双点管理双交连。双点管理除了在设备间里有一个管理点之外，在配线间仍有一级管理交接（跳线）。在二级交接间或用户房间的墙壁上还有第二个可管理的交连。双交连要经过二级交连设备。第二个交连可能是一个连接块，它对一个接线块或多个终端块（其配线场与专用小交换机干线电缆、水平电缆站场各自独立）的配线和站场进行组合。适合低矮而又宽阔的建筑物（如机场、大型商场），其管理规模较大，管理结构较复杂。

④ 若建筑物的规模比较大，而且结构复杂，还可以采用双点管理三交连，如图 2-40 所示，甚至采用双点管理四交连方式。

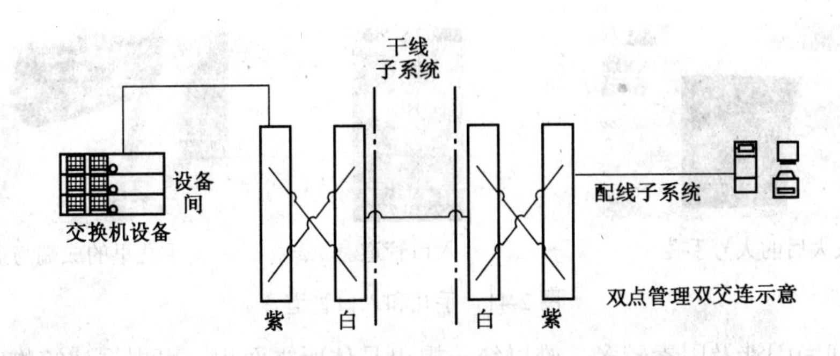

图 2-40　双点管理三交连示意图

以上连接方式的实施，将给今后维护和管理带来很大的方便，有利于甲方提高管理水平和工作效率。特别是较为复杂的综合布线系统，应当采用计算机进行管理，甲方的工作效率将十分明显。如电子配线设备就是其中的一种方式。电子配线设备目前应用的技术有多种，在工程设计中可考虑采用电子配线设备。它们可在管理范围、组网方式、管理软件、工程投资等方面发挥作用。目前，市场上已有商用的管理软件可供选用。应合理地加以选用。

特别要注意的是：管理的含义是综合布线系统的管理子系统。至于对于工程的施工方还应该有工程的管理。企业对工程的管理（含设计、施工等）能力会对甲方的工程质量优劣起决定性作用。企业的能力通常是通过资质和信用等级展示。

任务七　进线间和建筑群子系统设计

一、任务目标与要求

- 知识目标：掌握进线间和建筑群子系统的划分、设计原则与步骤；熟知防护系统的基本设计方法。
- 能力目标：熟悉进线间和建筑群子系统相关设备和设施；能用 Visio 或 AutoCAD 软件绘制进线间和建筑群子系统的路由图以及综合布线系统拓扑（结构）图。

二、相关知识与技能

1. 进线间子系统设计原则与要求

进线间一般提供给多家电信业务经营者使用，通常设于地下一层。进线间主要作为室外电、光缆引入楼内的成端与分支及光缆的盘长空间位置。对于光缆至大楼、至用户、至桌面的应用及容量日益增多，进线间就显得尤为重要。

（1）进线间的位置。进线间是提供给多家电信运营商和业务提供商使用，通常设于地下一层。外线宜从两个不同的路由引入进线间，有利于与外部管道沟通。考虑到安全进线间与建筑物红外线范围内的人孔或手孔采用管道或通道的方式互连。通常一个建筑物宜设置 1 个进线间。

由于许多的商用建筑物地下一层环境条件大大改善，可安装电、光的配线架设备及通信设施。在不具备设置单独进线间或入楼电缆和光缆数量及入口设施较少时，建筑物也可以在入口处采用挖地沟或使用较小的空间完成缆线的成端与盘长。入口设施则可安装在设备间，但宜单独地设置场地，以便功能区分，如图 2-41 所示。

放大后的大号手孔

入口管道

手孔里的成端与盘长

图 2-41　手孔和入口管道

（2）进线间因涉及因素较多，难以统一提出具体所需面积，可根据建筑物实际情况，并参照通信行业和国家的现行标准要求进行设计。进线间应满足缆线的敷设路由、成端位置及数量、光缆的盘长空间和缆线的弯曲半径、充气维护设备、配线设备安装所需要的场地空间和面积。进线间的大小应按进线间的进局管道最终容量及入口设施的最终容量设计。同时应考虑满足多家电信业务经营者安装入口设施等设备的面积。

（3）进线间应设置管道入口。在进线间缆线入口处的管孔数量应留有充分的余量，以满足建筑物之间、建筑物弱电系统、外部接入业务及多家电信业务经营者和其他业务服务商缆线接入的需求，建议留有2～4孔的余量。并且进线间入口管道口所有布放缆线和空闲的管孔应采取防火材料封堵，做好防水处理。

（4）线缆配置要求。建筑群主干电缆和光缆、公用网和专用网电缆、光缆及天线馈线等室外缆线进入建筑物时，应在进线间成端转换成室内电缆、光缆，并在缆线的终端处可由多家电信业务经营者设置入口设施，入口设施中的配线设备应按引入的电、光缆容量配置。

电信业务经营者或其他业务服务商在进线间设置安装入口配线设备应与BD或CD之间敷设相应的连接电缆、光缆，实现路由互通。缆线类型与容量应与配线设备相一致。

（5）进线间的设计宜靠近外墙和在地下设置，以便于缆线引入。进线间设计应符合下列规定：

① 进线间应防止渗水，宜设有抽排水装置。

② 进线间应与布线系统垂直竖井沟通。

③ 进线间应采用相应防火级别的防火门，门向外开，宽度不小于1000mm。

④ 进线间应设置防有害气体措施和通风装置，排风量按每小时不小于5次容积计算。

⑤ 进线间入口管道口所有布放缆线和空闲的管孔应采取防火材料封堵，做好防水处理。

⑥ 与进线间无关的管道不宜通过。

2. *建筑群子系统设计*

建筑群子系统是指由多幢相邻或不相邻的房屋建筑组成的小区或园区的建筑物间的布线系统。单幢建筑物的综合布线系统可以不考虑建筑群子系统。建筑群子系统的设计主要考虑布线路由的选择、线缆和配线设备选择、布线方式等方面。此外还应考虑环境需求、未来发展、接地保护等因素。

路由选择：考虑到节省投资，线缆路由应尽量选择最短距离、线路平直的路由，但具体的路由还要根据建筑物之间的地形或敷设条件而定。在选择路由时，还应考虑原有敷设的地下各种管道，线缆在管道内应与电力线缆分开敷设并保持一定的间距。

线缆和配线设备选择：对建筑群配线设备宜安装在进线间或设备间，并可与入口设施或建筑物配线设备共用场地。建筑群配线设备内、外侧的容量应与建筑物内连接建筑物配线设备的建筑群主干缆线容量及建筑物外的建筑群主干缆线容量相一致。

建筑群子系统敷设的线缆类型及数量由综合布线连接应用系统种类及规模来决定。其中，计算机网络系统常采用光缆作为建筑物布线线缆，在网络工程中，经常使用62.5μm/125μm、50μm/125μm、100μm/140μm的多规格的多模光纤。户外布线大于2km时可选单模光纤。电话系统常采用3类大对数电缆作为布线线缆。有线电视系统常采用同轴电缆或光缆。

布线方式：建筑群子系统的线缆设计有架空和地下两种类型。架空方式又分为架空杆路和墙壁挂放两种类型。地下方式分为地下电缆管道、电缆沟、直埋方式和隧道方式4种类型。

环境需求方面：建筑群子系统设计因充分考虑区域整体环境美化需求，尽量采用地下管道或电缆沟敷设方式。若因客观因素最终选定架空布线，也应尽量选用已架设的电话线或有线电视电缆的路由架空线敷设，减少架空敷设的电缆线路。

未来发展：在布线设计时，要充分考虑各建筑需要安装的信息点种类、数量，选择相对应的干线电缆类型和敷设方式，确保系统相对稳定，能满足今后一段时期内各种新的业务发展需要。

建筑群子系统的设计可以按照如下步骤：

① 确定敷设现场的特点。包括确定整个工地的大小、工地的界线、建筑物的数量等。

② 确定电缆系统的参数。包括确认起点，端接点位置，所涉及的建筑物及每座建筑物的层数，各端接点所需的双绞线的对数，有多个端接点的每座建筑物所需的双绞线总对数等。

③ 确定建筑物的电缆入口。入口管道的位置应便于连接公用设备。根据需要在墙上穿过一根或多根管道。对于现有的建筑物，要确定各个入口管道的位置；每座建筑物有多少入口管道可供使用，入口管道数目是否满足系统的需要。如果入口管道不够用，则要确定在移走或重新布置某些电缆时是否能腾出某些入口管道，在不够用的情况下应另装多少入口管道。如果建筑物尚未建起，则要根据选定的电缆路由完善电缆系统设计，并标出入口管道。

建筑物入口管道的位置应便于连接公用设备，根据需要在墙上穿过一根或多根管道。了解对承重墙穿孔有无特殊要求。所有易燃材料（如聚丙烯管道、聚乙烯管道）应端接在建筑物的外面。外线电缆的聚丙烯外皮可以例外，只要它在建筑物内部的长度（包括多余电缆的卷曲部分）不超过 15m。如果外线电缆延伸到建筑物内部的长度超过 15m，就应使用合适的电缆入口器材。在入口管道中填入防水和气密性很好的密封胶，如 B 型管道密封胶。

④ 确定明显障碍物的位置。包括确定土壤类型、电缆的布线方法、地下公用设施的位置、查清拟定的电缆路由中沿线各个障碍物位置或地理条件、对管道的要求等。

⑤ 确定主电缆路由和备用电缆路由。包括确定可能的电缆结构、所有建筑物是否共用一根电缆，查清在电缆路由中哪些地方需要获准后才能通过，选定最佳路由方案等。

⑥ 选择所需电缆类型和规格。包括确定电缆长度，画出最终的结构图，画出所选定路由的位置和挖沟详图，确定入口管道的规格，选择每种设计方案所需的专用电缆，保证电缆可进入口管道，选择其规格和材料、长度和类型等。

⑦ 确定每种选择方案所需的劳务成本。包括确定布线时间、计算总时间、计算每种设计方案的成本，用总时间乘以当地的工时费以确定成本。

⑧ 确定每种选择方案的材料成本。包括确定电缆成本、所有支持结构的成本、所有支撑硬件的成本等。

⑨ 选择最经济、最实用的设计方案。把每种选择方案的劳务费成本加在一起，得到每种方案的总成本，比较各种方案的总成本，选择成本较低者，确定比较经济方案是否有重大缺点，以致抵消了经济上的优点。如果发生这种情况，应取消此方案，考虑经济性较好的设计方案。

3. 电气防护及接地简介

（1）电气防护设计。为向建筑物中的人们提供舒适的工作与生活环境，建筑物除需安装综合布线系统外、还有供电系统、供水系统、供暖系统、煤气系统以及高电平电磁干扰的电动机、电力变压器、射频应用设备等电气设备。射频应用设备又称为 ISM 设备，我国目前常用的 ISM 设备大致有 15 种。见表 2-13。这些系统都会对综合布线系统的通信产生严重的影响，为了保障通信质量，布线系统与其他系统之间应保持必要的间距。对于局部地段与电力线等平行敷设或电力设备产生的干扰源且不能满足最小净距离要求时，可采用钢管或金属线槽敷设进行屏蔽处理。在电磁干扰较严重的情况下，可采用光缆敷设，光缆布线具有最佳的防电磁干扰性能，既能防电磁泄漏也不受外界电磁干扰影响。

表 2-13　国际无线电干扰特别委员会（CISPR）推荐设备及我国常见 ISM 设备一览表

序号	CISPR 推荐设备	我国常见 ISM 设备
1	塑料缝焊机	介质加热设备，如热合机等
2	微波加热器	微波炉
3	超声波焊接与洗涤设备	超声波焊接与洗涤设备
4	非金属干燥器	计算机及数控设备
5	木材胶合干燥器	电子仪器，如信号发生器
6	塑料预热器	超声波探测仪器
7	微波烹饪设备	高频感应加热设备，如高频熔炼炉等
8	医用射频设备	射频溅射设备，医用射频设备
9	超声波医疗器械	超声波医疗器械，如超声波诊断仪等
10	电灼器械、透热疗设备	透热疗设备，如超短波理疗机等
11	电火花设备	电火花设备
12	射频引弧弧焊机	射频引弧弧焊机
13	火花透热疗法设备	高频手术刀
14	摄谱仪	摄谱仪用等离子电源
15	塑料表面腐蚀设备	高频电火花真空检漏仪

因此，当建筑物在建或已建成但尚未投入使用时，为确定综合布线系统的选型，应测定建筑物周围环境的干扰场强度。对系统与其他干扰源之间的距离是否符合规范要求进行摸底，根据取得的数据和资料，用规范中规定的各项指标要求进行衡量，选择合适的器件和采取相应的措施。

随着“光进铜退”的发展，光缆敷设已渐渐进入到我们的生活。总之应根据工程的具体情况，合理配置。

（2）接地设计原则。综合布线系统接地的好坏直接影响到综合布线系统的运行质量，接地设计要求如下：

① 在电信间、设备间及进线间应设置楼层或局部等电位接地端子排。

② 综合布线系统应采用共用接地的接地系统，单独设置接地体时，接地电阻不应大于 4Ω。如布线系统的接地系统中存在两个不同的接地体时，其接地电位差不应大于 1 Vr.m.s。

③ 楼层安装的各个配线柜（架、箱）应采用适当截面的绝缘铜导线单独布线至就近的等电位接地装置，也可采用垂井内等电位接地铜排引到建筑物共用接地装置，铜导线的截面应符合设计要求。

④ 线缆在雷电防护区交界处，屏蔽电缆屏蔽层的两端应做等电位连接并接地。

⑤ 综合布线的电缆采用金属线槽或钢管敷设时，线槽或钢管应保持连续的电气连接，并应有不少于两点的良好接地。

⑥ 安装机柜、机架、配线设备屏蔽层及金属管、线槽、桥架使用的接地体应符合设计要求，就近接地，并应保持良好的电气连接。当线缆从建筑物外面进入建筑物时，电缆和光缆的金属护套或金属件应在入口处就近与等电位接地端子连接。

⑦ 当电缆从建筑物外面进入建筑物时，应选用适配的信号线路浪涌保护器，信号线路浪

涌保护器应符合设计要求。

⑧ 综合布线系统接地导线截面积可参考设备间接地导线选择表确定。

⑨ 对于屏蔽布线系统的接地做法，一般在配线设备（FD、BD、CD）的安装机柜（机架）内设有接地端子，接地端子与屏蔽模块的屏蔽罩相连通，机柜（机架）接地端子则经过接地导体连至大楼等电位接地体。

（3）防火设计。防火安全保护是指在发生火灾时，系统能够有一定程度的屏障作用，防止火与烟的扩散。防火安全保护设计包括线缆穿越楼板及墙体的防火措施、选用阻燃防毒线缆材料两个方面。

此外，配套的接续设备也应采用阻燃型的材料和结构。如果电缆和光缆穿放在钢管等非燃烧的管材中，且不是主要段落时，可考虑采用普通外护层。在重要布线段落且是主干线缆时，考虑到火灾发生后钢管受到烧烤，管材内部形成的高温空间会使线缆护层发生变化或损伤，也应选用带有防火、阻燃护层的电缆或光缆，以保证通信线路安全。对于防火线缆的应用分级，我国参考了北美、欧盟、国际（IEC）的相应标准。这些标准主要以线缆受火的燃烧程度及着火以后，火焰在线缆上蔓延的距离、燃烧的时间、热量与烟雾的释放、释放气体的毒性等指标，并通过实验室模拟线缆燃烧的现场状况实测取得。表 2-14 为通信线缆北美测试标准及分级表（参考现行 NEC 2002 版）。

表 2-14　通信线缆北美测试标准及分级表（参考现行 NEC 2002 版）

测试标准	NEC 标准（自高向低排列）	
	电缆分级	光缆分级
UL910(NFPA262)	CMP（阻燃级）	OFNP 或 OFCP
UL1666	CMR（主干级）	OFNR 或 OFCR
UL1581	CMCMG（通用级）	OFN(G)或 OFC(G)
VW-1	CMX（住宅级）	

对照北美线缆测试标准，建筑物的线缆在不同的场合与安装敷设方式时，建议选用符合相应防火等级的线缆，并按以下几种情况分别列出：

① 在通风空间内（如吊顶内及高架地板下等）采用敞开方式敷设线缆时，可选用 CMP 级（光缆为 OFNP 或 OFCP 级）或 B1 级。

② 在线缆竖井内的主干缆线采用敞开的方式敷设时，可选用 CMR 级（光缆为 OFNR 或 OFCR 级）或 B2、C 级。

③ 在使用密封的金属管槽做防火保护的敷设条件下，缆线可选用 CM 级（光缆为 OFN 或 OFC 级）或 D 级。

思考与练习

1. 南京普天公司的双绞线外护套某处标有“PUTIAN PT-08 HSYV6 4*2*0.56 2008/06/17 08145-04　004542m”和“PUTIAN PT-15 HSYV5e 4*2*0.5 2007/02/18 H030/1000 009116m”，所展示的含义。

2. 请你说出 VCOM 公司生产的双绞线外皮某处标有“VCOM V2 -073725-1 CABLE UTP

ANSI TIA/EIA-568A 24AWG (4PR) OR ISO/IEC 118011 VERIFIED CAT 5e 647292 FT 20060821”所展示的含义。

3．为什么说双绞线是平衡双绞线。

4．简述屏蔽双绞线发挥屏蔽作用的工作原理。

5．简述 CAT5e 与 CAT6 的异同点。

6．你认为一条双绞线水平链路，需要哪些连接器件？

7．根据所学知识和通过网络自主学习，对双绞线电缆产品作一个简要的总结。

8．进线间设计应符合哪些规定？

9．简述建筑物子系统的设计步骤。

10．建筑物子系统的缆线敷设方式有哪些？

项目三　综合布线施工

项目目标与要求

- 熟悉施工的主要准备工作。
- 熟悉管槽的安装要求，掌握管槽的安装技术。
- 熟悉机柜设备安装要求，学会设备的安装方法。
- 熟悉双绞线电缆和光缆的敷设要求。
- 掌握缆线的整理和缆线端接技术。
- 熟知常用管槽施工工具的使用方法。
- 熟悉双绞线施工工具的使用方法。
- 知道接地的基本知识。

综合布线系统完成设计阶段的工作后，接下来就进入安装施工阶段，施工质量的好坏将直接影响整个网络的性能，必须按设计方案和《综合布线系统工程设计规范》GB 50311- 2007组织施工，施工质量必须符合《综合布线系统工程验收规范》GB 50312-2007。

根据综合布线系统与建筑物本体的关系，综合布线系统工程可有 3 种类型：

① 与新建建筑物同步安装综合布线系统。工程量只需考虑缆线系统及设备的安装与测试验收；

② 建筑物已预留了设备间、配线间和管槽系统。工程量除包含①的工程量外，还需安装管槽系统和信息插座底座；

③ 对没有考虑智能化系统的旧建筑物实施综合布线系统工程。工程量除包含②的工程量外，还需定位安装设备间、配线间，打通管槽系统的路由。

任务一　工程施工前的准备

一、任务目标与要求

- 知识目标：熟悉工程项目的前期准备工作。认知各种施工工具和设备。
- 能力目标：学会使用各种施工工具的使用方法。熟悉设备的主要技术参数和它们的使用。

二、相关知识与技能

1. 准备工作

在综合布线系统安装施工前，必须做好各项准备工作，保障工程开工后有步骤地按计划组织施工，从而确保综合布线工程的施工进度和工程质量。安装施工前的准备工作很多，主要要做好以下几项施工准备工作。

（1）熟悉工程设计和施工图纸。施工单位应详细阅读工程设计文件和施工图纸，了解设计内容及设计意图，明确工程所采用的设备和材料，明确图纸所提出的施工要求，熟悉和工程有关的其他技术资料，如施工及验收规范、技术规程、质量检验评定标准以及各类设备制造厂提供的资料。

（2）编制施工方案。在全面熟悉施工图纸的基础上，依据图纸并根据施工现场情况、技术力量及技术装备情况、设备材料供应情况，做出合理的施工方案。施工方案的内容主要包括施工组织和施工进度，施工方案要做到人员组织合理，施工安排有序，工程管理有方，同时要明确综合布线工程和主体工程以及其他安装工程的交叉配合，确保在施工过程中不破坏建筑物的强度，不破坏建筑物的外观，不与其他工程发生位置冲突，以保证工程的整体质量。

① 编制原则。坚持统一计划的原则，认真做好综合平衡，切合实际，留有余地，遵循施工工序，注意施工的连续性和均衡性。

② 编制依据。工程合同的要求，施工图、预算和施工组织计划，企业的人力和资金保证等条件。

③ 施工组织机构编制。计划安排主要采用分工序施工作业法，根据施工情况分阶段进行，合理安排交叉作业提高工效。

（3）施工场地的准备。为了加强管理，要在施工现场设置一些临时的功能场地如管槽加工制作场地、仓库、现场办公场所等。

① 管槽加工制作场。在管槽施工阶段，根据布线路由实际情况，对管槽材料进行现场切割和加工。

② 仓库。对于规模稍大的综合布线工程，设备材料都有一个采购周期，同时，每天使用的施工材料和施工工具不可能存放到公司仓库，因此必须在现场设置一个临时仓库存放施工工具、管槽、线缆及其他材料。

③ 现场办公场所。现场施工的指挥场所，配备了照明、电话和计算机等办公设备。通常是工程施工单位集中办公的场地。

（4）施工和随工验收工具的准备。根据综合布线工程施工范围和施工环境的不同，要准备不同类型和品种的施工工具，施工前应检查是否符合性能指标的要求。

① 室外沟槽施工工具。铁锹、十字镐、电镐和电动蛤蟆夯等。

② 线槽、线管和桥架加工和施工工具。电工工具箱（内含老虎钳、尖嘴钳、斜口钳、一字改锥、十字改锥、测电笔、电工刀、裁纸刀、剪刀、活动扳手、呆扳手、卷尺、铁锤、钢锉、电工皮带和手套）、电钻、充电手钻、电锤、台钻、钳工台、型材切割机、手提电焊机、曲线锯、钢锯、角磨机、钢钎、铝合金人字（木）梯、安全带、安全帽等。

③ 线缆敷设工具。包括线缆牵引工具和线缆标识工具。线缆牵引工具有牵引绳索、牵引缆套、拉线转环、滑车轮、防磨装置和电动牵引绞车等；线缆标识工具有热缩套管或数码管或缆线标识打印机或热转移式标签打印机等。

④ 线缆端接工具。包括双绞线端接工具和光纤端接工具。双绞线端接工具有剥线钳、压线钳、打线工具；光纤端接工具有光纤的吹纤设备和光纤熔接机等。

⑤ 线缆测试工具有万用表、兆欧表、简单铜缆线序测试仪、FLUKE 系列线缆认证测试仪、光功率计和光时域反射仪等，不同表计在参数测试中功能各不相同。

（5）环境检查。布线路由的勘察。水平子系统的布线工作开始之前，首先要勘察施工现场，确定布线的路径和走向，包括检查设备间、配线间、工作区、布线路由如地板、竖井、暗管、线槽以及孔洞等的位置、数量、尺寸是否符合设计要求。在智能化小区中，除对上述各项条件进行调查外，还应对小区内敷设管线的道路和各幢建筑引入部分进行了解，看有无妨碍施工的问题。避免盲目施工给工程带来浪费和工期延误。

（6）配套型材、管材与铁件的检查和签收。

① 各种型材、管材与铁件的检验。各种金属材料的材质、规格应符合设计文件的规定。表面应光滑、平整，不得变形、断裂。预埋金属线槽、过线盒、接线盒及桥架等表面涂覆或镀层应均匀、完整，不得变形、损坏。

② 室内管材采用金属管或塑料管时，其管身应光滑、无伤痕，管孔无变形，孔径、壁厚应符合设计要求。金属管槽应根据工程环境要求做镀锌或其他防腐处理。塑料管槽必须采用阻燃管槽，外壁应具有阻燃标记。

③ 室外管道应按通信管道工程验收的相关规定进行检验。

④ 各种铁件的材质、规格均应符合相应质量标准，不得有歪斜、扭曲、飞刺、断裂或破损。表面处理和镀层应均匀、完整，表面光洁，无脱落、气泡等缺陷。

⑤ 备品、备件及各类文件资料应齐全。

（7）检查进场的光、电缆配线设备的型号、规格等是否符合合同规定和设计要求。

（8）光缆开盘后应先检查光缆端头封装是否良好。光缆外包装或光缆护套如有损伤，应对该盘光缆进行光纤性能指标测试，如有断纤，应进行处理，待检查合格才允许使用。光纤检测完毕，光缆端头应密封固定，恢复外包装。光纤接插软线或光跳线应检验两端的光纤连接器件。连接器端面应装配合适的保护盖帽；光纤类型和技术参数应符合设计要求。

（9）光、电缆和连接器件等在签收前应注重检查以下内容：

① 缆线、配线模块、信息插座模块及其他连接器件应配套完整，电气和机械性能等指标符合相应产品生产的质量标准。塑料材质应具有阻燃性能标注，并应满足设计要求。

② 信号线路浪涌保护器各项指标应符合有关标准的规定。

③ 光纤连接器件及适配器使用型式和数量、位置应与设计相符。

（10）测试仪表和工具的检验应符合下列要求：

① 应事先对工程中需要使用的仪表和工具进行测试或检查，缆线测试仪表应附有相应检测机构的证明文件。

② 施工工具，如电缆或光缆的接续工具：打线器、光缆开缆器、光纤熔接机、卡接工具等必须进行检查，合格后方可在工程中使用。

（11）现场尚无检测手段取得屏蔽布线系统所需的相关技术参数时，可将认证检测机构或生产厂家附有的技术报告作为检查依据。

（12）对电缆电气性能、机械特性、光缆传输性能和连接器件的具体技术参数应进行测试和检查，性能指标不符合设计要求的设备和材料不得在工程中使用。

以上工作具体而且繁琐，但它们是保障综合布线系统工程质量的关键。

2. 工程知识

目前市场上的布线产品良莠不齐，甚至还有许多假冒伪劣产品，如：

（1）双绞线的鉴别工作。

1）外观检查。

① 查看标识文字。电缆的塑料包皮上都印有生产厂商、产品型号、产品规格、认证、长度、生产日期等文字，正品印刷的字符非常清晰、圆滑，基本上没有锯齿。假货的字迹印刷质量较差，有的字体不清晰，有的呈严重锯齿状。

② 查看线对色标。线对中白色线不应是纯白的，而是带有与之成对的芯线颜色的花白，而假货通常是纯白色或者花色不明显。

③ 查看线对绕线密度。双绞线的每对线都绞合在一起，正品电缆绕线密度适中均匀，方向是逆时针，且各线对绕线密度不一。次品和假货通常绕线密度很小且 4 对线的绕线密度可能一样，方向也可能会是顺时针，其制作工艺简单且节省材料，所以次品和假货价格非常便宜。

④ 测线径。用游标卡尺等检查线径是否符合线规要求。

⑤ 用手感觉。双绞线电缆使用铜线作为导线芯，电缆质地比较软，在施工中小角度弯曲方便，而一些不法厂商在生产时为了降低成本，在铜中添加了其他金属元素，做出来的导线比较硬，不易弯曲，使用时容易产生断线。

⑥ 用火烧。如果订购的是 LSOH（低烟无卤型）和 LSHF-FR（低烟无卤阻燃型）材料的双绞线，在燃烧过程中，正品双绞线释放的烟雾低，并且有毒卤素也低，LSHF-FR 型还会阻燃，而次品和假货可能就烟雾大，不具有阻燃性，不符合安全标准。

2）抽测线缆的性能指标适合批量订购的缆线检查。双绞线一般以 305m（1000 英尺）为单位包装成箱，也有按 1500m 长来包装成箱的，光缆则采用 2000m 或更长的包装方式。最好的性能抽测方法是从进场线缆中随机抽取 3 箱使用认证测试仪（如 FLUKE 等测试工具）测试。如果没有以上条件，也可随机抽出几箱电缆，测试其电气性能指标，从而比较准确地测试双绞线的质量。

3）与样品对比。为了保障电缆、光缆的质量，在工程的招标投标阶段可以对厂家所提供的产品样品进行分类封存备案，待厂家大批量供货时，用所封存的样品进行对照，检查样品与批量产品品质是否一致。

（2）供应商经常存在偷工减料等情况如镀锌金属线槽订购规格为 100mm×50 mm×1.0mm，可能给的是 0.8mm 或 0.9mm 厚的材料，因此可用千分尺等工具对材料厚度进行抽检。

（3）妥善保管产品和设备的安装使用说明书、产品合格证等资料作为竣工档案移交甲方。

任务二　桥架的安装

一、任务目标与要求

- 知识目标：熟悉桥架的基本类型和安装规程。
- 能力目标：熟悉安全规程，养成良好的职业素养。学会桥架的基本安装方法。

二、相关知识与技能

1．桥架类型

桥架被广泛应用在化工、炼油、电力、机械、电信、公路、铁路和民用建筑等众多领域。桥架的生产厂家众多，所生产的桥架的种类、规格系列和技术参数也不尽相同，不同的应用其分类方式也不同。有新型的 CSP（合金组合物）合金桥架、不锈钢桥架、铝合金、玻璃钢阻燃防火大跨距电缆桥架、热镀锌电缆桥架、静电喷塑电缆桥架等。

也有将桥架分成槽式、托盘式、梯级式电缆桥架、槽盒和通风管道等形式。

各种桥架的安装有很多相似的地方。桥架的安装通常都可随工艺管道架空敷设；如楼板或梁下的吊装；室内外墙壁、柱壁、隧道、电缆沟壁上的侧装，还可在露天立柱或支墩上安装。

大型多层桥架吊装时，应尽量采用工字钢立柱两侧对称敷设。安装方式可有水平、垂直敷设，可有转角、T字型、十字形分支；可以调宽、调高、变径等方式安装。

施工中的各项操作均要求以安全为主，特定工种需持证上岗，严格按操作规程施工。

在施工中使用的高凳、梯子、人字梯、高架车等，在使用前必须认真检查其牢固性。梯外端应采取防滑措施，并不得垫高使用。在通道处使用梯子，应有人监护或设围栏。人字梯距梯脚40～60cm 处要设拉绳，施工中，不准站在梯子最上一层工作，且严禁在上面摆放施工工具和材料。

工程施工中的主要工序有：画线确定桥架位置→装支架（吊杆）→装桥架→布线→装桥架盖板→压接模块→标记。

2. 桥架安装规范

桥架安装是综合布线工程的一个子项目，在工程现场安装时，由于综合布线、土建、强电、装修、空调管路、消防管路等各系统的变更，使得桥架在安装时会产生不同的变化。因此，桥架的安装应根据桥架的设计和现场的具体情况制订。

（1）电缆桥架由室外进入建筑物内时，桥架向外的坡度不得小于1/100。

（2）电缆桥架与用电设备交越时、两组桥架在同一高度平行敷设时，它们之间的净距应符合标准规定。

（3）桥架内横断面的填充率不应超过50%。

（4）电缆桥架宜高出地面 2200mm 以上，桥架顶部距顶棚或其他障碍物不应小于300mm。桥架多层安装时，层间中心距应在200、250、300、350mm以上。

（5）在吊顶内安装时，槽盖开启面应保持80mm的垂直净空。

（6）水平桥架安装支撑间距一般为 1000～1500mm。垂直桥架安装一般固定在建筑物墙体上，支撑间距宜小于1000～1500mm。

（7）直线段桥架长度超过30米，铝合金或玻钢制桥架长度超过15米时，应设有伸缩节；桥架跨越建筑变形缝处应设置补偿装置。

（8）电缆桥架转弯处的弯曲半径，不小于桥架内电缆最小允许弯曲半径。

（9）桥架与支架间螺栓、桥架连接板螺栓固定紧固无遗漏，螺母位于桥架外侧。当铝合金桥架与钢支架固定时，应有相互间的防电化学腐蚀措施。支撑间距应小于等于载荷曲线允许载荷和支撑跨距。非直线段的支（吊）架配置应遵循的原则：当桥架宽度<300mm 时，应在距非直线段与直线结合处300～600mm的直线段侧设置一个支（吊）架。当桥架宽度>300mm 时，除符合上述条件外，在非直线段中部还应增设一个支（吊）架。

（10）水平与垂直桥架的端头都必须安装桥架封头。图3-1是桥架安装后的示意图。

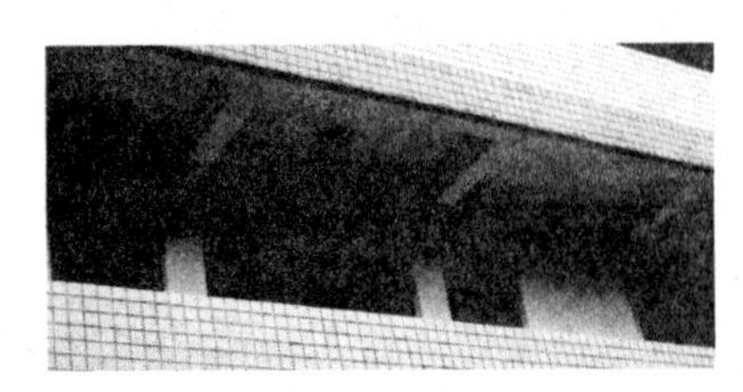

安装后的效果图

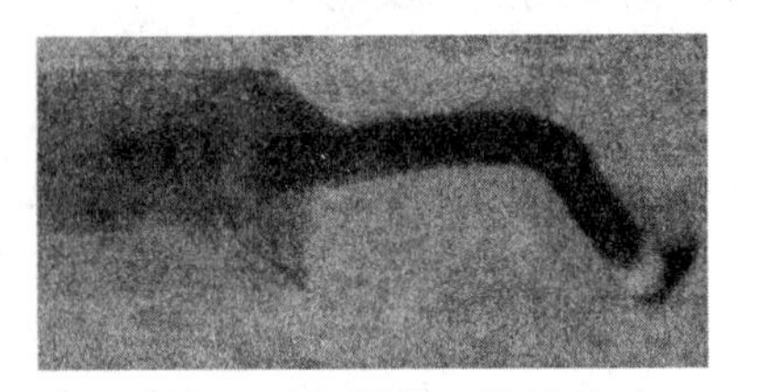

桥架和暗埋管的二次端接

图3-1 桥架安装后的示意图

（11）桥架安装保持垂直、整齐、牢固、无歪斜现象。桥架安装应符合下列要求：

① 桥架左右偏差不大于 50mm；

② 桥架水平度每米偏差不应大于 2mm；

③ 桥架垂直度每米偏差不应大于 3mm。

（12）金属桥架及其支架全长应不少于 2 处接地，金属桥架间连接片两端不少于 2 处有防松螺帽或防松垫圈的连接固定螺栓，并且连接片两端跨接接地铜编织带接地线。接地孔应清除绝缘涂层。对于振动场所，在接地部位的连接处应装置弹簧圈。

（13）桥架防火的区段，必须采用钢制或不燃、阻燃材料。在工程结束前，应采用防火泥进行防火封堵。

3. 桥架安装

对于新建建筑，应配合土建方的结构施工，工程中应先期完成的工作有：完成预留孔洞、预埋铁和预埋吊杆、吊架等工作。

① 预留孔洞：紧密配合土建结构的施工，根据设计图标注的轴线部位，将预制加工好的木质或铁制框架，固定在标出的位置上，并进行调直找正，待现浇混凝土凝固模板拆除后，拆下框架，并抹平孔洞口（收好孔洞口）。

② 预埋铁的自制加工尺寸不应小于 120mm×60mm×6mm；其锚固圆钢的直径不应小于 5mm。紧密配合土建结构的施工，将预埋铁的平面放在钢筋网片下面，紧贴模板，可以采用绑扎或焊接的方法将锚固圆钢固定在钢筋网上。模板拆除后，预埋铁的平面应明露或吃进深度一般在 10～20mm，再将用扁钢或角钢制成的支架、吊架焊在上面固定。

③ 预埋吊杆、吊架：采用直径不小于 5mm 的圆钢，经过切割、调直、煨弯及焊接等步骤制作成吊杆、吊架。其端部应攻丝以便于调整。紧密配合土建结构的施工，应随着钢筋上配筋的同时，将吊杆或吊架锚固在所标出的固定位置。并应在混凝土浇注时，留有专人看护以防吊杆或吊架移位。拆模板时不得碰坏吊杆端部的丝扣。

工程中桥架的安装可分为水平桥架安装、垂直桥架安装和桥架连接等工序。对于水平桥架常见的安装有托臂安装方式和吊架安装方式。安装示意图如图 3-2 所示。

（1）托臂安装方式。

1）确定安装位置和托臂间隔。如水平桥架安装在楼顶与吊顶之间；托臂安装在立面墙上时桥架离地面或楼面距离≥2200mm，托臂间隔宜为 1000～1500mm。

2）安装桥架前应确定膨胀管或膨胀螺栓的安装位置，确保水平桥架安装水平度。以金属膨胀螺栓的安装为例：它适用于 C5 以上混凝土构件及实心砖墙上，不适用于空心砖墙。金属膨胀螺栓安装方法：首先沿着墙壁或顶板根据设计图进行弹线定位，标出固定点的位置。

再根据支架式吊架承受的荷重，选择相应的金属膨胀螺栓及钻头，所选钻头长度应大于套管长度，螺栓及套管的质量应符合产品的技术条件。打孔的深度应以将套管全部埋入墙内或顶板内后，表现平齐为宜。同时应先清除干净已打好的孔洞内的碎屑，然后再用木锤或垫上木块后，用铁锤将膨胀螺栓敲进洞内，应保证套管与建筑物表面平齐，螺栓端都外露，敲击时不得损伤螺栓的丝扣。埋好螺栓后，可用螺母配上相应的垫圈将支架或吊架直接固定在金属膨胀螺栓上。

3）水平桥架托臂通过膨胀螺栓固定在墙面上，每个托臂安装两个膨胀螺栓。完成水平桥架托臂安装后，将水平桥架安装在托臂上，并用螺母固定。

（2）吊架安装方式。

1）确定水平桥架安装位置和安装支架间隔。如水平桥架安装在楼顶与吊顶之间；支架安装在楼顶时桥架离地面距离≥2200mm，安装支架间隔宜为 1000～1500mm。

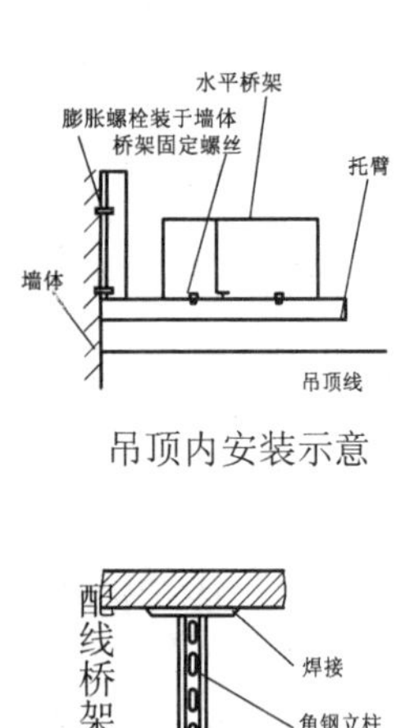

吊顶内安装示意

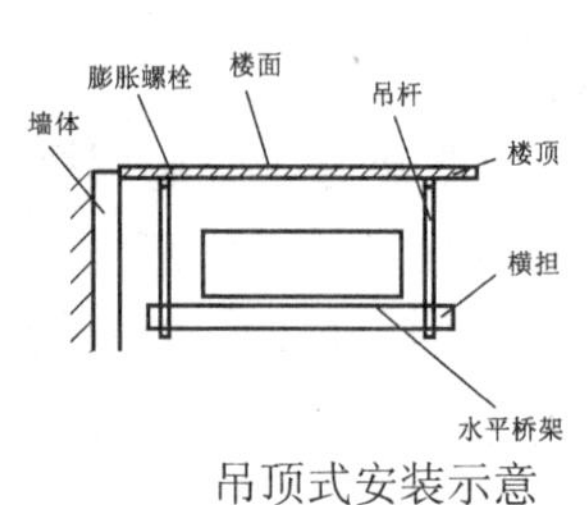

吊顶式安装示意

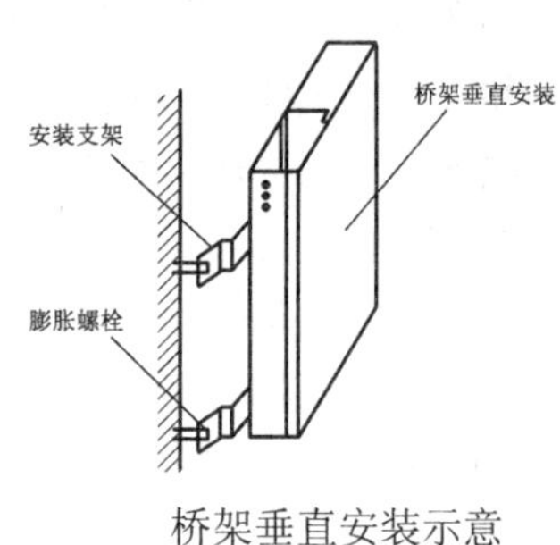

桥架垂直安装示意

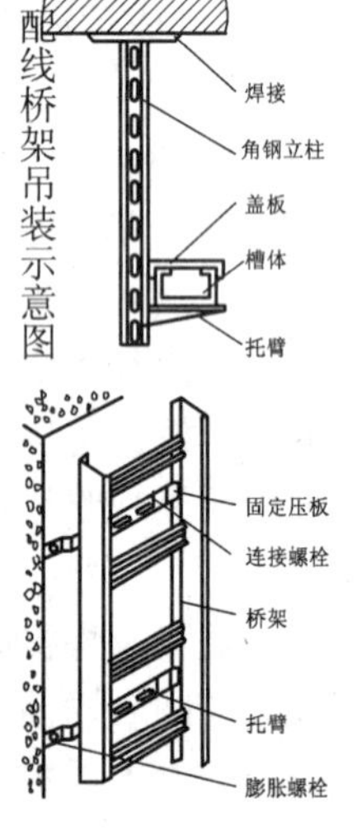

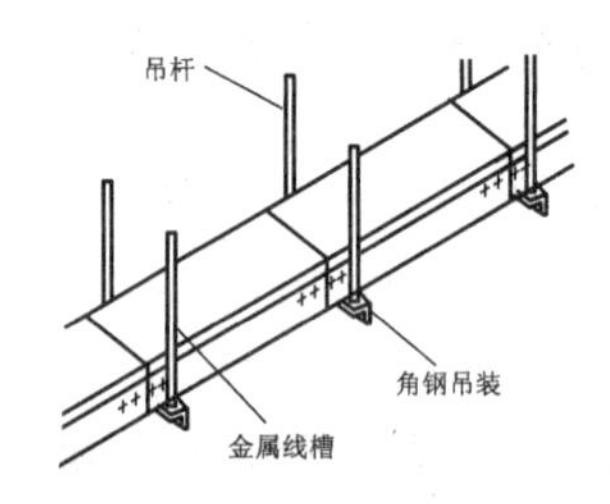

配线桥架吊装示意

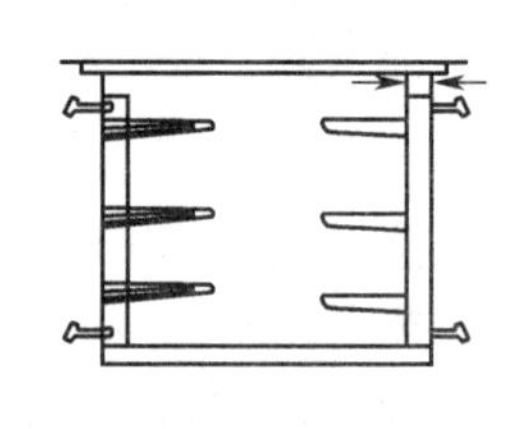

桥架支架在电缆沟内的安装示意

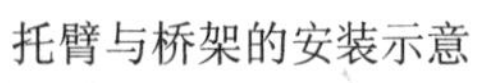

托臂与桥架的安装示意

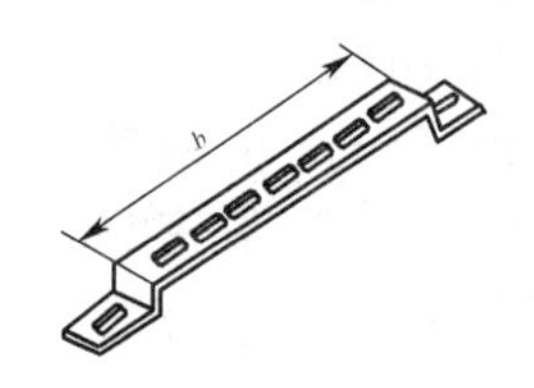

托臂

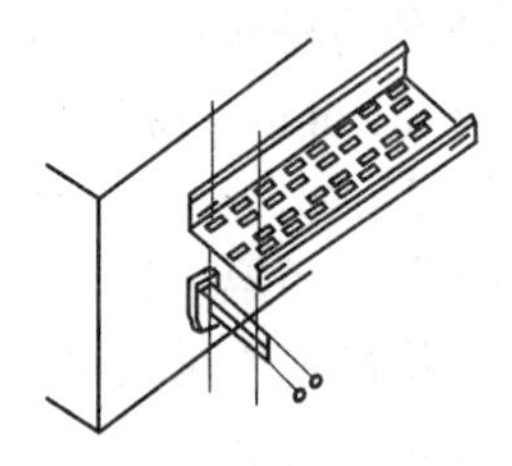

托臂水平安装示意

图 3-2 桥架的安装方式示意图

2）支架由两根吊杆、两个膨胀螺栓及一个横担组成。为了确保水平桥架安装整齐，在安装前应在楼顶画水平线，确定膨胀螺栓安装位置，打孔后安装膨胀螺栓，并将吊杆固定。

3）安装桥架横担，并将水平桥架安装在支架中，桥架安装过程的示意如图 3-3 所示。

桥架安装与接地连接

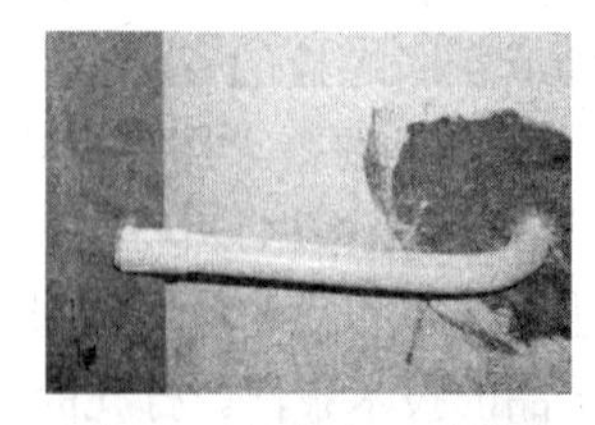

桥架和暗埋管的二次端接

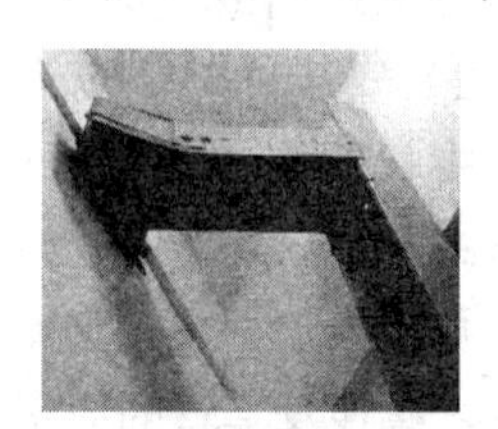

桥架连接

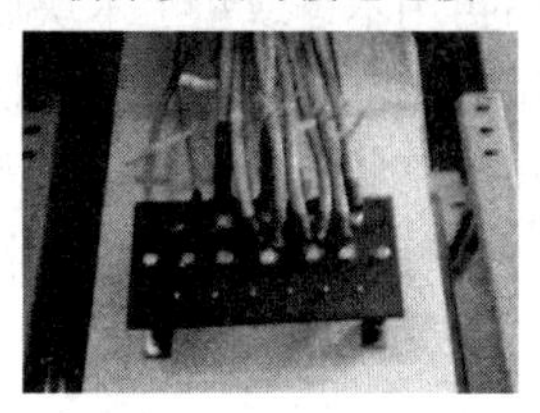

中心机房接地

机房接地

多层桥架安装示意

图 3-3 工程桥架与接地的安装过程示意图

（3）水平桥架连接方法。

1）相同大小桥架采用连接片和接地铜线进行连接。

2）不同大小桥架采用桥架变径、连接片、接地铜线进行连接。

3）不同方向桥架根据具体情况采用相应的弯头/三通/四通、连接片、接地铜线等进行连接。

（4）垂直桥架安装方法。

1）确定垂直桥架安装位置。在弱电井中，安装支架间隔为1000～1500mm。

2）为了确保垂直桥架安装整齐，在安装桥架前应在弱电井墙面画两根垂直线，确定膨胀螺栓安装位置。打孔并安装膨胀螺栓。

3）安装支架，通过膨胀螺栓固定在墙面上；将垂直桥架安装在支架上并用螺母固定。

4）垂直桥架连接。相同大小垂直桥架采用连接片和接地铜线进行连接，连接方法与水平桥架连接相同；不同大小垂直桥架采用桥架变径、连接片、接地铜线进行连接，连接方法与水平桥架连接相同。

（5）水平桥架与垂直桥架连接。

应根据具体情况，水平桥架与垂直桥架可选用二/三/四通、连接片、接地铜线进行连接。采用金属线槽或钢管敷设时，线槽或钢管应保持连续的电气连接，并应有良好的接地。

特别要说明，竖井内的桥架安装应在建筑物竖井内土建湿作业全部完成后方可进行。

任务三　管线、槽的安装

一、任务目标与要求

- 知识目标：熟悉PVC管/槽和信息盒的类型。掌握PVC管/槽和信息盒安装规范与安装技巧。
- 能力目标：熟悉安全规程，养成良好的职业素养。学会PVC管/槽的暗敷和明敷方法；学会信息盒与PVC管/槽连接方法。学会信息盒暗装方式和明装方法。

二、相关知识与技能

PVC管/槽、信息盒的安装看似简单，其实需要很强的整体工程观念和规范意识。特别是暗敷方式，一旦出现问题，工程后期难以进行补救，严重的可导致整个工程的失败。工程施工中的主要工序有：土建埋管→穿钢丝→安装底盒→穿线→标记→压接模块→标记。

1．PVC管、槽安装规范

（1）要求横平竖直，即水平敷设PVC管一定要和地面平行，垂直敷设PVC管一定要和地面垂直。若所布线路上存在局部干扰源，且不能满足最小净距离要求时，应采用钢管。

（2）综合布线PVC管/槽尽量不与其他管/槽交叉。PVC管/槽与其他强电管/槽线缆、暖气、热水、煤气管之间平行敷设时应严格按标准规定间距实施，如图3-4所示。

（3）PVC管弯曲半径不得小于该管外径的6～10倍（实际施工时PVC管弯曲内角>90º）。

（4）预埋管（暗管）必须弯曲敷设时路由长度应≤15米，且该段内不得有S弯。连续弯曲超过2次时，应加装过线盒。暗管直线敷设长度超过30米时，中间应加装过线盒。所有PVC管弯曲必须用专用弯管器完成，不得采用国家明令禁止的弯通等。如图3-5所示。

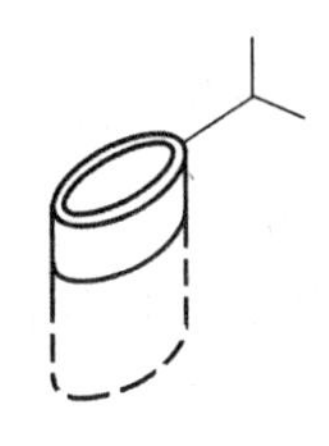

（a）电缆孔与套管

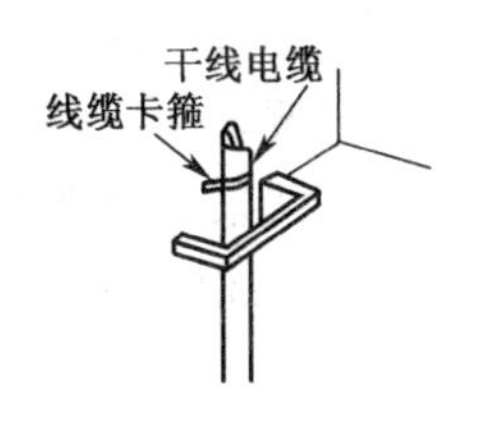

（b）电缆方孔

图 3-4　PVC 管、槽安装规范示意

暗装塑料接线盒

弯管弹簧

波纹管

管卡

管接头（直接）

锁母/盒接头

变径接头

圆接线盒/三通

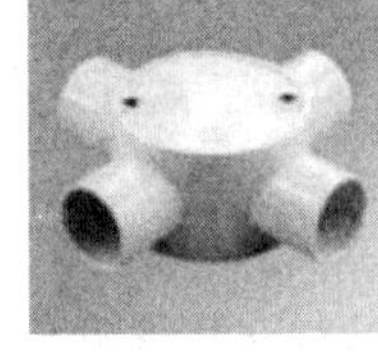

四通

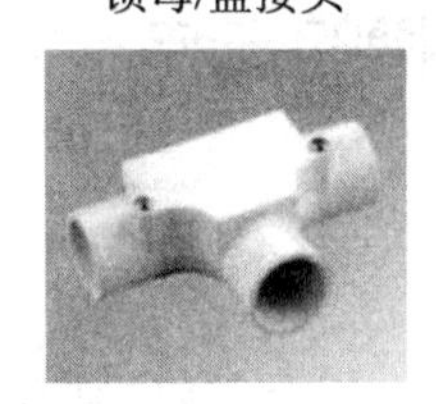

带盖 T 型接头

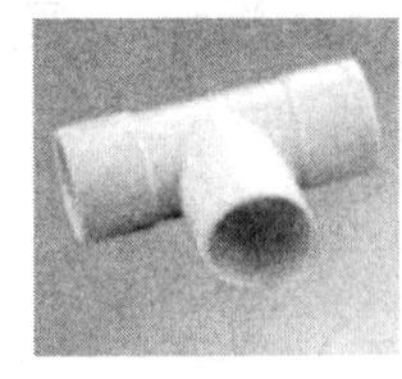

不带盖 T 型接头

PVC 管

图 3-5　PVC 管+弯管器+底盒

（5）直线管的管径利用率应为 50%～60%，弯管的管径利用率应为 40%～50%。

（6）在暗管孔内不得有各种线缆接头。

（7）PVC 管固定。①地面 PVC 管要求每间隔 90～100cm 用管卡进行固定。在特殊环境下，要增加水泥固定。②墙面 PVC 管应根据 PVC 管大小采用合适的间隔进行固定，如：ϕ20 管要求每间隔 90～100cm 进行固定，管径越大固定间隔应相应减小。③墙面 PVC 槽应根据 PVC 槽的大小采用合适的间隔进行固定，如：19×24 槽要求每间隔 50～70cm 进行固定。

（8）墙面管可采用中型或重型管，而地面管必须采用重型管。管大小一般情况下≤ϕ20。

2. 开槽规范

采用路线最短、避免与其他管路交叉原则。不与强电或其他线缆交叉、不破坏防水原则。开槽的宽度与深度由 PVC 管的大小确定。如若选用ϕ16 的 PVC 管，则开槽深度为 20mm；若选用ϕ20 的 PVC 管，则开槽深度为 25mm。开槽时为了保证开槽质量和美观以及墙面恢复，宜采用切割机进行割槽。线槽外观应横平竖直，大小均匀。在墙面开槽时一定要了解墙面结构、墙面厚度及粉刷厚度，以便调整切割深度和调整配管大小和数量。对于墙面为空心砖，千万不能随意切割，否则会产生严重问题。一般墙面暗管≤ϕ25；对于地面开槽，一定要了解地面装修厚度。一般地面管≤ϕ20。封槽后的墙面、地面与所在平面应保持一致。

3．PVC 管/槽、信息盒安装

（1）墙面 PVC 暗管和墙面信息暗盒安装。

1）画线（弹线）。①为了保证墙面开槽质量和 PVC 管敷设，在对墙面开槽前，应在墙面画开槽的切割线、信息暗盒孔的切割线。②信息盒的具体位置应根据施工图纸、用户需求变更、装修变更、家具变更等因素决定。③一般情况下，信息暗盒孔的下边应和地面的距离为 300mm。④为了保证整个工程的安全性、美观性、统一性。强、弱电开槽位置要统一规划，强、弱电的槽不能交叉。由于不同子系统标高测量有误差，为了保证强电接线盒与弱电信息盒安装在同一水平线上，强、弱电信息盒标高应保持一致，强电与弱电距离应符合标准规定。

2）墙面开槽。①采用手持切割机根据上述所画的切割线进行切割，再用电铲开槽和挖信息暗盒孔。②开槽大小应大于所敷设的 PVC 管径的 10～15mm。如所敷设的 PVC 管为ϕ20，则所开的槽应为宽 30～35mm，如图 3-6 所示。

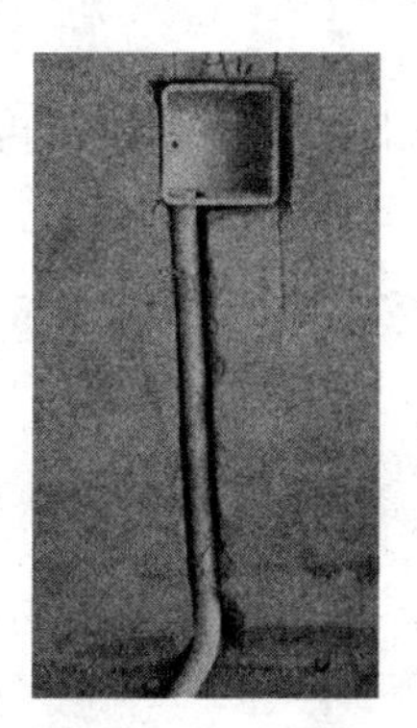

图 3-6　墙面线槽示意

3）开信息底盒孔。挖信息底盒孔大小应大于信息底盒的 1.0～1.5cm，一般情况信息底盒大小为 86×86×60 mm，因此信息底盒孔大小为 100×100×80mm。

4）PVC 管和 PVC 管的连接。①在无弯曲处，PVC 管之间的连接，应采用 PVC“直接”进行连接。在连接前应在 PVC“直接”内壁，均匀涂上 PVC 胶水，并将“直接”旋转 1～2 周。②在有弯曲处，应采用弯管器，将 PVC 管弯曲（弯曲角度>90°）后进行安装连接。

5）PVC 管固定。①一般情况下采用边卡或中卡对 PVC 管进行固定。对于采用轻质隔墙的情况则采用铁丝固定在轻质隔墙的框架上。②一般情况下固定间隔为 700～900mm，对于不同大小的 PVC 管和墙体，固定的间隔可作适当调整。

6）信息底盒安装。①采用水泥砂浆将信息暗盒固定到信息暗盒孔中。②将入盒接头安装到信息底盒中，PVC 管通过入盒锁母和信息底盒连接。

7）暗管封槽采用水泥砂浆封平已安装好 PVC 管的槽，封槽后的墙面或地面与所在平面保持一致。

（2）墙面 PVC 明管和墙面信息明盒安装。

墙面明装布线时宜使用 PVC 线槽，拐弯处曲率半径应保证缆线敷设的曲率半径。明装线槽布线施工一般从安装信息点插座底盒开始，施工步骤：安装底盒→钉线槽→布线→装线槽盖板→压接模块→标记。墙面 PVC 明管安装与固定方式与墙面暗管基本一致，不同的是：墙面 PVC 明管和明盒不需要开槽；墙面 PVC 明管采用 PVC 边卡或中卡固定时必须采用木尖或膨胀管作固定基础；对于粉墙墙面信息明盒采用钢钉或自攻螺丝固定时必须采用木尖或膨胀管作固定基础；对于木质墙面可采用木螺丝或自攻螺丝直接固定到木板上。固定距离为 30cm 左右，必须保证长期牢固。两根线槽之间的接缝必须小于 1mm，盖板接缝宜与线槽接缝错开。

在墙面测量并且标出线槽的位置，水平安装的线槽应与地面或楼板平行，垂直安装的线槽与地面或楼板垂直，无可见的偏差。拐弯处宜使用 90º 弯头或者三通，线槽端头安装专门的堵头。线槽布线时，先将缆线布放到线槽中，边布线边装盖板，在拐弯处保持缆线有比较大的拐弯半径。完成安装盖板后，不要再拉线，如果拉线力量过大会改变线槽拐弯处的缆线曲率半径。安装线槽时，用水泥钉或木螺丝或者自攻螺丝把线槽固定在墙面上。

（3）从墙面 PVC 暗管到地面 PVC 暗管安装。

墙面 PVC 暗管安装与上述相同；从墙面 PVC 暗管过渡到地面 PVC 暗管处理方法：从墙面管拐到地面管时，在拐弯处决不允许采用弯头进行拐弯连接，一定要用弯管器弯管（弯曲角度>90º）后进行连接，注意地面管的大小一般不能超过ϕ20；固定地面管采用边卡固定在地面上，必要时在固定处增加水泥砂浆。

塑料线槽固定：配合土建结构施工时预埋木砖，再把线槽底板用木螺丝固定在木砖上，如图 3-7 所示。

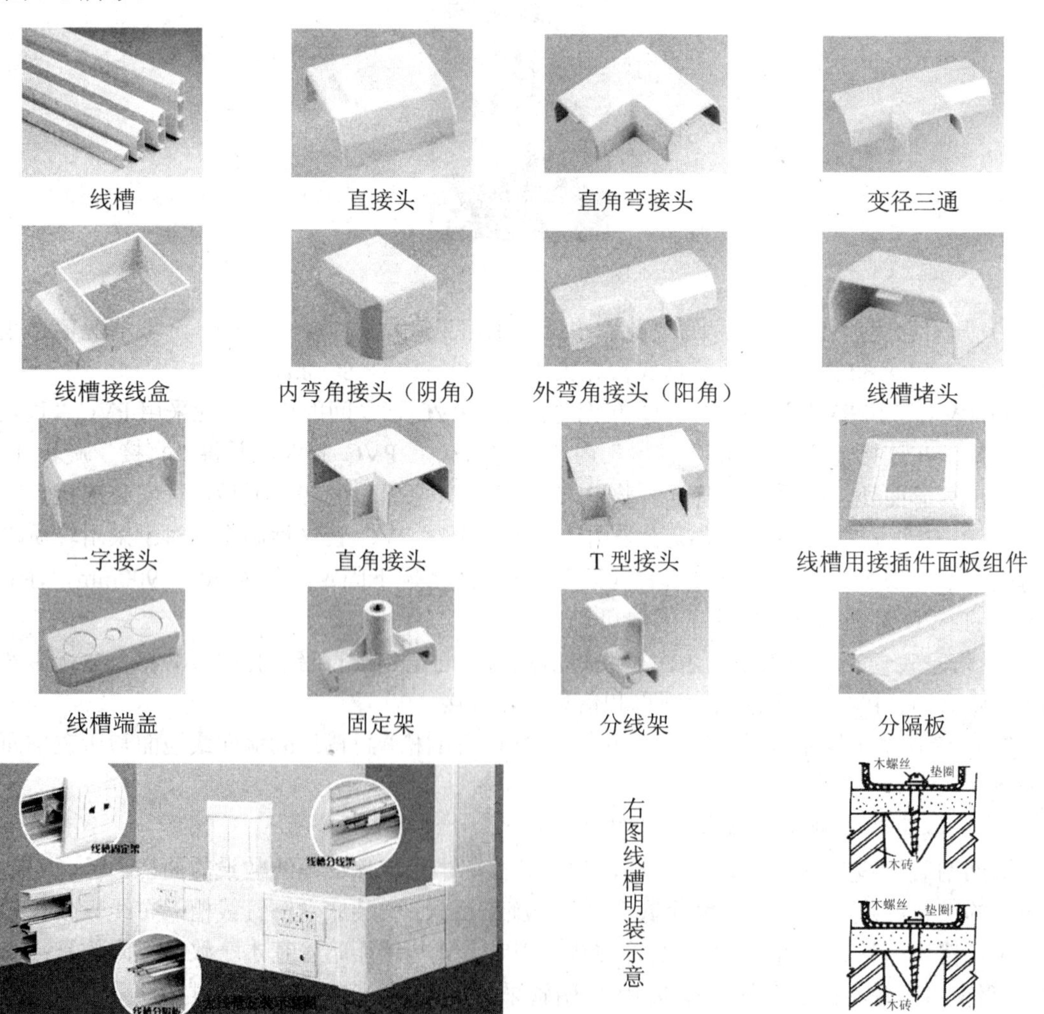

图 3-7　线槽产品与线槽明装示意图

混凝土墙、砖墙可采用塑料胀管固定塑料线槽，用半圆头木螺丝加垫圈将线槽底板固定在塑料胀管上，紧贴建筑物表面。

光纤信息插座模块安装的底盒大小应充分考虑到水平光缆（2 芯或 4 芯）终接处的光缆盘留空间和满足光缆对弯曲半径的要求。

4. 底盒安装规范

根据实际应用确定信息盒的具体安装位置。一般情况下信息盒距门道超过 1.5m，距地面为 30cm，PVC 管与暗盒连接处，必须采用入盒接头（即锁母）进行连接，强电与弱点信息盒距离≥10cm。厨房、卫生间应安装具有防水功能的信息盒，除厨房、卫生间暗盒要凸出墙面 20mm 外，暗盒与墙面要求齐平，并和其他暗盒在同一水平上。暗盒接线头预留 30～50cm 长，同一信息盒（86×86mm）内，信息点数不宜超过 2 个。

5. 底盒安装的一般步骤

（1）目视检查产品的外观：特别要检查底盒上的螺丝孔是否正常，如果其中有一个“+”螺丝孔损坏时坚决不能使用。

（2）取掉底盒挡板：根据进出线方向和位置，取掉底盒预设孔中的挡板。

（3）固定底盒：明装底盒应按照设计要求用膨胀螺丝直接固定在墙面。暗装底盒首先使用专门的管接头（锁母）把线管和底盒连接起来，锁母的管口有圆弧，既方便穿线，又能保护线缆不会被划伤或者损坏。然后用膨胀螺丝或者水泥砂浆固定底盒。

（4）成品保护：暗装底盒一般在土建过程中进行，因此在底盒安装完毕后，必须进行成品保护，特别是安装螺丝孔，防止水泥砂浆灌入螺孔或者穿线管内。一般做法是在底盒螺丝孔和管口塞纸团，也有用胶带纸保护螺孔的做法。

6. PVC 管与水平桥架连接方式

（1）水平桥架开孔根据 PVC 管的位置，将扩孔器安装在手枪钻或电锤上，在水平桥架侧面开孔，除去孔边沿的毛刺，孔的大小应和 PVC 管大小对应。如ϕ20 管则采用ϕ20 扩孔器。

（2）安装 PVC 锁母，将 PVC 锁母安装到桥架上已开好的孔中，以便与 PVC 管或软管连接。

（3）PVC 管与水平桥架连接有：PVC 管通过锁母与水平桥架直接连接和 PVC 管通过 PVC 软管及锁母与水平桥连接两种方式。

（4）当遇到 PVC 管要经过其他系统桥架时，PVC 管一定要走其他系统桥架下方连接到水平桥架。

7. 大厅信息点的施工

对于大厅的站点，可采用打地槽铺设厚壁镀锌管或薄壁电线管的方法将缆线引到地面接线盒。地面接线盒用钢面铝座制作，地面接线盒若用铜面铝座高度可调节。在地面浇灌混凝土时预埋。大楼竣工后，可将信息插座安装在地面接线盒内，再把电缆从管内拉到地面接线盒，端接在信息插座上。需要使用信息插座时，只要把地面接线盒盖上的小窗口向上翻，用接插线把工作终端连接到信息插座即可。平常小窗口向下，与地面平齐，可保持地面平整。

地面线槽安装时，应及时配合土建地面工程施工。根据地面的型式不同，先抄平，然后测定固定点位置，将上好卧脚螺栓和压板的线槽水平放置在垫层上，然后进行线槽连接。如线槽与管连接；线槽与分线盒连接；分线盒与管连接；线槽出线口连接；线槽末端处理等，都应安装到位，螺丝紧固牢靠。地面线槽及附件全部上好后，再进行一次系统调整，主要根据地面厚度，仔细调整线槽干线，分支线，分线盒接头，转弯、转角、出口等处，水平高度要求与地面平齐，将各种盒盖盖好堵严实，以防止水泥砂浆进入，直至配合土建地面施工结束为止。

任务四　缆线敷设

一、任务目标与要求

- 知识目标：熟悉综合布线系统缆线安装规范。
- 能力目标：熟悉安全规程，养成良好的职业素养。学会综合布线系统常用的缆线敷设方法；学会对缆线敷设后的半成品进行有效保护的方法。

二、相关知识与技能

尽可能保持缆线的结构是敷设双绞线时的基本原则，如果是少量电缆，可以在很长的距离上保持线对的几何结构；如果是大量捆扎在一起的电缆，可能会产生挤压变形。如果变形超出承受度，会对测试结果造成影响，这时只能用 HDTDX 技术来诊断。如果只是一点的挤压，一般影响很小。如果整根线被粗暴使用，就可能在近端串扰和回波损耗上测试失败。所以在敷设、理线和绑扎电缆时要特别小心，要保护电缆的结构。

在布线施工拉线过程中，应采取慢速而又平稳的拉线，而不是快速的拉线。必须坚持直接手持拉线，不允许将缆线缠绕在手中或者工具上拉线，也不允许用钳子夹住中间缆线，这样操作时缠绕部分的曲率半径会非常小，夹持部分结构变形，直接破坏缆线内部结构或者护套。

1. 缆线的敷设规范

（1）布线前的检查。应对电缆经过的所有路由进行检查，清除槽道连接处的毛刺和突出尖锐物，清洁掉槽道里的铁屑、小石块、水泥碴等，保障一条平滑畅通的槽道。并检查线缆型号规格、路由及位置与设计规定相符。

（2）在同一桥架内：线缆截面积总和不宜超过桥架内部截面积的 50%。对预埋线槽和暗管敷设电缆应符合下列规定。

① 敷设线槽和暗管的两端宜用标志表示出编号等内容。

② 预埋线槽宜采用金属线槽，预埋或密封线槽的截面利用率应为 30%～50%。

③ 敷设暗管宜采用钢管或阻燃聚氯乙烯硬质管。布放大对数主干电缆及 4 芯以上光缆时直线管道的管径利用率应为 50%～60%，弯管道应为 40%～50%。暗管布放 4 对双绞线电缆或 4 芯及以下光缆时，管道的截面利用率应为 25%～30%。

（3）敷设电缆时，若用人工牵引，牵引速度要慢，快速会造成电缆的缠绕或绊住。严禁猛拉紧拽，以防止电缆外护套发生磨、刮、蹭、拖等损伤。拉力过大，还会导致缆线变形，会引起电缆传输性能下降。电缆最大允许拉力为：

① 1 根 4 对双绞线电缆，拉力为 100N（约 10kg）。

② 2 根 4 对双绞线电缆，拉力为 150N（约 15kg）。

③ 3 根 4 对双绞线电缆，拉力为 200N（约 20kg）。

④ n 根 4 对双绞线电缆，拉力为（n×50+50）N。

⑤不管多少根线对电缆，最大拉力不能超过 400N。

（4）不要在布满杂物的地面上大力抛摔和拖放电缆。禁止踩踏电缆。布线路由较长时，要多人配合平缓地移动缆线，特别应在转角处张贴“严禁踩踏”醒目标志字样或安排人值守理线；缆线的布放应自然平直，不得产生扭绞、打圈、割伤、接头等现象，不应受外力的挤压和拉伤。

（5）当同时布放的电缆数量较多时，就要采用电缆牵引。电缆牵引就是用一条拉绳（通常是一条绳）或一条软钢丝绳将电缆牵引穿过墙壁管路、天花板和地板管路。牵引时拉绳与电缆的连接点应尽量平滑，所以要采用电工胶带紧紧地缠绕在连接点外面，以保证平滑和牢固。拉绳在电缆上固定的方法有拉环、牵引夹和直接将拉绳系在电缆上等三种方式。①拉环是将电缆的导线弯成一个环，导线通过带子束在一起，然后束在电缆护套上，拉环可以使所有电缆线对和电缆护套均匀受力。②牵引夹是一个灵活的网夹设备，可以套在电缆护套上，网夹系在拉绳上然后用带子束住，牵引夹的另一端固定在电缆护套上，当在拉绳上加力时，牵引夹可以将力传到电缆护套上。③在牵引大型电缆时，还有一种旋转拉环的方式，它是一种在用拉绳牵引时可以旋转的设备。在将干线电缆安装在电缆通道内时，旋转拉环可防止拉绳和干线电缆的扭绞。干线电缆的线对在受力时会导致电缆性能下降，干线电线如果扭绞，电缆线对可能会断裂。

（6）缆线在布放前两端应根据设计编码用油性标记笔进行清晰、准确标记。

（7）电缆与其他管线距离。电缆尽量远离其他管线，与电力及其他管线的距离要符合项目设计要求。

（8）缆线敷设时，缆线在牵引过程中，线缆与线管的内角应>90º，使用的拉力应小于缆线允许线缆张力的80%。电缆转弯时弯曲半径应符合下列规定：

① 非屏蔽4对双绞线电缆的弯曲半径应至少为电缆外径的4倍。

② 屏蔽4对双绞线电缆的弯曲半径应至少为电缆外径的8倍。

③ 主干双绞线电缆的弯曲半径应至少为电缆外径的10倍。

（9）桥架及线槽内缆线绑扎要求。①槽内电缆布放应平齐顺直、排列有序，尽量不交叉，在缆线进出线槽部位、转弯处应绑扎固定。②电缆桥架内电缆垂直敷设时，在电缆的上端和每间隔1.5m处应固定在桥架的支架上；水平敷设时，在电缆的首、尾、转弯及每间隔5～10m处进行固定。③在水平、垂直桥架中敷设电缆时，应对电缆进行绑扎。对双绞线电缆、光缆及其他信号电缆应根据线缆的类别、数量、缆径、线缆芯数分束绑扎。绑扎间距不宜大于1.5m，间距应均匀，不宜绑扎过紧或使线缆受到挤压。应对垂直桥架中的电缆进行固定。

（10）线缆布放冗余：①室内水平双绞线：工作区应留有30～35cm冗余，设备间双绞线进机柜后应留有250～350cm冗余。②室内光纤到桌面：工作区应留有40～60cm冗余，设备间光缆进机柜应留有350～400cm冗余。③室内主干线缆（包括光缆、双绞线）：线缆进机柜后应留有350～400cm冗余。④室内主干大对数线缆：线缆进机柜后应留有250～300cm冗余。

（11）工程施工中为加强管理，施工方应做好放线记录。为了准确核算电缆用量，充分利用电缆，对每箱线从第一次放线起，做一个放线记录表。每个信息点放线时应记录开始处和结束处的长度，这样对本次放线的长度和线箱中剩余电缆的长度一目了然，有利于将线箱中剩余电缆布放至合适的信息点。工程施工单位对施工记录表（见表3-1）每天进行整理，做好日常管理工作。

2. 缆线的敷设

（1）检查桥架与PVC管的路由是否畅通、完整。

（2）根据施工平面图和系统图对布线系统确定以下内容：①数据语音布线系统：每个工作区数据、语音及光纤信息点的数量和线缆类型；每个工作区信息点所属的设备间；数据、语音主干数量及类型；主设备间、子设备间位置。②有线电视布线系统：每个工作区有线电视点数量及线缆类型；分支器、分配器、放大器位置；有线电视主干线缆类型；有线电视中心机房位置。③ 监控布线系统：监控点位置、线缆数量及类型；监控分中心、中心位置。④ 广播布线系统：广播喇叭、音量控制器及分线箱的位置；线缆类型；广播中心位置。

表 3-1 缆线施工记录表

线箱号码				日期	
序号	信息点名称	起始长度	结束长度	使用长度	线箱剩余长度
使用箱数		起始长度		线缆总长	

（3）确定缆线敷设方向，缆线敷设一般采取从工作区为起点进行缆线敷设或是从走廊弱电井处进行缆线敷设的方法。

从工作区为起点进行线缆敷设：①通过预算所敷设的信息点到设备间的长度，确定待敷设双绞线的长度。②根据工作区信息点的数量，将同数量的双绞线放置在信息点处。根据施工图纸信息点的编码，在信息点所对应的双绞线箱和双绞线上，用油性标记笔抄写信息点的编码，并将一组双绞线捆绑好。③将穿管器从信息点穿到走廊桥架中。具体是将捆绑好的双绞线与穿管器捆绑，并在走廊水平桥架处将双绞线拉出。④在走廊水平桥架处将双绞线与穿管器分离，并将双绞线敷设到设备间；当双绞线敷设到设备间后，在工作区信息盒中预留 30～35cm 双绞线，并在双绞线上抄写信息点的编码；最后将预留双绞线盘在信息盒中，并进行半成品保护。⑤缆线进入设备间后，必须做好线标，也要对缆线进行半成品保护。从设备间为起点进行缆线敷设只是起、止相反，不再赘述。

从走廊弱电井处进行线缆敷设：①通过预算所敷设的信息点到设备间的长度，确定待敷设双绞线的长度。②根据工作区信息点的数量，将同数量的双绞线放置在走廊弱电井处，根据施工图纸信息点的编码，在信息点所对应的双绞线箱和双绞线上，用油性标记笔抄写信息点的编码，并将一组双绞线捆绑好。③将绑扎好的双绞线穿入桥架中，并拉到信息点 PVC 管所在水平桥架位置，并将穿管器从水平桥架传到信息点处。④将缆线与穿管器绑扎，并将缆线穿到信息点位置。⑤在工作区信息盒处预留 30～35cm 的缆线，并对缆线进行半成品保护。⑥预算走廊弱电井到设备间的距离，确定双绞线的预留长度后断线，在断线前应用油性标记笔在双绞线上抄写信息点编码。⑦将缆线经垂直桥架敷设到设备间中，并对设备间缆线进行半成品保护。

在竖井中敷设干线一般有向下垂放电缆和向上牵引电缆两种方式。

向下垂放线缆的一般步骤：①把线缆卷轴放到最顶层。②在离房子的开口（孔洞处）3～4m 处安装线缆卷轴，并从卷轴顶部馈线。③在线缆卷轴处安排所需的布线施工人员（人数视卷轴尺寸及线缆质量而定），另外，每层楼上要有一个工人，以便引寻下垂的线缆。④旋转卷轴，将线缆从卷轴上拉出。⑤将拉出的线缆引导进竖井中的孔洞。在此之前，先在孔洞中安放一个塑料的套状保护物，以防止孔洞不光滑的边缘擦破线缆的外皮。⑥慢慢地从卷轴上放缆并进入孔洞向下垂放，注意速度不要过快。⑦继续放线，直到下一层布线人员将线缆引到下一个孔洞。⑧按前面的步骤继续慢慢地放线，并将线缆引入各层的孔洞，直至线缆到达指定楼层进入横向通道。

向上牵引缆线需要使用电动牵引绞车，向上牵引缆线的一般步骤：

①按照缆线的质量，选定绞车型号，并按绞车制造厂家的说明书进行操作。先往绞车中穿一条绳子。②起动绞车，并往下垂放一条拉绳（确认此拉绳的强度能保护牵引线缆），直到安放缆线的底层。③如果缆上有一个拉眼，则将绳子连接到此拉眼上。④起动绞车，慢慢地将缆线通过各层的孔向上牵引。⑤缆的末端到达顶层时，停止绞车。⑥在地板孔边沿上用夹具将缆线固定。⑦当所有连接制作好之后，从绞车上释放缆线的末端。

最后，施工中应特别关注如与电力电缆桥架合用时，应将电力电缆和弱电电缆各置一侧，中间采用隔板分隔。条件允许的情况下，强、弱电线缆不要安放在同一桥架中。弱电电缆与其他低电压电缆合用桥架时，应严格执行选择具有外屏蔽层的弱电系统的弱电电缆，避免相互间的干扰。水平敷设时，在缆线的首、尾、转弯及每间隔 1500～2000mm 处进行固定。对布放在水平桥架的缆线可以不绑扎，桥架内缆线应顺直，尽量不交叉，缆线不应溢出桥架，在缆线进出桥架部位，转弯处应绑扎固定；在垂直桥架中敷设缆线时，应对缆线进行绑扎。双绞线缆线以 6 根为束，25 对或以上大对数线缆、光缆及其他信号电缆应根据缆线的类型、缆径、线缆芯数分束绑扎。绑扎间距不宜大于 1500mm，绑扎距应均匀，松紧适度。

屏蔽电缆屏蔽层的两端应做等电位连接并接地。

三、技能实训　PVC 线管/线槽安装与缆线敷设

1. 实训目的

① 掌握线槽/线管的接头和三通连接以及大线槽开孔、安装、布线、盖板的方法和技巧。

② 熟练掌握弯管器使用方法和布线曲率半径要求。

③ 训练规范施工的能力。

④ 通过施工应能理解系统管槽子系统的构成要素，理解配线（或干线）子系统组成。

2. 实训材料和工具

材料：PVC 塑料管、管接头、管卡若干、PVC 线槽、接头、弯头等。

工具：弯管器、PVC 管剪、锯弓、锯条、钢卷尺、十字改锥、梯子等。

3. 实训主要步骤

① 设计桥架布线路径和安装方式，并且绘制施工图。

② 按照设计图，核算实训材料规格和数量，掌握工程材料核算方法，列出材料清单。

③ 按照设计图需要，列出实训工具清单，领取实训材料和工具。

④ 完成 PVC 线槽、盖板、阴角、阳角、三通的安装。PVC 线管、线槽安装平直、美观，接头合理，如图 3-8 所示。

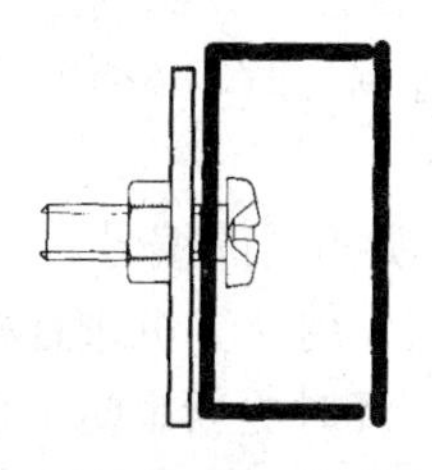

PVC 线槽安装示意

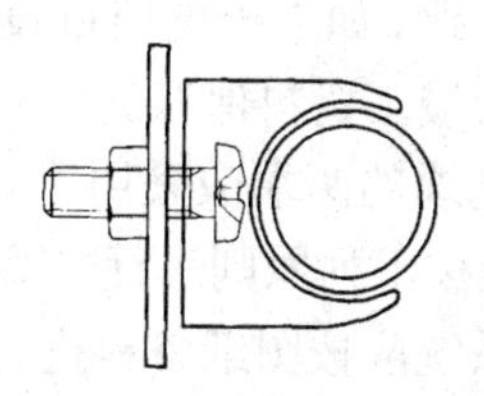

PVC 线管安装示意

图 3-8　线槽、线管安装示意

⑤ 明装布线实训时，首先选择敷设路由。在墙面安装管卡，在垂直方向每隔 50～60cm

安装1个管卡。安装PVC管时在拐弯处用90º弯头连接，两根PVC管之间用直接头连接，三根管之间用三通连接。施工中可边布管边穿线。PVC线槽安装时两根PVC线槽之间用直接头连接，三根线槽之间用三通连接。安装线槽前，根据需要在线槽上开孔（孔径8mm），用螺栓固定。同时在槽内安装UTP缆线。

⑥ 机柜内必须预留缆线约1.5m。

4. 实训报告要求

① 画出PVC 线槽或管布线路由图。

② 使用弯管器制作拐弯接头的方法和经验。

③ 写出使用工具的体会和技巧。

④ 设计配线（干线）子系统布线施工图。

⑤ 配线（干线）子系统布线施工程序和要求。

任务五　机柜安装及线缆整理与端接

一、任务目标与要求

- 知识目标：熟悉各类缆线在桥架和机柜中的理线和端接规范。熟悉配线架、理线器和各种机柜等设备和产品。
- 能力目标：熟悉安全规程，养成良好的职业素养。熟悉工程的设备、器材与施工工具的使用方法；掌握线缆分组、绑扎、排放技巧。掌握超五类、六类缆线与超五类、六类配线架端接方法以及缆线和配线架色标的匹配。

二、相关知识与技能

管理间为连接其他子系统提供手段，它是连接干线子系统和配线子系统的场所，管理间子系统包括了楼层配线间、二级交接间、建筑物设备间的线缆、配线架及相关接插线等。

用户可以在管理间子系统中更改、增加、交接、扩展缆线，从而改变缆线路由。从而实现综合布线的灵活性、开放性和扩展性。

涉及施工的内容包含管理间的命名和编号、标识编制、机柜安装、配线架安装、理线器（环）安装、缆线的理线、工程资料归档、还包括交换机安装等工作。

管理间的命名和编号也是非常重要的一项工作，它直接涉及每条缆线的命名。因此，命名必须准确表达清楚该管理间的位置或者用途，这个名称从项目设计开始到工程验收及后续维护必须保持一致。如果出现项目投入使用后用户改变名称或者编号时，必须及时制作名称变更对应表，作为竣工资料保存。

电缆和光缆的两端应采用不易脱落和磨损的不干胶条标明相同的编号。管理间子系统的标识编制，应按下列原则进行。①规模较大的综合布线系统应采用计算机进行标识管理，简单的综合布线系统应按图纸资料进行管理，并应做到记录准确、及时更新、便于查阅。②综合布线系统的每条电缆、光缆、配线设备、端接点、安装通道和安装空间均应给定唯一的标志。标志中可包括名称、颜色、编号、字符串或其他组合。③配线设备、线缆、信息插座等硬件均应设置不易脱落和磨损的标识，并应有详细的书面记录和图纸资料。④同一条缆线或者永久链路的两端编号必须相同。⑤设备间、交接间的配线设备宜采用统一的色标区别各类用途的配线区。

涉及的部分施工设备和工具如图 3-9 所示。

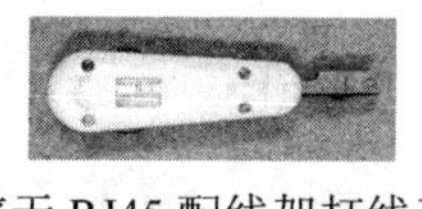

普天 RJ45 配线架打线刀

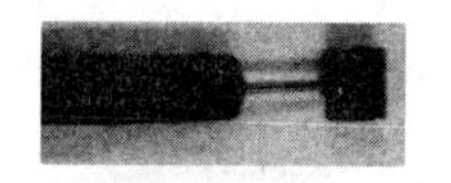

5 对接线排端接打线器

110 配线架/RJ45 模块打线刀

光纤扎带

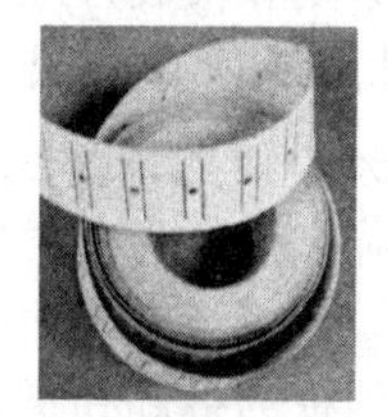

标签

标签打印机和标签

开缆器

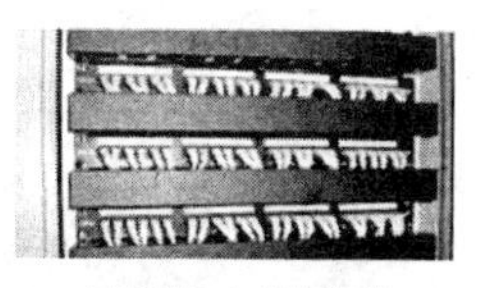

理线器中的跳线

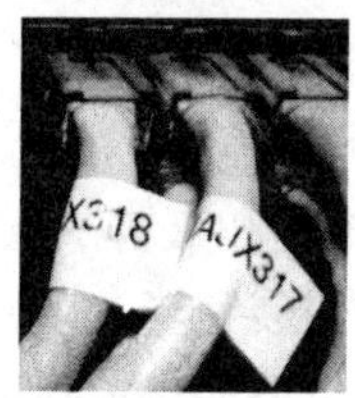

旗标式标签

经整理后的缆线和扎带

对讲机

冲击电钻

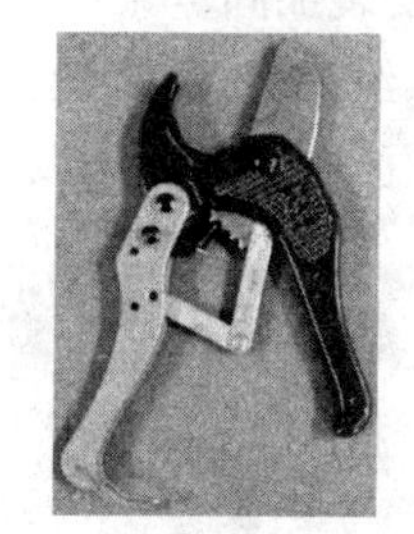

PVC 剪刀

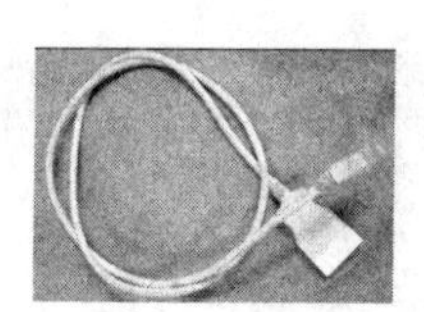

110 到 RJ45 跳线

图 3-9　部分施工设备和工具

机柜安装

机柜的种类很多。但常见的机柜有立式机柜、开放式机架和壁挂式机柜。

配线设备可直接安装在 19"机架上或者机柜里。对于涉及布线系统设置内、外网或专用网时，机柜应分别设置，并保持一定间距。管理间房间面积的大小一般根据信息点多少安排和确定，如果信息点多，就应该考虑一个单独的房间来放置，如果信息点很少时，也可采取在墙面安装机柜的方式。对于楼层配线间或二级交接间来说，也可采用 6～12U 壁挂式机柜。机柜安装应符合下列要求：

① 机柜、机架安装位置应符合设计要求，垂直偏差度不应大于 3mm。

② 机柜、机架上的各种零件不得脱落或碰坏，漆面不应有脱落及划痕，各种标志应完整、清晰。

③ 机柜、机架、配线设备箱体、电缆桥架及线槽等设备的安装应牢固，如有抗震要求，应按抗震设计进行加固。

三、技能实训

实训 1　立式机柜的安装

1. 实训目的

① 通过立式机柜的安装，了解机柜的布置原则和安装方法及使用要求。

② 通过立式机柜的安装，掌握机柜门板的拆卸和重新安装。

2. 实训要求

① 准备实训工具，列出实训工具清单。

② 领取实训材料和工具。

③ 完成立式机柜的定位、地脚螺丝调整、门板的拆卸和重新安装。

3. 实训材料和工具

立式机柜、十字改锥、扳手、5m 卷尺等。

4. 实训步骤

见图 3-10。步骤 1. 将机柜底板翻转，装上滚轮和支脚（安装时用工具插入支脚圆孔中，以方便旋转；依次安装支脚；重复，至四个支脚安装完毕）；步骤 2. 安装底座；步骤 3. 装门框（注意前门和后门门框一定不能把上下搞反，也要注意前后的区别；步骤 4. 安装固定侧门门框用的横条；步骤 5. 安装加固竖条；步骤 6. 安装风扇和顶板，调节螺口位置，使风扇和顶板的螺口相吻合，拧紧螺丝；步骤 7. 最后安装侧门和前后门。完成机柜安装。应当说明的是目前上述机柜的安装过程已不在是必须要完成的工序，通常是购买成品机柜。

步骤 1

步骤 2

步骤 3

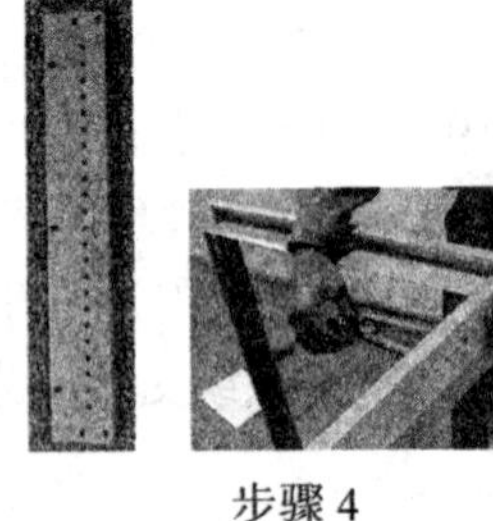

步骤 4

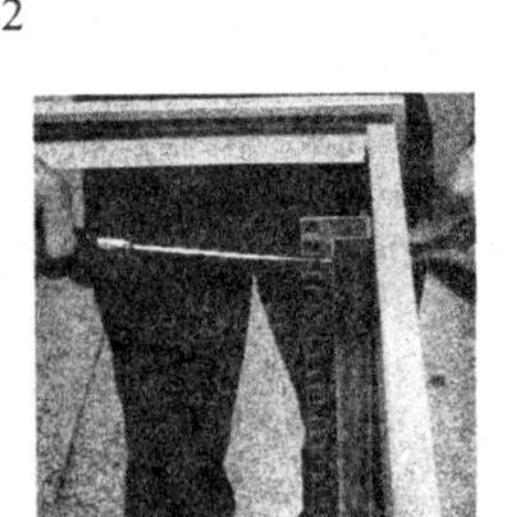

步骤 5

步骤 6

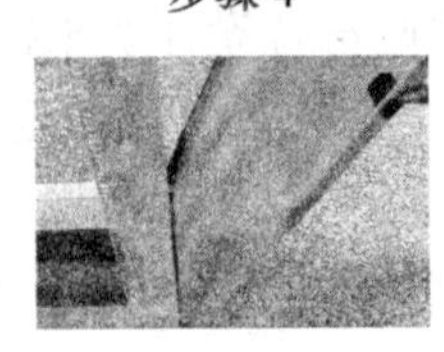
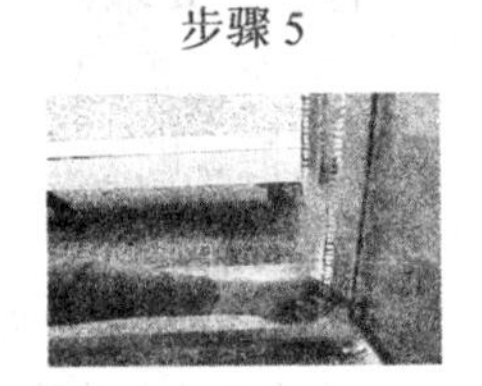

步骤 7

图 3-10　机柜安装步骤示意图

① 准备实训工具，列出实训工具清单。

② 领取实训材料和工具。

③ 测量管理间或设备间实际大小。

④ 确定立式机柜安装位置。立式机柜在管理间、设备间或机房的布置必须考虑远离配电箱，四周保证有0.8m以上的通道和检修空间。请准备机柜安装设计位置图，并且绘制图纸。

⑤ 准备好需要安装的设备：立式网络机柜，将机柜就位，然后将机柜底部的定位螺栓向下旋转，将4个万向轮悬空，保证机柜不能转动。

⑥ 安装完毕后，学习机柜门板的拆卸和重新安装。

5. 实训报告要求

① 画出立式机柜安装位置布局示意图。

② 分步陈述实训程序或步骤以及安装注意事项。

③ 写出实训体会和操作技巧。

实训2　壁挂式机拒的安装

1. 实训目的

① 通过常用壁挂式机柜的安装，了解机柜的布置原则和安装方法及使用要求。

② 通过壁挂式机柜的安装，熟悉常用壁挂式机柜的规格和性能。

2. 实训要求

① 准备实训工具，列出实训工具清单。

② 独立领取实训材料和工具。

③ 完成壁挂式机柜的定位。

④ 完成壁挂式机柜墙面固定安装。

3. 实训材料和工具

壁挂式机柜、膨胀螺栓（用于固定壁挂式机柜）、冲击钻、人字梯、安全帽等。

4. 实训步骤

① 领取实训材料和工具。

② 确定壁挂式机柜安装位置。壁挂式机柜一般安装在墙面，必须避开电源线路，高度在1.8m以上。安装前，现场用纸板比对机柜上的安装孔，做一个样板，按照样板孔的位置在墙面开孔，安装膨胀螺栓。

③ 安装壁挂式网络机柜，螺丝固定牢固。引入电源。

④ 安装完毕后，做好设备编号，并清理现场。

5. 实训报告要求

① 画出壁挂式机柜安装位置布局示意图。

② 写出常用壁挂式机柜的规格。

③ 分步陈述实训程序或步骤以及安装注意事项。

④ 实训体会和操作技巧。

编号和标记

管理子系统是综合布线系统的线路管理区域，该区域往往安装了大量的线缆、管理器件及跳线，为了方便以后线路的管理工作，管理子系统的线缆、管理器件及跳线都必须做好标记，以标明位置、用途等信息。

完整的标记应包含以下的信息：建筑物名称、位置、区号、起始点和功能。综合布线系统一般常用电缆标记、场标记和插入标记。

（1）电缆标记。电缆标记主要用来标明电缆来源和去处，在电缆连接设备前电缆的起始端和终端都应做好电缆标记。电缆标记由背面为不干胶的白色材料制成，可以直接贴到各种电缆表面上，其规格尺寸和形状根据需要而定。

机柜中对主干光缆、大对数电缆要进行挂牌标识或用旗标的方式进行标识。在标识上标明主干线缆的路由、型号规格等，可以用标识牌的方式。

（2）场标记。又称为区域标记，一般用于设备间、配线间和二级交接间的管理器件之上，以区别管理器件连接线缆的区域范围。它也是由背面为不干胶的材料制成，可贴在设备醒目的平整表面上。

（3）插入标记。一般在管理器件上如 110 配线架等。它是将标示写在纸上并插入到 1.27cm ×20.32cm 的透明塑料夹里，这些塑料夹可安装在两个 110 接线块之间。用来指明所连接电缆的源发地。对于插入标记的色标，综合布线系统有较为统一标准规定，通过不同色标可以很好地区别各个区域的电缆，方便管理子系统的线路管理工作。

四、相关知识与技能

1. 综合布线系统理线

工程中的理线并不仅仅是为了美观，而是为了确保线缆传输质量。正确的理线应确保线缆走向合理，控制进线方向，控制线缆弯曲半径，防止线缆内部结构的破坏，使完成后的系统安装、维护和管理更为便捷和可靠。尤其是机柜中的缆线理线应慎重，需要一一对应的检查和整理。不要漏检和漏查，否则会对工程造成不可挽回的损失。

工程中的理线是对水平桥架中的缆线、垂直桥架中的缆线和机柜中的缆线进行理线。

（1）水平桥架中理线工序是从水平桥架最远信息点处开始理线，在最远信息点出口处开始对线缆进行绑扎。数据与语音线缆应分别绑扎，当数据或语音线缆达到 6 根时，则作为一组进行绑扎。

（2）垂直桥架中理线工序是将来自于水平桥架的线缆组（每组 6/12 根），按编码顺序，固定到垂直桥架中。对于强电缆线敷设应在另一桥架中。

（3）机柜中理线工序是当缆线进入机柜后，缆线在机柜中固定的前期工作。除线缆需要安装的长度外，应考虑今后线缆的维护，必须留有冗余。线缆冗余长度可参考如下：①语音水平双绞线、数据双绞线、视频线、控制线、有线电视线在机柜中的冗余线缆为 200～250cm，并盘在机柜底座中。②光缆、大对数双绞线在机柜中的冗余为 300～350cm，并盘在机柜底座中。

（4）线缆在机柜中固定。①数据双绞线：根据每组（6/12）双绞线编码顺序，按从下到上的方式将每组双绞线固定在机柜中。②语音水平双绞线：根据每组（6/12）双绞线编码顺序，按先后顺序，将相邻两组双绞线（共 24 根）形成一大组，按从下到上的方式将每大组双绞线固定在机柜中。③语音大对数双绞线：根据编码顺序，以 100 对为单位组成一大组，将每大组双绞线固定在机柜中。④其他缆线，可参照以上原理，具体情况具体处理。

2. 综合布线系统理线规范

（1）强电线缆与弱电线缆一般不能在同一桥架中敷设，如果在同一桥架中敷设，则必须采用分隔桥架：①弱电线缆为：数据双绞线、语音双绞线、光缆、大对数电缆、监控视频线、监控控制线及有线电视线缆等。②强电线缆为：监控电源线（220V）、设备电源线、广播线、监控拾音线。

（2）缆线在桥架中的理线应平直、不得产生扭绞、打圈等现象，不应受到外力的挤压和损伤。

（3）线缆弯曲度及绑扎度规范：

1）非屏蔽 4 对双绞线的弯曲半径应大于双绞线外径的 4 倍。

2）屏蔽 4 对双绞线的弯曲半径应大于双绞线外径的 6～10 倍。

3）光缆的弯曲半径应大于光缆外径的 10 倍。

4）线缆绑扎距离要均匀，绑扎松紧适度，如图 3-11 所示。

机柜中设备的跳线、标识名和接地

缆线理线与绑扎

设备间地板下缆线敷设示意

施工中的设备间

设备间缆线整理

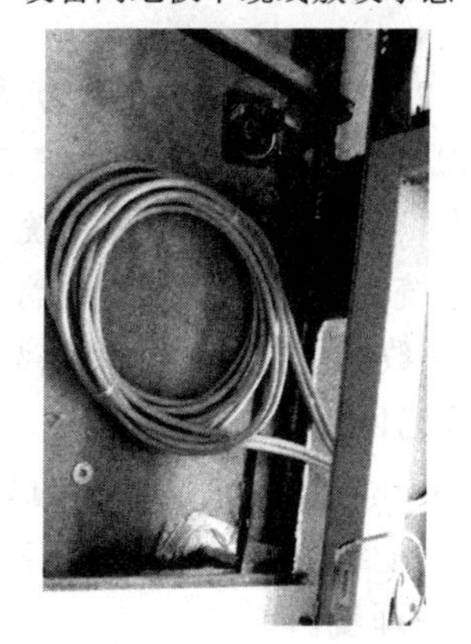

设备间地板下缆线盘线示意

图 3-11　缆线整理与绑扎

（4）桥架中理线。

1）水平线缆绑扎：如果水平桥架采用梯式桥架，则每组线缆每隔 1～1.5m 进行绑扎固定；如果水平桥架采用槽式桥架，则水平线缆可以不绑扎。

2）垂直线缆绑扎：垂直桥架中每组线缆应每隔 1～1.5m 绑扎在桥架中的线缆支架上。

（5）机柜中理线线缆在机柜中的绑扎应根据布线规范及具体情况进行。

（6）线缆分组方法。

1）综合布线系统。

- 数据双绞线：在桥架中，根据双绞线编码顺序按 6/12 根为一组。
- 语音双绞线：在桥架中，根据双绞线编码顺序按 6/12 根为一组。
- 数据光缆：根据光缆具体情况具体处理。
- 语音大对数：按编码顺序 25 对 2 根为一组、50 对 1 根为一组、100 对 1 根为一组。

2）有线电视系统。

由于有线电视入户线缆与主干线缆采用了分支器或分支器的连接，因此在桥架中的线缆为主干线缆，因此不存在分组问题。

3）监控系统。监控系统应将每个监控点的视频线、控制线、电源线、拾音线作为一组（另项目处理）。

4）广播系统。广播线不存在分组问题。

3. 数据配线架和理线器（环）的安装

作为综合布线系统的核心产品之一，起着传输数据信号、灵活转接、灵活分配以及综合统一管理的作用，是实现垂直干线和水平布线两个子系统交叉连接的枢纽。在机柜内部安装配线架前，首先要进行设备位置规划或按照图纸规定确定位置，统一考虑机柜内部的跳线架、配线架、理线器（环）、交换机等设备。同时考虑配线架与交换机之间跳线方便。数据配线架的正确安装，直接影响到综合布线系统使用的稳定性、可维护性。

（1）数据配线架安装规范。

① 超五类数据配线架端接标准：EIA/TIA568A、EIA/TIA568B。选用端接标准时，一定要按设计标准来选择。

② 双绞线线对进入 IDC 槽时，线对弯曲度>90°，并尽量保证每对线的绞距，不要将线对散开。

（2）数据配线架安装方法。

1）数据配线架在机柜中的安装方法。一般情况下数据配线架安装在 19"机柜中或开放式机架上。①对于大型布线系统，数据配线架与语音配线架分别安装在两个机柜中。②对于小型布线系统，数据配线架与语音配线架可安装在同一机柜中。

2）数据配线架在机柜安装位置。①配线架安装的起始位置一般高于最低安装位置 4U，这便于今后网络维护和扩展。②数据配线架位于语音配线架上部、网络设备下部。

3）在安装不带理线架的数据配线架时，必需预留 1U 高度安装理线架。

4）配线架应该安装在左右对应的孔中，水平误差不大于 2mm，更不允许左右孔错位安装。

5）理线。

6）端接打线。

7）做好标记，安装标签条。

（3）超五类双绞线与超五类数据配线架色标对应关系。

1）超五类数据配线架均提供两种打线标准的色标条（即 EIA/TIA568A 和 EIA/TIA568B）。使用人员根据具体需求选择色标条插入数据配线架的插入模块槽中。

2）超五类配线架每排 IDC 槽对应一根超五类双绞线。

3）超五类配线架的色标顺序为：蓝、橙、绿、棕。将超五类双绞线的 4 对线（蓝、橙、绿、棕）按对应超五类配线架的色标接入到 IDC 打线槽端接即可。

（4）模块式配线架端接步骤（见图 3-12）。

1）安装超五类数据配线架。在安装配线架时注意以下几个问题：①数据配线架的安装顺序为自下而上安装，在条件允许的情况下最好在机柜底部预留 4U 空间。②当有语音配线架时，数据配线架应安装在语音配线架的上部。如果条件允许，语音配线架与数据配线架间应留有 2U 以上的安装空间。

2）将插入模块从配线架中卸下是为了便于打线，每个 24 口数据配线架共有 4 组插入模块，每组插入模块支持 6 根 4 对对绞线接续。

3）将色标条插入到插入模块中。①超五类数据配线架端接有EIA/TIA568A（568B）两种标准。②在选用数据配线架的端接标准时一定要按照设计标准来执行。

4）将超五类双绞线从机柜中拉出。①在双绞线敷设进机柜时，已经经过理线，理线方法为：按双绞线编码顺序（如：n1、n2、…、n12），将双绞线按6根为1组共2组进行捆扎并固定到机柜左边立柱上。将第二大组（n13、n14、…、n24）双绞线固定到机柜右边立柱上。②将第一组按编码顺序分为两个小组，每小组6根双绞线（第一小组为：n1～n6；第二小组为：n7～n12），并进行初始捆扎。③将第二组（n13～n24）按编码顺序分为两个小组，每小组6根双绞线（第三小组为：n13～n18；第四小组为：n19～n24），并进行初始捆扎。④将每小组双绞线按顺序从机柜中拉出，并按顺序从数据配线架的6个插入模块孔中拉出，每小组双绞线拉出的长度约60～70cm。

5）制作双绞线割线标记。在离双绞线前端5.5～6cm处，用油性标记笔制作割线标记。

6）抄写双绞线编码。在离割线标记内侧10～20cm处将每根双绞线的编码重新抄写（或将标签打印机打印的标签贴在双绞线缆线上）。

模块配线架、模块和工具

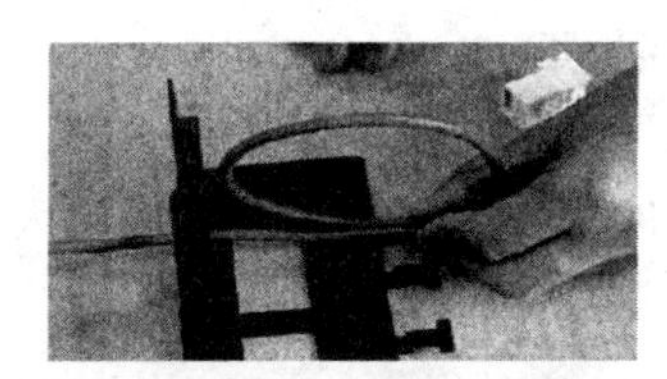
缆线进入配线架示意

缆线绑扎示意

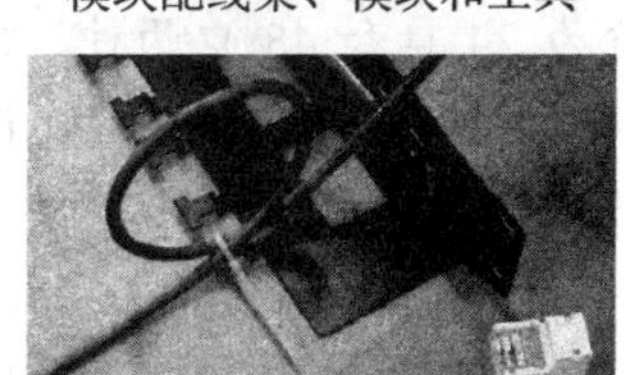
绑扎后的示意

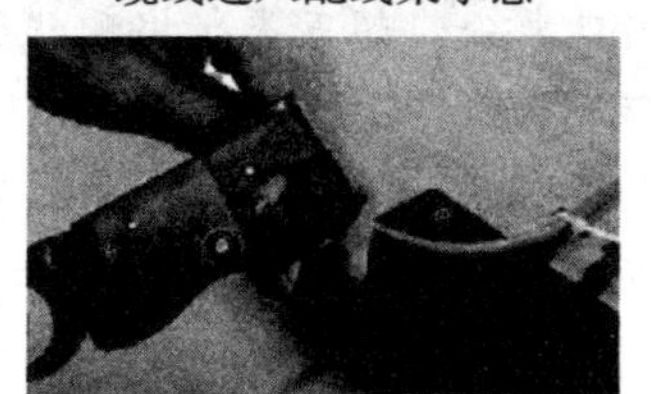
剥除缆线外护套

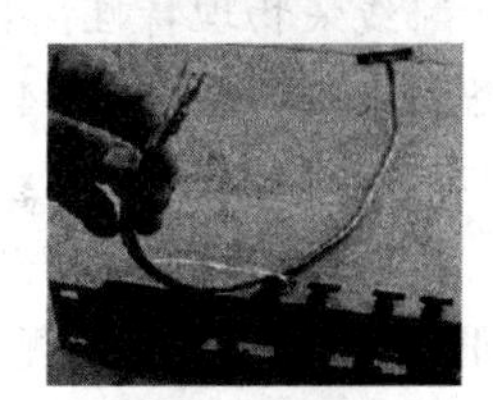
按线序分离线对

模块端接

将端接好的模块插入配线架

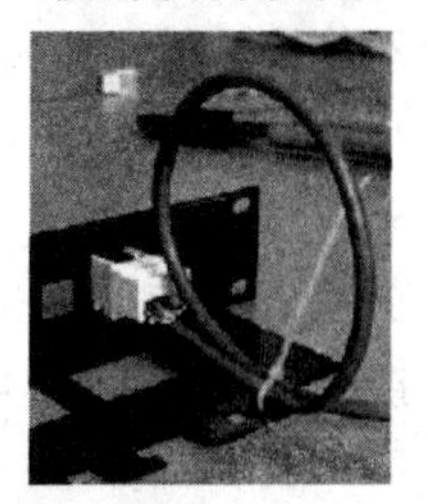
安装后的示意图

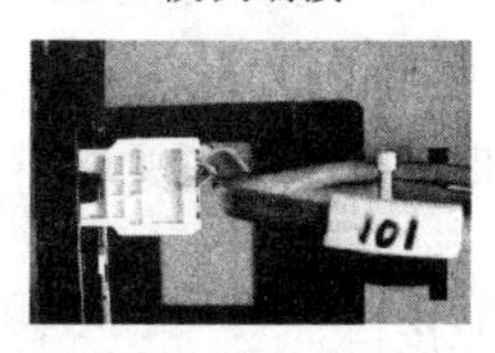

贴上标识名后的示意

模块数据配线架整理后的示意

图3-12 模块数据配线架的端接与整理

7）剥双绞线。用剥线刀将标记处双绞线外皮剥去，注意剥线时不要剥伤线对绝缘外皮。

8）将双绞线线对按线序拉入IDC打线槽，端接。完成模块接续，并插入模块接续。

9）将制作好的插入模块安装到配线架。数据配线架在机柜中理线。

10）最后，安装数据配线架标签。

六类数据配线架安装方式除双绞线线对进线方式与超五类配线架不同外，其他安装方式均相同。

配线架的种类和生产厂家各不相同，建议在操作时应先阅读配线架操作说明书。图 3-12 为普天缆线与普天数据配线架的端接。图 3-13 为施工后的示意图。

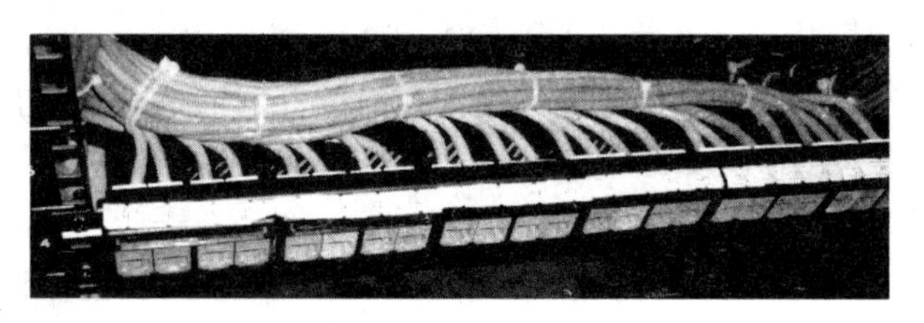

图 3-13 施工后的配线架与缆线端接

4. 理线器（环）的安装

理线器（环）的安装步骤如下。

① 取出理线器和所带的配件——螺丝包。

② 将理线器安装在机柜的立柱上。注意：在机柜内设备之间的安装距离至少留 1U 的空间，便于设备的散热。

小知识

配线架物理特性按数据端口来分：超五类数据配线架一般分为 24 口和 48 口两种，常用数据配线架一般采用 24 口；有的数据配线架带理线架，有的数据配线架不带理线架；无论是 24 口还是 48 口数据配线架宽度一般均为 19"（约 48cm）。

数据配线架高度一般如下：①带理线架的 24 口数据配线架高度为 2U（1U=44.45mm）；带理线架的 48 口数据配线架高度为 4U；不带理线架的 24 口数据配线架高度为 1U；不带理线架的 48 口数据配线架高度为 2U；在超五类数据配线架正面为 RJ45 插口和理线架，在背面为用于双绞线接续的 IDC 打线槽和线缆悬挂器；24 口超五类数据配线架的 24 个 RJ45 端口编码顺序（从左到右）为 1、2、3 …、23、24。

5. 交换机安装

交换机安装前首先检查产品外包装完整和开箱检查产品，收集和保存配套资料。一般包括交换机，2 个支架，4 个橡皮脚垫和 4 个螺钉，1 根电源线，1 个管理电缆，然后准备安装交换机，一般步骤如下：

① 从包装箱内取出交换机设备。

② 安装交换机的两个支架，安装时要注意支架方向。

③ 将交换机放到机柜中提前设计好的位置，用螺钉固定到机柜立柱上，力度适中，一般交换机上下要留有一些空间用于空气流通和设备散热。

④ 将交换机外壳接地，将电源线拿出来插在交换机后面的电源接口。

⑤ 完成上面几步操作后就可以打开交换机电源了，开启状态下查看交换机是否出现抖动现象，如果出现请检查脚垫高低或机柜上的固定螺丝松紧情况。

五、技能实训 2

实训 3　配线设备的安装与缆线端接

1. 实训目的

① 通过网络配线设备的安装和端接，学会网络机柜内布线设备的安装方法。

② 通过配线设备的安装，理解缆线的整理的含义。

③ 熟悉常用工具和配套基本材料的使用方法。

2. 实训要求

① 准备实训工具，列出实训工具清单。

② 完成网络配线架的安装和缆线端接工作。

③ 完成理线器（环）的安装和理线工作。

3. 实训材料和工具

机柜、配线架、理线器（环）、十字改锥、双绞线、打线钳等。

4. 实训步骤

① 设计一种机柜内安装设备布局示意图，并且绘制安装图。

② 按照设计图，领取实训器材和工具准备实训工具。

③ 确定机柜内需要安装设备和数量，合理安排配线架、理线环的位置，主要考虑级连与路由合理，施工和维修方便。

④ 准备好需要安装的设备，打开设备自带的螺丝包，在设计好的位置安装配线架、理线环等设备，注意保持设备平齐，螺丝固定牢固，并且做好设备编号和标记。

⑤ 安装完毕后，理线。

⑥ 端接。

5. 实训报告要求

① 画出机柜内安装设备布局示意图。

② 写出常用理线环和配线架的规格。

③ 分步陈述实训程序或步骤以及安装注意事项。

④ 写出实训体会和操作技巧。

六、相关知识与技能

设备间子系统用于安装电信设备、连接硬件、接头套管等，为接地和连接设施、保护装置提供控制环境，是系统进行管理、控制、维护的场所。见图 3-14。设备间子系统所在的空间还有对门窗、天花板、电源、照明、接地的要求。

1. 设备间配电要求

设备间供电由大楼市电提供电源进入设备间专用的配电柜。设备间应设置专用的 UPS 地板下插座。为了便于设备维护，在墙面上安装维修插座。插座配电柜除了满足设备间设备的供电以外并留出一定的余量，以备以后的扩容。

设备间供电电源要求：①频率：50Hz。②电压：220/380V。③应采用三相五线制或三相四线制或单相三线制供电。根据设备间内设备的使用要求，设备要求的供电方式分为 3 类：①需要建立不间断供电系统。②需建立带备用的供电系统。③按一般用途供电考虑。

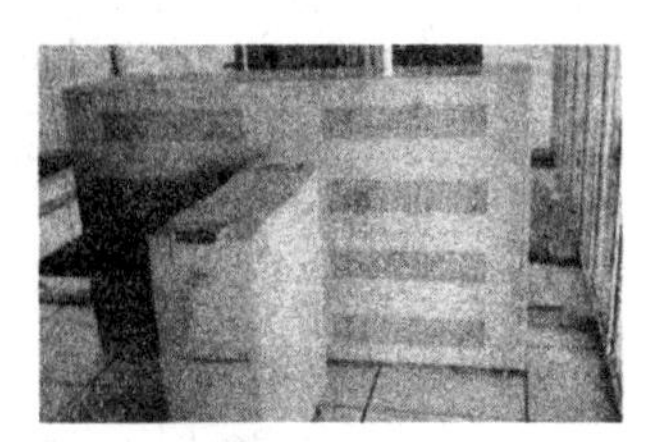
设备间的电源

地板下的屏蔽措施示意

机柜接地示意

机柜中设备接地示意

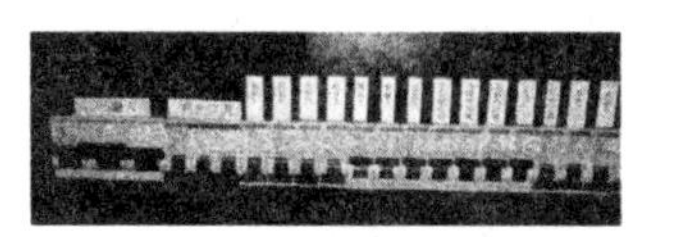
机柜中的避雷设备

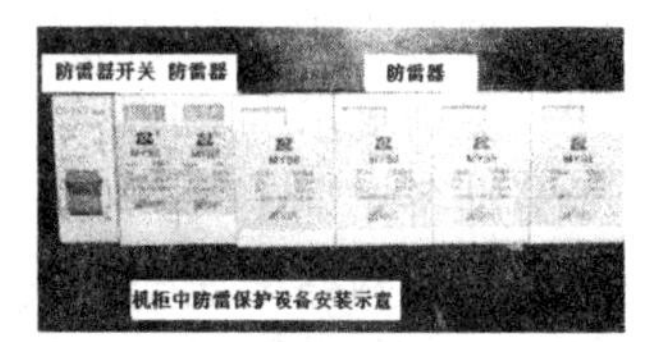

避雷设备安装示意

图 3-14　施工中的设备间

2. 设备间的安全

设备间的安全分为 A、B、C 共 3 个类别。A 类：对设备间的安全有严格的要求，设备间有完善的安全措施。B 类：对设备间的安全有较严格的要求，设备间有较完善的安全措施。C 类：对设备间的安全有基本的要求，设备间有基本的安全措施。根据设备间的要求，设备间安全可按某一类执行，也可按某些类综合执行。如某设备间按照安全要求可选防电磁干扰 A 类，火灾报警及消防设施为 B 类。

3. 设备间结构防火

为了保证设备使用安全，设备间应安装相应的消防系统，配备防火防盗门。安全级别为 A 类的设备间，其耐火等级必须符合 GB50045-1995《高层民用建筑设计防火规范》中规定的一级耐火等级。安全级别为 B 类的设备间，其耐火等级必须符合 GB50045-1995《高层民用建筑设计防火规范》中规定的二级耐火等级。安全级别为 C 类的设备间，其耐火等级要求应符合 GBJ16-1987《建筑设计防火规范》中规定的二级耐火等级。与 C 类设备间相关的其余基本工作房间及辅助房间，其建筑物的耐火等级不应低于 TJ16 中规定的三级耐火等级。与 A、B 类安全设备间相关的其余基本工作房间及辅助房间，其建筑物的耐火等级不应低于 TJ16 中规定的二级耐火等级。

4. 设备间火灾报警及灭火设施

安全级别为 A、B 类设备间内应设置火灾报警装置。在机房内、基本工作房间、活动地板下、吊顶上方及易燃物附近都应设置烟感和温感探测器。A 类设备间内设置二氧化碳自动灭火系统，并备有手提式二氧化碳灭火器。B 类设备间内在条件许可的情况下，应设置二氧化碳自动灭火系统，并备有手提式二氧化碳灭火器。C 类设备间内应备有手提式二氧化碳灭火器。A、B、C 类设备间除介质等易燃物质外，禁止使用水、干粉或泡沫等易产生二次破坏的灭火器。

5. 设备间接地要求：见设计项目

6. 建筑物与进线间施工

建筑群的缆线进入建筑物时应有相应的过流、过压保护设施，电缆和光缆的金属护套或金属件应在入口附近与等电位接地端子板连接。当缆线从建筑物外面进入建筑物时，应选用适配的信号线路浪涌保护器，信号线路浪涌保护器应符合设计要求。

进线间入口管道处理。进线间入口管道所有布放缆线和空闲的管孔应采取防火材料封堵，做好防水处理。

建筑物子系统的布线距离主要通过两栋建筑物之间的距离来确定。一般在每个室外接线井里预留 1m 的线缆。建筑群子系统的线缆布设方式有：架空布线法、直埋布线法、地下管道布线法和隧道内电缆布线等 4 种方法。

架空布线法。通常应用于有现成电杆，对电缆的走线方式无特殊要求的场合。这种布线方式造价较低，但影响环境美观且安全性和灵活性不足。架空布线法要求用电杆将线缆在建筑物之间悬空架设，一般先架设钢丝绳，然后在钢丝绳上挂放线缆。架空布线使用的主要材料和配件有：缆线、钢缆、固定螺栓、固定拉攀、预留架、U 形卡、挂钩、标志管等，在架设时需要使用滑车、安全带等辅助工具。架空线敷设的一般步骤：①电杆以 30～50m 的间隔距离为宜。②根据线缆的质量选择钢丝绳，一般选 8 芯钢丝绳。③接好钢丝绳。④架设缆线。⑤每隔 0.5m 架一个挂钩。

直埋布线法。是根据选定的布线路由在地面上挖沟，然后将线缆直接埋在沟内。直埋布线的电缆除了穿过基础墙的那部分电缆有管保护外，电缆的其余部分直埋于地下，没有保护。直埋电缆通常应埋在距地面 0.6m 以下的地方，或按照当地城建等部门的有关法规去施工。当建筑群子系统采用直埋沟内敷设时，如果在同一个沟内埋入了其他的图像、监控电缆，应设立明显的共用标志。直埋布线法的路由选择受到土质、公用设施、天然障碍物等因素的影响。直埋布线法具有较好的经济性和安全性，总体优于架空布线法，但更换和维护电缆不方便且成本较高。

地下管道布线法.是一种由管道和人孔（或手孔）组成的地下系统，它将建筑群的各个建筑物进行互连。通常由 1 根或多根管道通过基础墙进入建筑物内部的结构。地下管道对电缆起到很好的保护作用，因此电缆受损坏的机会减少，且不会影响建筑物的外观及内部结构。管道埋设的深度一般在 0.8～1.2m。或符合当地城建等部门有关法规规定的深度。为了方便线缆的管理，地下管道应间隔 50～180m 设立一个接合井，以方便人员维护。接合井可以是预制的，也可以是现场浇筑的。安装时至少应预留 1～2 个备用管孔，以供备用。

隧道内电缆布线。在建筑物之间通常有地下通道，大多是供暖供水的设施，利用这些通道来敷设电缆不仅成本低，而且可以利用原有的安全设施。如考虑到暖气泄漏等条件，电缆安装时应与供气、供水、供电的管道保持一定的距离，安装在尽可能高的地方，可根据民用建筑设施的有关标准进行施工。

工程经验

① 模块和面板安装时间。在工作区子系统模块、面板安装后，遇到过破坏和丢失的情况，纠其原因是在建筑土建还没有进行室内粉刷就先将模块、面板安装到位了，土建在粉刷的时候有将面板破坏或取走的。所以在安装模块和面板时一定要等土建将建筑物内部墙面进行粉刷结束后，安排施工人员到现场进行信息模块的安装。

② 准备长螺丝。安装面板的时候，由于土建工程中埋设底盒的深度不一致，面板上配带的螺丝长度有时就太短了，需要另外购买一些长一点的（如长 50mm）螺丝备用。

③ 在绑扎缆线的时候特别注意的是应该按照楼层进行分组绑扎。

④ 标签。以前在安装模块和面板时，有时就忽略了在面板上做标签，给以后开通网络造成麻烦，所以在完成信息插座安装后，在面板上一定要进行标签标识，内外必须一致，便于以后的开通使用和维护。

⑤ 购买面板和 RJ45 模块时应关注生产厂家的模块与相应的面板是否兼容问题。

任务六　语音系统和家庭多媒体配线系统

一、任务目标与要求

- 知识目标：了解电话系统的常见接入方式。熟知 EPON、ONU 的含义。
- 能力目标：熟知常见智能家居的主要施工技术。熟知家庭多媒体配线箱等产品及其技术指标。学习 PABX 设备的基本使用方法和管理方法。

二、相关知识与技能

电话系统是智能建筑中最早应用的通信系统，它和计算机通信系统一样，需要通信电缆将系统信号传递给系统用户或设备。

1. 电话系统的几个基本知识点

（1）电话常见的接入方式有：

1）直接接入市话的方式，适用于电话用户数少的建筑物。

2）由市话接入小交换机，适用对象为办公写字楼型中、小商贸企业；

3）采用小型用户程控交换机的管理方式（集团电话），适用于新建的智能建筑电话系统。

（2）小型用户程控交换机（本项目中以下简称 PABX）接入公用电话交换网常用的外线种类：

1）普通外线。电话局普通线。

2）普通中继线。与普通局用线相同，但可自动联选。

3）ISDN 线路。一线通（ISDN）线路。

4）E&M 专线。各地电话系统联网专线。

5）一号通。使用电话局普通用线，可以将若干条线路绑定在一起，实现自动联选，形成普通中继线的功能。

小型用户程控交换机可采用的技术有 PABX 技术、VoIP 技术和 CTI 技术。PABX 是当前构建智能化建筑内电话网的主流技术。VoIP 是利用计算机网络进行语音（电话）通信的技术，是一种有广阔前景的数字化语音传输技术。CTI 技术有十分广泛的应用：呼叫中心、报警中心、求助中心、自动语音应答系统、自动语音信箱、自动语音识别系统、故障服务、声讯台等。

（3）中继方式。PABX 与局端之间的连接电路也叫“中继电路”。PABX 与局端电话交换机之间中继电路的连接方式简称“中继方式”。中继方式一般分为四种。

1）人工中继方式。在人工中继方式下，PABX 用户呼叫公用网用户，称为“呼出”；公用网用户呼叫 PABX 用户，称为“呼入”，两者都要经过话务台，当 PABX 呼入/呼出话务量不很大时，可采用这种中继方式。

2）半自动中继方式。在这种方式下，PABX 的分机用户呼叫市话局外线用户时，可自动拨号，外线用户呼入本 PABX 的分机用户时，则呼入首先接到话务台，再由话务员转接到分机用户。目前，我国多数采用这种中继方式，优点是节省号码资源，缺点是对长途自动化和计费不利。

3）全自动中继方式。在这种方式下，用户交换机没有话务台，用户交换机的呼出和呼入是全自动的，不需经话务员人工转接。外线用户拨入用户交换机的分机用户时，拨市话网同等位数的号码，而且直接自动拨入。呼出时有两种方式，第一种是分机用户摘机后，可直接拨号，只要听用户交换机一次拨号音就够了；第二种是分机用户首先拨“0”或“9”，接通端局听到二次拨号音后再开始拨号。全自动中继方式有利于长途自动化和自动计费。

4）混合中继方式。是指呼入时，有自动呼入和人工呼入两种，这种方式适用于容量较大的用户交换机，部分分机用户与公用网联系较多，宜采用直接拨入方式；另一部分分机用户与公用网联系较少，没有必要采用直接拨入方式，可以采用经话务台转接的方式。现在的智能建筑中，特别是出租型写字楼一般都采用这种中继方式。

（4）中继电路的数量确定原则。PABX 和公用网之间的话路数就是中继电路的数量。实际上，同一时刻所有分机用户是不可能与公用网上的用户通话的，同一时刻只会有一部分分机用户与公用网上的用户通话。中继电路太多，将会造成浪费；中继电路数量太少，有可能造成分机用户打不出或外部用户打不进的现象。出现用户打不出或外部用户打不进的情况称为“呼损”，也就是呼叫失败。另一个概念就是“呼损率”，即呼叫失败次数与总的呼叫次数的百分比。

在确定中继电路数量时，既要考虑减少呼损率，又要考虑提高电路的利用率，一般分机用户呼出的呼损率应小于 1%，公用网呼入的呼损率应小于 0.5%。

一台 PABX 根据其分机用户的数量，就能够确定中继电路的数量。

（5）中继线联号。中继线是指进入交换机的外线，而中继线联号是指将若干中继线捆绑成一个号码，这个号码称为“引示号”，对外只要公布这个引示号，对方只要拨打此号码，就可以按次序遇忙自动转移到其他几个号码上。

以 X 公司为例：X 公司向电信局申请并得到了中继线联号共 12 条中继线进交换机，号码为：51122222～51122233，电话局将这 12 条中继线分配如下：

- 引示号：51122222（通常为最好的号码）共 1 条；
- 双向号码：51122223～51122227（既可打进，亦可打出）共 5 条；
- 单进号码：51122228～51122230（只可打进）共 3 条；
- 单出号码：51122231～51122233（只可打出）共 3 条。

这样配置以后，X 公司外线电话号码就是 51122222，同时有 9 个人可以打进，也同时有 9 个人可以打出。如果不做中继线联号，当有人打电话给 X 公司的时候，如果听到忙音，还要打下一个电话号码，很不方便。

2. 小型用户程控交换机基本结构

小型用户程控交换机具有以下几个基本功能：①分机用户之间的通话。分机用户之间只要拨分机用户的小号码就可以叫通对方。②分机用户呼叫公用网用户。根据中继方式的不同，分机用户呼出的方式也有区别。③公用网用户呼叫分机用户。公用网用户呼入形式有转接拨入和通过话务台拨入两种。④将专用 IP 拨号器集成在程控电话交换机中，具有方便智能 IP 自动拨号方式。⑤适合中国电信的 17909 和中国联通的 193 业务等。

图 3-15 所示是小型用户程控交换机的系统拓扑图。显然小型用户程控交换机硬件就可划分为以下几个基本部分：①用户接口；②中继接口；③话路接续；④接续控制；⑤话务台。随着用户数字程控交换机的发展和功能的增强，还会增加一些其他硬件部分。

用户接口是连接分机用户的接口，所有的分机都通过用户线连到用户接口上。中继接口负责连接中继电路，它是用户交换机与公用电话网的电路接口。话路接续的作用是完成话路接续，包括分机与分机之间的通话话路、分机与公用网用户之间的通话话路、分机与话务台之间的通话话路以及公用网用户与话务台之间的通话话路等，它随着打电话的用户变化而变化。接续控制是整个交换机的控制中心，它主要是控制话路接续的动作。智能话务台用来提供用户交换机的各项话务员服务功能。

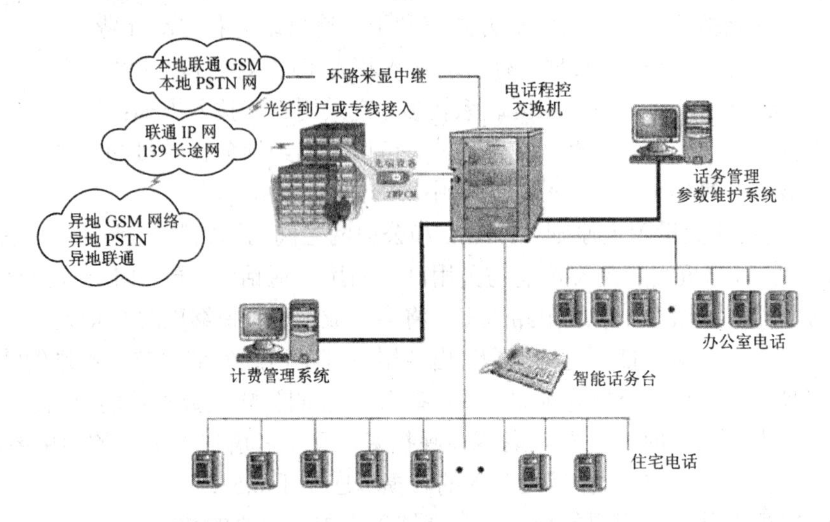

图 3-15 小型用户程控交换机的系统拓扑图

小型用户程控交换机适用于机关、团体、宾馆、中小企业等单位的内部用户，用户数量不会很大，但内部话务量相对较多的场合。相对公用网上的大型交换机而言，小型用户程控交换机具有如下特点：①中继电路利用率高。中继电路数量小于分机用户数量，多个分机用户使用同一条中继电路，起到了话务集中的作用，提高了中继电路的利用率。②可以为内部用户提供各种特殊功能。③话务台功能。利用话务员可以为内部和外部用户提供各种服务。④内部用户编号灵活。

3. 安装小型用户程控交换机的注意事项

小型用户程控交换机指一个用户装设的、并通过中继线经公用电话网交换机与市内其他用户通话的交换设备。要求用户从登记安装用户交换机开始，直至日常维护管理工作，都必须严格遵照原邮电部颁发的《用户交换机管理办法》和市话局的要求办理，以保证全程全网通信的畅通。用户集团电话也按照用户交换机的规定管理。

用户在需要安装用户交换机时，应注意掌握以下几点：

① 在安装之前首先要确定需要多少外线、多少分机；外线是否采用 ISDN 接入方式，是否申请中继线服务；将来是否扩容；电话系统需要用户交换机实现哪些功能，如是否需要 IP 电话功能，分机是否要实现等级限拨等。

② 需要安装用户交换机的用户，应向市话局提出书面要求，说明准备安装交换设备的程式、容量、中继方式、电源及附属设备、所需中继线对数以及使用和管理等有关情况。经市话局审查同意，双方签订协议，方可办理安装。

③ 安装的设备必须是经过鉴定的合格产品。用户申请安装的用户交换机设备（包括交换机、电话机、电源、线路设备等）必须是经有关部门鉴定，符合国家、通信行业标准及有关规定，并经信息产业部审查批准，具有信息产业部颁发的进网许可证的定型产品，否则不得接入市话网使用。

④ 安装工程的检验。用户交换机安装竣工后，要经过市内电话局检验合格后，才能进网使用。

⑤ 用户交换机中继线的配发。用户交换机与市内电话局的中继方式和中继线号码，由市内电话局核定和配发。中继线的数量应以确保规定的市话中继呼损标准原则，由市话局根据实际需要核定。中继线对数不得少于市话局核定的最低数量，否则不得接入市话网。

⑥ 用户交换机的使用范围。用户交换机只能供本单位内部使用，不能给外单位或个人装设分机。未经市内电话局批准同意，用户交换机单位自行给外单位装设分机的，市内电话局有权责成用户交换机单位限期拆除。逾期不拆的，市内电话局将采取有关措施。

4. 电话系统安装环境和安装原则

智能建筑中电话系统安装包括用户交换机的安装和电话线布线系统的安装。用户交换机安装在电话交换机房（综合布线系统中的设备间，根据情况可与计算机房合二为一），电话布线系统包括从电话局来的外线布线和连接分机用户的内线布线。内、外电话布线进入电话交换机房后，端接到电话配线架，再用跳线连接到电话交换机。电话布线系统设计、施工和验收等均要求符合综合布线系统的设计和验收规范。

外线包括电话中继线和直拨线，它由电话局组织施工，一般由建筑物的地下层进入，再通过弱电垂井引入电话交换机房，内线布线纳入建筑物的综合布线系统。电话交换机房要避免安装在阳光直射、太冷太热或潮湿的地方（温度范围：15℃～30℃，湿度范围：40%～60%）；要避免安装在经常震动、灰尘多或会接触水、油的地方；要避免接近高频机器或电子焊接器及收音机或手机天线（包括短波）；还要求机房有弱电专用地线系统，对地阻抗必须≤3Ω；机房最好安装防静电地板。用户程控交换机周围空间不要太拥挤，以利于散热。配线架一般应放置于交换机的右侧，因为所有电缆线的出口都在交换机的右侧。配线架上若有某一排连接有室外架空的电缆线，则必须安装避雷子，配线必须与主机一起接地，否则，即使安装避雷子也等于白装，因为它对地并没有形成回路。地线不许与水管、钢筋等建筑“地”连为一体。

5. 智能家居的基础系统——布线系统

智能家居可实现：①组建家庭视频网络。您可用一台录像机（VCD/DVD/电脑）播放节目使多个电视机收看，您可以将宽带网络上的电影传送到电视机上收看。②组建家庭音频网络。您可以将音响信号送至各个房间收听，也可以将电脑或网络上的 MP3 音乐送到音响上播放，您还可以组建家庭内的整体音响系统或背景音乐系统。③组建家庭网络系统。对多台电脑可以共用一条宽带线路上网以节省费用，实现各电脑间的资源共享、联网游戏等功能。④组建家庭控制网络。您可以通过网络来控制智能化家电（如空调、冰箱、微波炉、洗衣机、热水器）的各种动作，也可以控制其他智能设备（如窗帘、门锁、灯光等）。⑤组建家庭的监控网络。您可以通过家庭监控设备，对家庭安全进行监视和控制，您甚至可以在办公室通过互联网看到家中的图像和与家中的人员进行对话。以上并未能列举出全部的应用类型。随着“铜退光进”的深入推进和物联智能网络时代的到来，更多的服务和想象中的情景都将得到实现。

现阶段，智能家居系统中被大众接受程度最高的无疑还是安防系统。该系统包括报警系统、视频监控和可视对讲等。这部分内容将在安防监控项目中详细介绍。

6. 目前应用于智能家居的技术

（1）集中布线技术：需要重新额外布设弱电控制线来实现对家电或灯光的控制，以前主要应用于楼宇智能化控制，因为重新布线，所以信号最稳定，比较适合于楼宇和小区智能化等大区域范围的控制，现多应用于别墅智能化，但一般设置安装比较复杂，造价较高，工期较长，只适用新装修用户。

（2）无线射频（HomeRF）技术：无需重新布线，利用点对点的射频技术，实现对家电和灯光的控制，安装设置都比较方便，主要应用于实现对某些特定电器或灯光的控制，但系统功能比较弱，控制方式比较单一，且易受周围无线设备环境及阻碍物干扰；适用于新装修户和已装修户。

（3）电力载波。无需重新布线，主要利用家庭内部现有的电力线传输控制信号从而实现对家电和灯光的控制和管理，安装设置比较简单，很多设备都是即插即用，可以随意按需选配产品，而且可以不断智能化升级，功能相对比较强大而且实用，价格适中，比较适合大众化消费，技术非常成熟，适用于新装修户和已装修户，是比较健康、安全、环保的智能家居技术。

（4）光纤接入。目前市场上主要有 GPON、EPON 和 P2P 等光接入技术的 FTTH 信息箱（FTTH 宽带入网配套家庭有源信息箱），根据 FTTH 的接入网建设要求及各类生产标准，满足用户在住宅内壁嵌式安装光接入网的用户终端设备，FTTH 信息箱应具有接地、断路保护及漏电短路保护装置，可安装在用户住宅内的客厅、书房等室内环境下。箱体内具有 ONU 设备仓、各类弱电信息布线的端接、汇聚、配线以及设备供电。由于光纤施工的特殊性，箱体内还具备施工平台，安装支架采用翻转结构方式，翻转 90 度后可形成一个工作平台以方便安装调试，熔接、压接、端接等工艺。用户可根据需求安装标准外形尺寸的模块化配线与网络设备，灵活增减、安装便捷、无须反复施工。

三、产品展示

语音系统中的部分设备和器材见图 3-16，根据所列产品，到相关厂家网站上收集资料，进行对比，并写出报告。

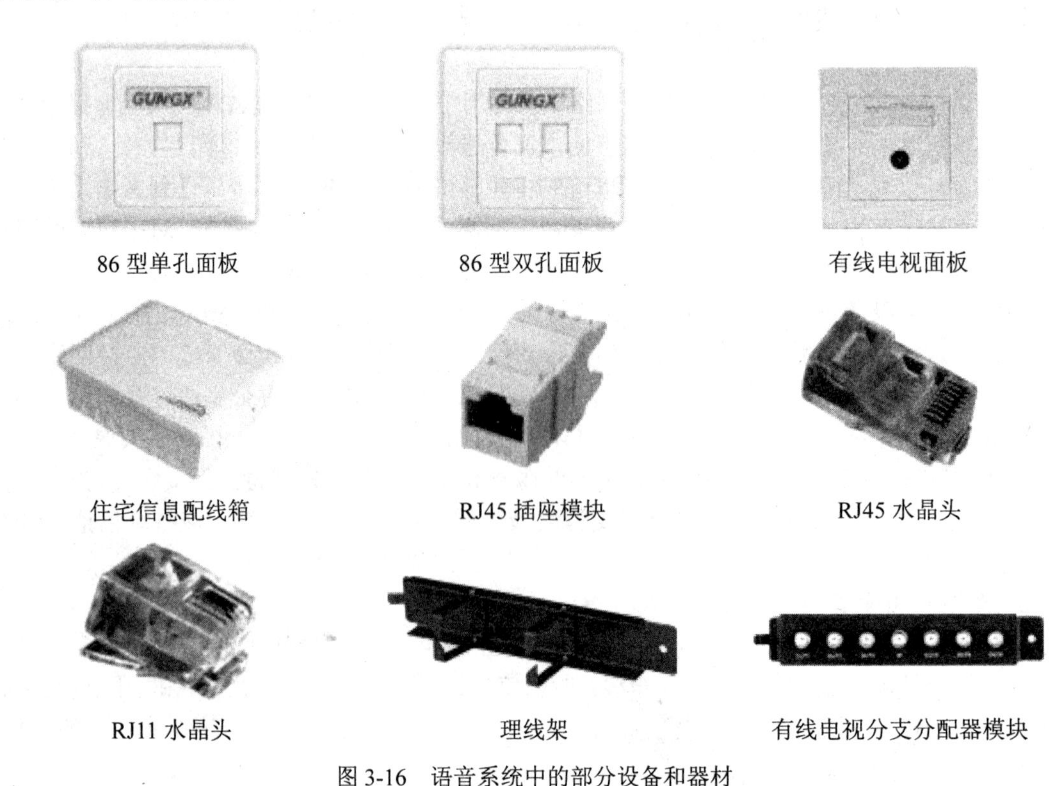

图 3-16 语音系统中的部分设备和器材

5 口交换机模块

数据/语音模块

音视频模块

ONU 设备（前面板）

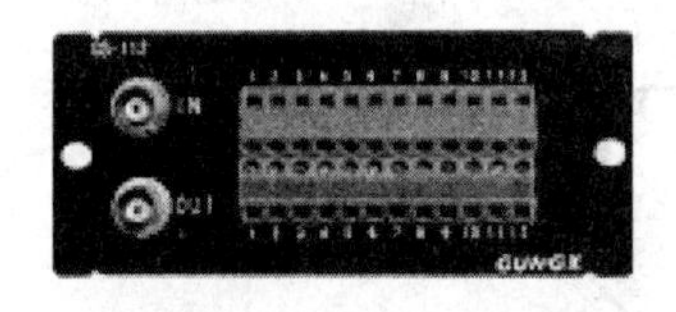

弱电监控/安防模块

安防监控模块

局端语音系统配线架的施工图

图 3-16　语音系统中的部分设备和器材（续图）

四、技能实训　电话子系统的施工与调试实训

1. 设备和器材与施工工具

PBX；机柜；RJ45 水晶头；110 配线架；大对数电缆；5 对接线排；4 对接线排；跳线；桥架；Cat5e 双绞线；线槽；PVC 线管及附件；家庭多媒体配线箱；语音模块；86 型面板；面板模块 Cat5e；RJ11 水晶头；电话机；底盒；扎带；实训工作台；穿线钢丝；标签；模块打线工具；110 配线架打线工具；剪刀；一字螺丝刀；十字螺丝刀；木梯；安全帽；劳保工具等。

2. 给出系统连接图和主机后视接口功能图（如图 3-17 和图 3-18 所示）

3. 实训主要工序及要求（施工中要严格遵守安全规程；施工中要求按验收规范操作）

- 阅读 PBX 程控交换机产品说明书；阅读家庭多媒体配线箱安装及使用说明书；阅读语音模块安装使用说明书；
- 完成 PBX 程控交换机的安装；
- 完成大对数电缆的敷设；

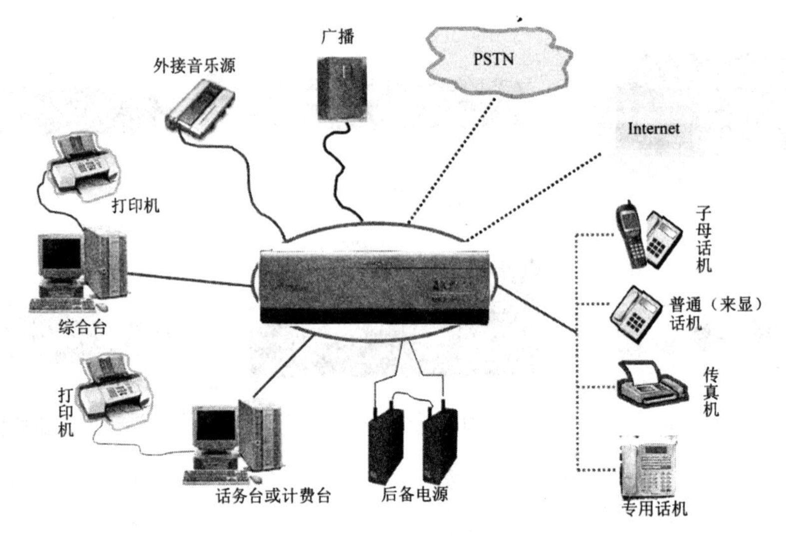

图 3-17　系统连接图

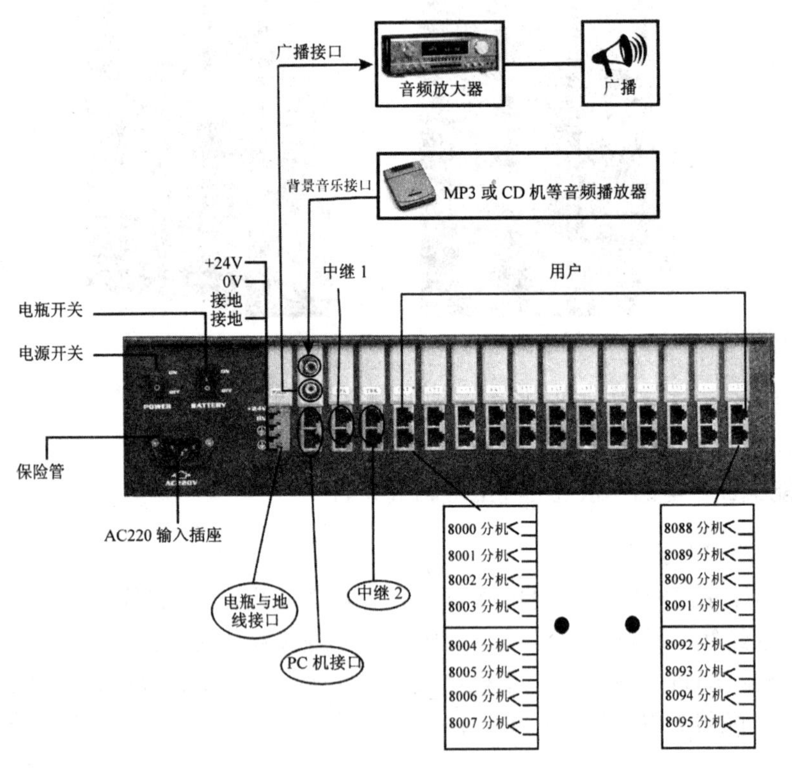

图 3-18　主机后视接口功能图

- 完成大对数电缆在机柜中的端接；
- 按施工标准完成水平链路的施工；
- 制作工作区跳线；
- 根据实际（用户）要求为每个工作区电话分配电话号码，完成各机柜中的跳线，使各个工作区（可看为办公室等地点）的电话互相通讯。

4. 实训中的故障与排除

- 列出施工中存在的问题进行

- 分析问题产生的原因
- 你是如何解决施工中存在的问题

5. 画出拓扑图、施工图

- 从 BD 至 FD 到工作区；
- 从 CD 至 BD 至 FD 到工作区。

6. 写出实训报告

任务七　认识有线电视系统

一、任务目标与要求

- 知识目标：熟知有线电视的几种基本结构。熟知有线电视系统的常见设备。
- 能力目标：通过实训学会对有线电视系统的常见的基本故障的排除方法。

二、相关知识与技能

在 20 世纪 50 年代初期，人们为了克服由于高频电视信号在传播过程中受到视距范围内的气候、环境和地貌等各种因素的影响造成有可能收不到信号，或即使收到信号也会使接收到的图像产生扭曲、丢色或重影，使接收效果变差等缺点，采取在接收条件不好的地方架设高增益接收天线接收高频电视信号，再经放大器对信号放大后，通过电缆分配到楼内或附近的电视接收机的输入端口，这就是早期共用天线电视系统的雏形，简称 CATV 系统。

1. 有线电视系统的结构和基本组成

有线电视系统的结构如图 3-19 所示，通常由前端系统、干线传输系统和用户分配网络等 3 个部分组成。

① 前端系统。通常指信号源与传输系统之间的设备，包含带通滤波器、伴音调制器、频率变换器、频道放大器、卫星接收机、信号均衡器、功分器、导频信号发生器、调制解调器、系统监视器等。

② 干线传输系统。担负将前端处理过的信号长距离传送至用户分配网络的任务。主要由各干线放大器和主干电缆组成，如需双向传输节目时，则采用双向传输干线放大器和分配器。当系统的规模较大时，可采用光缆做主干传输。

③ 用户分配网络。由传输线路（同轴电缆 75Ω）、分配器、分支器和线路延长器等部件组成。通过室内引入与用户终端设备相连。

2. 系统的基本模式

有线电视系统有无干线系统、独立前端系统、有中心前端系统和有远地前端的系统四种基本模式。

① 无干线系统模式很小，不需传输干线由前端直接引至用户分配网络。

② 独立前端系统模式是典型的电缆传输分配系统，由前端、干线、支线及用户网络组成。

③ 有中心前端系统模式规模较大，除具有本地前端外，还应在各分散的覆盖地域中心处设置中心前端，本地前端至各中心前端可用干线或超干线相连，各中心前端再通过干线连至支线和用户分配网络。

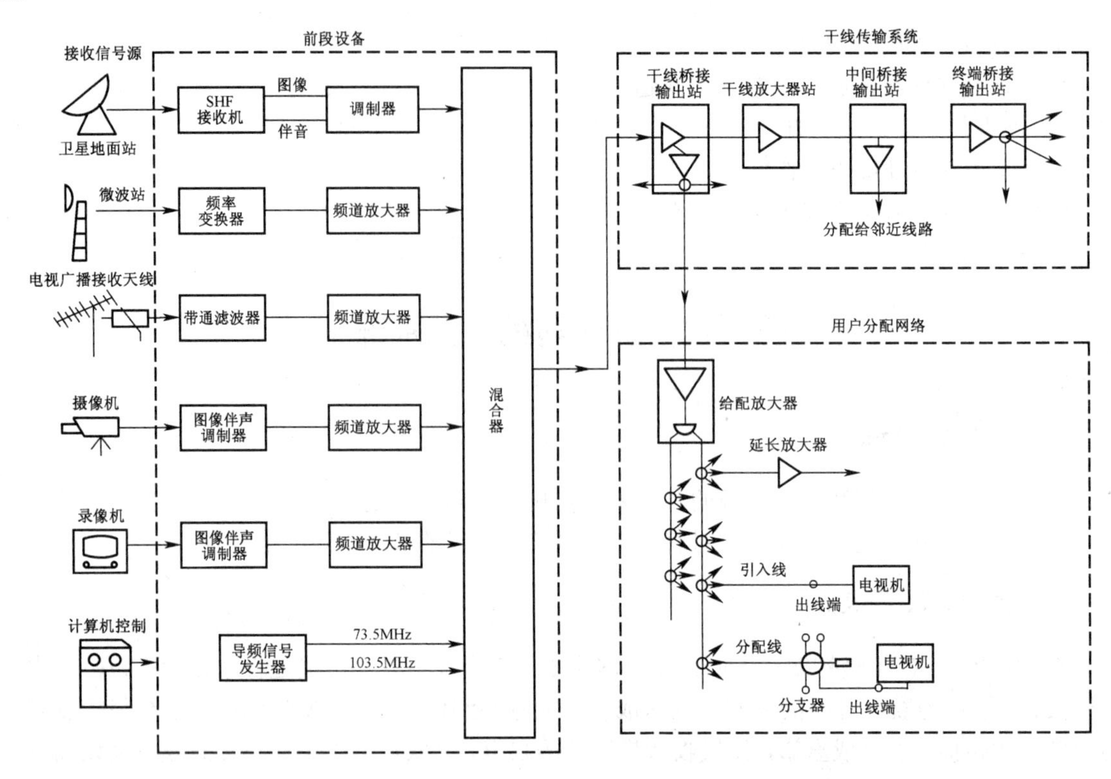

图 3-19 有线电视系统基本组成

④ 有远地前端的系统模式，其本地前端距信号源太远，应在信号源附近设置远地前端，经超干线将收到的信号送至本地前端。

当前，有线电视网已升级改造成集图像、声音、数据于一体的宽带综合业务网。具备了 IPCATV 和各种不同的增值服务。它是以光缆作传输干线，同轴电缆作接入介质，这种光缆与电缆混合传输的网络又称之为 HFC 网络。主要由信号源、前端、传输系统和分配网络四部分组成，如图 3-20 所示。

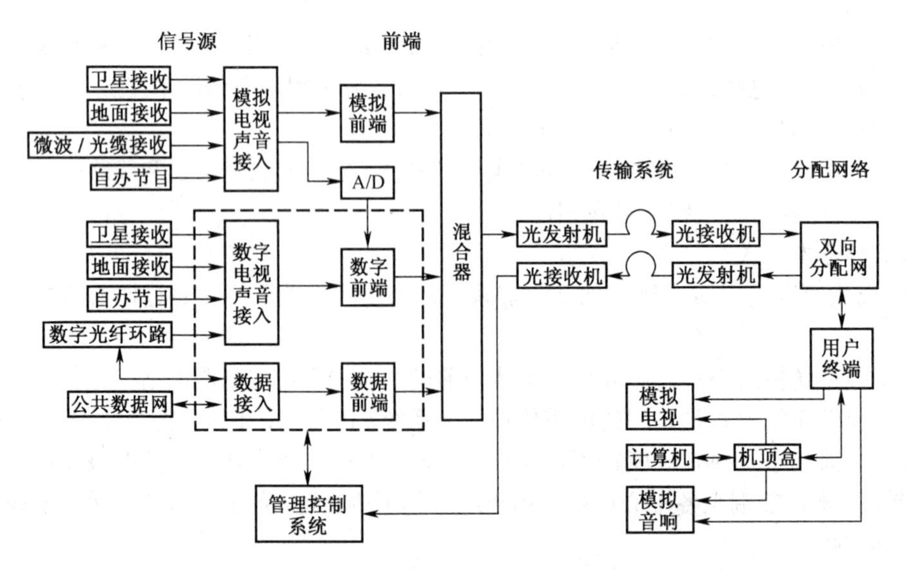

图 3-20 现代有线电视系统组成框图

前端是有线电视系统的信息源和交换处理中心，是有线电视系统的核心部位。具体的任务是将来自各种信号源的信号经接收、处理、变换、调制和混合，转换成射频信号或光信号，送给传输和分配系统。完整的有线电视前端包括三个组成部分：①模拟前端部分；②数字前端部分；③数据前端部分。

传输的干线部分是光缆，这部分的设备也有很多，主要有光缆、光设备及器材（光耦合器、光连接器、光纤衰减器、光隔离器、激光器、光发射机、光检测器和光接收机等），在电缆分配网中还有同轴电缆、放大器、分配器、分支器等，如图 3-21 所示。

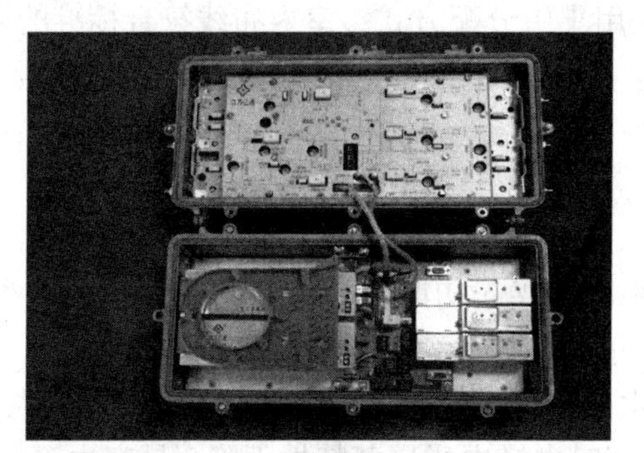

光站

分支分配器

安装后的光站

安装后的放大器

图 3-21　有线电视部分设备

分配器是用来将一路输入射频信号均等地分配给几路输出的无源器件（分配器的主要技术参数有：分配损耗、相互隔离、反射损耗等。例如 306 有一个输入口 IN 和三个输出口 OUT，输入和输出的信号相差 6dB）。

分配器按输出路数分类有：二分配器、三分配器、四分配器、六分配器和八分配器等。分配器的主要技术参数有：分配损耗、相互隔离、反射损耗等。

分支器是把一路输入射频信号分成一个主路和几个支路输出，其中主路输出是电平衰减很小的无源器件。输入口用 IN 表示、主路的输出用 OUT 表示、支路的分支口用 BR 表示。分支器的分类与分配器类似，按输出路数分类有：一分支器、二分支器、三分支器、四分支器、六分支器、八分支器等；其主要技术参数有插入损耗、分支损耗、反向隔离、相互隔离和反射损耗等。例如：108 有一个输入口 IN，一个主输出口 OUT 和一个分支口 TAP，输入和输出的信号相差 2dB，输入和分支的信号相差 8dB。

分支/分配器分为室内型和野外型两种结构，以适应不同环境的需要。野外型器件除具有防水功能外，通常还具有过流功能，以适应需要通过电缆供电的网络。

分配网络中的接插件俗称电缆接头。由于配套方式、型号和公差等方面的不同，对不同规格的电缆产品应使用相应配套的接插件。通常接口分两种：与室内器件连接用 F 型接口；与野外馈电器件连接一般用针型接口。F 型接头有英制和公制。目前机顶盒、CM 的接口为英制。

3. 电缆用户分配网的规划、设计的步骤和原则

① 确定光节点。目前光节点的服务户数应该控制在500户左右。这样做的好处是：从结构上提高网络的可靠性。在交互的业务中，可以克服用户太多引起的汇聚噪声问题。

② 线路设计。根据设计区域内建筑物的分布和路由情况，结合楼栋设计情况，进行分配网络的线路设计。

③ 楼栋分配设计。尽量采用星型分配，尽量减少串接分支器的数量；传统的树枝型分配格式：分支分配器串联较多，故障率较高，信号电平误差大，系统屏蔽性能低，不利于开通电缆双向传输功能；集中分配方式：新建楼房应采用集中分配方式；室内布线符合标准的同时，应满足用户需求。

④ 电缆分配网络的电平计算。

⑤ 设计文档。

4. 与电缆接头相关的故障

器件连接对网络可靠性的影响：在有线电视网络兴起初期，就有人定义这是一种“接头工程”。由器件连接引起的故障占到41%左右，可见接头可靠性非常重要。

接头故障常表现为开路、短路、连接器进水或受潮。原因多为接头装配不规范。接头安装不好，会导致信号损耗增大、阻抗特性变化，同时电缆电磁屏蔽特性下降，易产生辐射或被干扰。特别是对双向网，易产生回传噪声干扰，应引起足够重视。

此外，室外线路接头一律采用防水直通接头，接头处常用绝缘胶布包裹。不准用普通F型接头；室外电缆接头在可靠安装完毕后，在衔接处均匀涂上防水硅胶，然后再加裹防水胶布。室内电缆接头一定要拧紧，避免脱落；

5. 有线电视系统分配网安装规范简介

① 用户终端输出口的电平基本控制在60～80dB。

② 为防止电视信号的不匹配造成干扰，所有用户终端全部由分支或分配器接出，在必要空闲端口用 75Ω 匹配器终接。

③ 在安装分支分配器时应根据装修情况确定分支分配器的位置，以便于今后维护。一般情况下分支器安装在设备间或走廊中。如果走廊采用的是“死顶”则为了今后的维护，分支器不应安装在走廊中，而应该延长到弱电井或设备间安装。

④ 有线电视传输系统采用树型接法，即由有线电视主干接入，通过放大器、分支分配器传输到每个有线电视终端。

⑤ 我国现阶段常用的有线电视系统大约有以下几种：750MHz、 860MHz、1000MHz 等。在安装时要仔细辨识电缆、分支器、分配器、放大器，确认其传输频率范围是否与设计相符。

⑥ 860MHz 有线电视系统的特点如下：支持双向传输；支持模拟或数字电视传输；支持数据传输；具有常规频道 42 套，增补频道 53 套，系统容量可达到 95 套；按照双向传输系统标准，各频段规划如表 3-2 所示。

表 3-2 有线电视频段规划表

上行频段（MHz）	下行频段（MHz）		
5～30	48.5～550	550～650	650～750
用户回传信息	模拟电视	数字电视	数据交换

三、技能实训 1

实训 1 画有线电视系统拓扑图

依据所学知识对图 3-22 进行识图，并画出此小区的有线电视系统结构拓扑图。

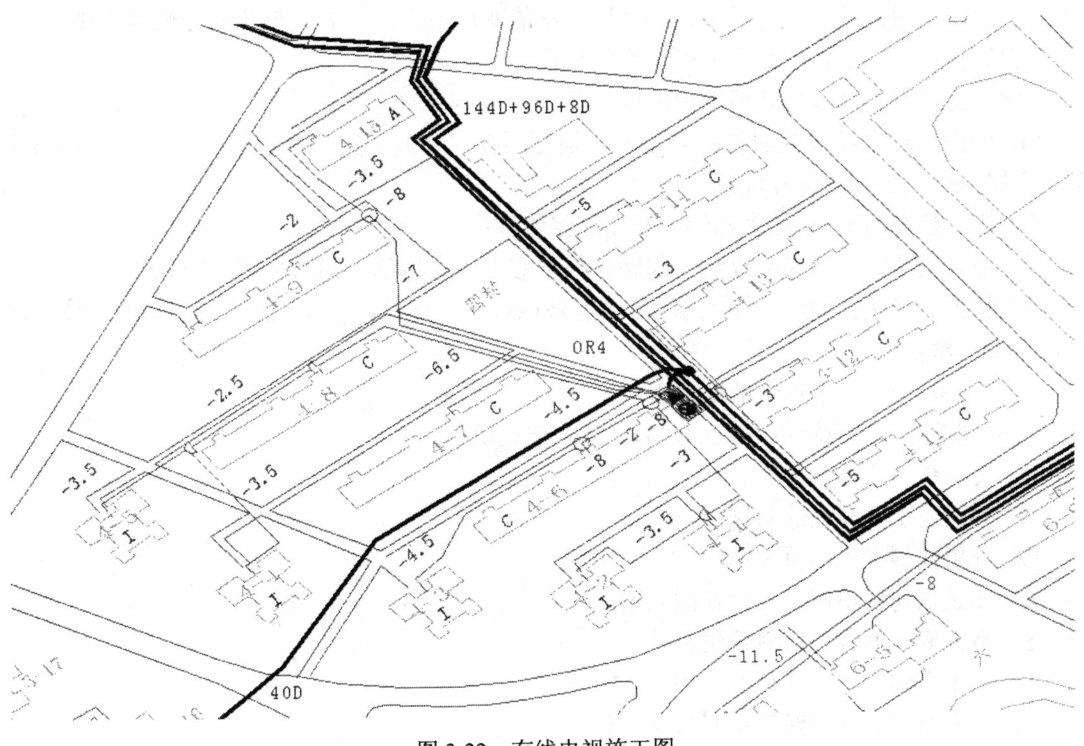

图 3-22 有线电视施工图

实训 2 有线电视实训

1. 实训目的

① 了解有线电视系统的基本组成和原理；

② 学习有线电视系统安装规范；

③ 掌握有线电视传输系统的安装步骤和施工工艺。

2. 设备和器材及施工工具

DVD 机（作为信号源）；电视机；机柜；桥架；线槽；PVC 线管及附件；家庭多媒体配线箱；分支分配器模块；F 头；86 型有线电视面板；终端匹配电阻；有线电视线缆；底盒；扎带；实训工作台；剪刀；冷压钳；穿线钢丝；标签；一字螺丝刀；十字螺丝刀；木梯；安全帽；劳保工具等。

3. 实训工序及要求（施工中要严格遵守安全规程；施工中要求按验收规范操作）

（1）阅读家庭多媒体配线箱安装及使用说明书；阅读分支分配器模块安装使用说明书。

（2）完成家庭多媒体配线箱的安装。

（3）完成配线箱内的分支分配器与有线电缆的连接安装：

① 剥线：先把同轴电缆线头的外护套去掉（根据 F 头尺寸），注意：不要割到屏蔽层金属网，否则影响信号传输；距外护套 3～5mm 处去掉铝箔和填充绝缘体；把露出编织网翻在护套上，把屏蔽网外翻，旋缠在绝缘外皮上，此时可看到铝箔的内芯，如果线缆是 4 屏蔽则要

将外层屏蔽网/外层铝箔、内层屏蔽网/内层铝箔这4层都外翻。

② 将线缆插入F头中：把F头内管插于铝箔和编织网之间，外管套于翻在外护套的编织网上，均匀用力插入同轴电缆内，使装上的 F 头的内管和填充绝缘体平齐，用冷压工具把线和接头紧固好，芯线应高于F头2～3mm，剪去多余芯线。

③ 上冷压钳：用力压冷压钳直到冷压管不能变形为止。将F头与分支分配器连接。

（4）按施工标准完成有线电视线缆的敷设。

（5）有线电视线缆与有线电视面板连接。

① 先把同轴电缆线头的外护套去掉（根据面板尺寸），露出编织网，注意：不要割到屏蔽层金属网，否则影响信号传输；

② 距外护套约5mm处去掉铝箔和填充绝缘体；

③ 把露出的编织网集中收到一起翻在外护套上，去掉部分铝箔和填充绝缘体；

④ 将铜芯线接在面板的输入端，紧固屏蔽网接地端螺丝，特别注意不可和其他元件短路，最后将覆盖盒复位完好；

⑤ 将面板安装在实训台的底盒上。

（6）制作工作区跳线；接入DVD；接入电视机。

4. 实训中的故障与排除

① 列出施工中存在的问题；

② 分析问题产生的原因；

③ 你是如何解决施工中存在的问题。

5. 画出有线电视传输网系统图

① 由单个多媒体配线箱至工作区；

② 由多个多媒体配线箱级联后至工作区。

6. 写出实训报告

四、技能实训2

实训3 电力线组网简介与组网体验

电力线组网是一种全新的组网方式，它同时具备了有线的传输稳定性和无线的移动便捷性，也同时避免了有线的繁琐布线和无线信号盲点的缺点。

1. 电力线组网的优势

① 无需布线：利用家里已有的电力线组网，无需为组网单独布线，节省人力和成本；

② 传输稳定：通过实体电力线传输，不受障碍物影响，数据传输稳定不掉线；

③ 移动便捷：电源插座分布密度远远高于以太网接口，电力线网络使局域网范围内有插座的地方都可以上网，移动便捷、扩展方便；

④ 使用简便：只需要将设备插在电源插座上便可以享受高速宽带网络，无需设置；

⑤ 高效环保：功耗低，且使用实体电力线进行信号传输，基本无辐射，绿色环保；

⑥ 安全可靠：支持数据加密，且信号不能跨电表传输，防止邻居盗接网络或盗取信息。

2. 组网实训体验

图3-23是TP-LINK推出的最新电力线适配器TL-PA201套装，具备200Mbps的电力传输速率，无辐射也不用布线，一个电表下拥有300m的传输距离。

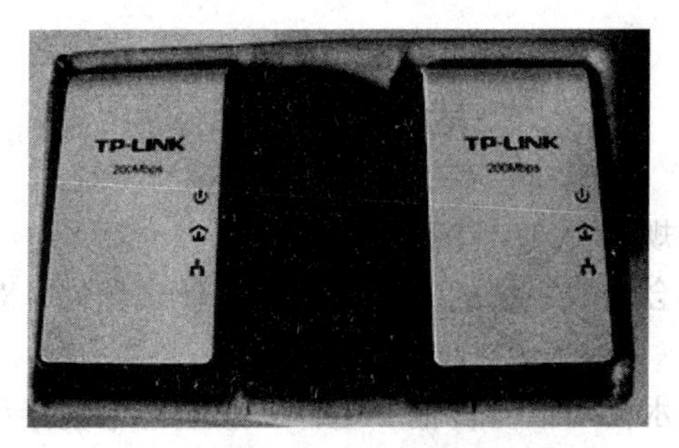

图 3-23 TP-LINK 电力适配器

3. TP-LINK 电力适配器连接方法

连接方式见图 3-24 和图 3-25。

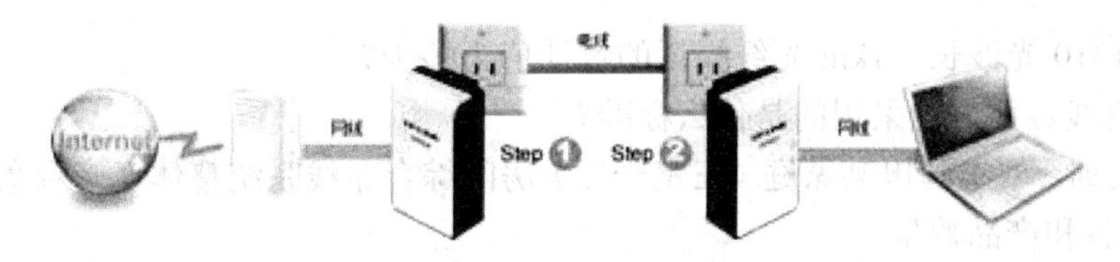

图 3-24 单机连接示意图

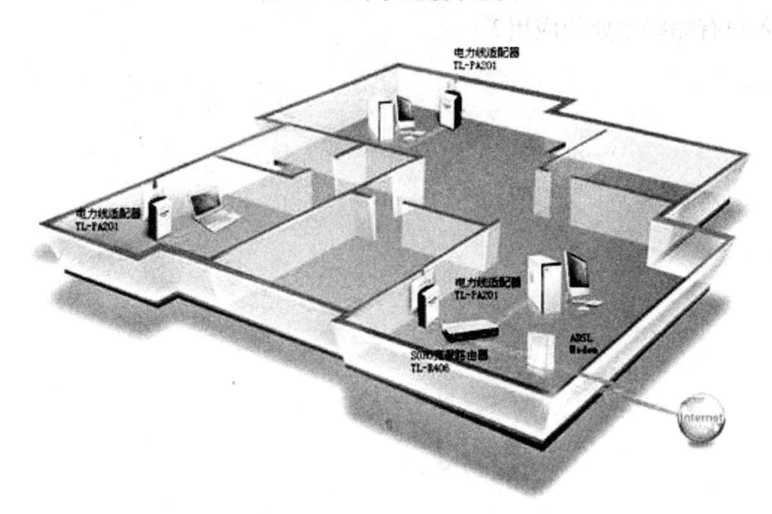

图 3-25 多机连接示意图

电力线适配器使用的时候必须要两个或两个以上才可以，其中用网线将其中一个 TP-LINK 与 ADSL/路由/小区宽带 LAN 口相连接，用网线将另一个 TP-LINK 和终端相连接之后，只要插入电源，就可以在同一电表下室内任何房间上网使用。

使用 TP-LINK 附带应用程序，对两款产品进行简单的密码配对，一旦配对成功，以后便可以即插即用，无需再次配置，使用简单方便。

尽管电力线上网优点很多，但并非十全十美，如家用电器产生的电磁波会对通信产生干扰等。此外安全性低的问题也不容忽视。

电力线通信利用现有电力线网络组网，能更好满足数据语音、视频、IPTV、VoIP 等多应用的需求，随着物联网技术的发展，宽带数据网、电话网、有线电视网和低压配电网的“四网”融合的智能家庭正在向我们走来。

思考与练习

1．常用壁挂式机柜的规格及安装注意事项。

2．电视电缆受压变形会造成系统的哪些指标发生什么变化？对模拟电视和数字电视的收视会产生什么影响？

3．电缆接头受潮或进水会对信号传输产生什么影响？电缆接头开路会对信号传输产生什么影响？

4．列举两例产生交流噪声干扰的故障并分析原因。

5．分支型号为410的分支器，它的插入损耗、分支损耗、反射损耗、相互隔离、反向隔离各为多少？

6．对于1310光波长，1km光纤损耗的设计值为多少？

7．我国有线数字电视采用的是什么标准？

8．根据实训，要求画出某家庭（三室一厅）房间综合布线系统整体连接示意图和拓扑图，并计算所需设备和产品数量。

9．采用无线与采用电力线组网的各自的优缺点？

10．光纤入户有哪些主要的应用？

项目四　光纤技术

项目目标与要求

- 熟知光纤与光缆的区别。
- 知道光纤传输的特点。
- 了解光纤的传输原理和工作过程；了解光纤熔接技术的原理。
- 掌握光纤接续和步骤。
- 熟知影响光纤熔接损耗的主要因素。
- 掌握盘纤技术。
- 掌握光纤测试的方法。

任务一　光纤的基础知识

一、任务目标与要求

- 知识目标：熟知光纤与光缆的区别；熟知光纤的两种类型和光纤通信系统的组成。
- 能力目标：认识常见的光纤产品。

二、相关知识与技能

在这几年随着光纤技术的飞速发展，各类光纤的出现和它们的应用，所谓的“光进铜退”时代已经到了。也有人预测光缆将最终代替铜缆。

光纤传输的是光波。光的波长范围为：可见光波长为390～760 nm（纳米），大于760nm部分是红外光，小于390nm部分是紫外光。光纤通信中应用的波长是：850nm，1300nm，1550nm三种。因光在不同物质中的传播速度不同，所以光从一种物质射向另一种物质时，在两种物质的交界面处会产生折射和反射。而且，折射光的角度会随入射光的角度变化而变化。当入射光的角度达到或超过某一角度时，折射光会消失，入射光全部被反射回来，这就是光的全反射。不同的物质对相同波长光的折射角度是不同的（即不同的物质有不同的光折射率），相同的物质对不同波长光的折射角度也是不同的。

1．光纤的物理结构和类型简介

光纤是光导纤维的简称，光纤的裸纤一般分为三层：中心为高折射率玻璃芯，中间为低折射率硅玻璃包层，最外是加强用的树脂涂层。图4-1是裸纤结构的示意图。

光导纤维光缆由一捆光导纤维组成，简称为光缆。传输数据时，发送端的电信号首先被转换为光信号，然后借助于激光或 LED（发光二极管）发射脉冲光，光信号通过中心的光纤进行传输，并在接收端重新转换成电信号。包着光纤的包层的折射率小于纤芯的折射率。折射率用于度量折曲光的能力，它可以使包层起到镜子的作用，把光反射回纤芯，其反射方式因传输模式的不同而不同。这一过程被称为全反射；这使得光纤可以在拐角处弯曲，而不会削弱信号的完整性。包层之外是涂敷层、Kevlar 编织物（一种先进的聚合纤维，又被称为缓冲层，用于保护内部的纤芯）和塑料护套。塑料护套包着编织物。图 4-2 说明了典型光缆的不同层。

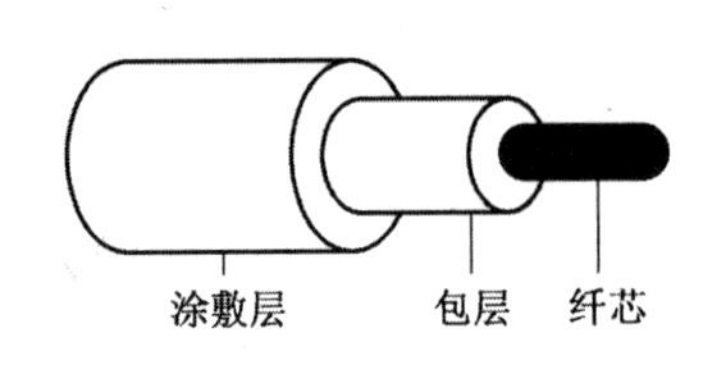

图 4-1 裸纤结构的示意图

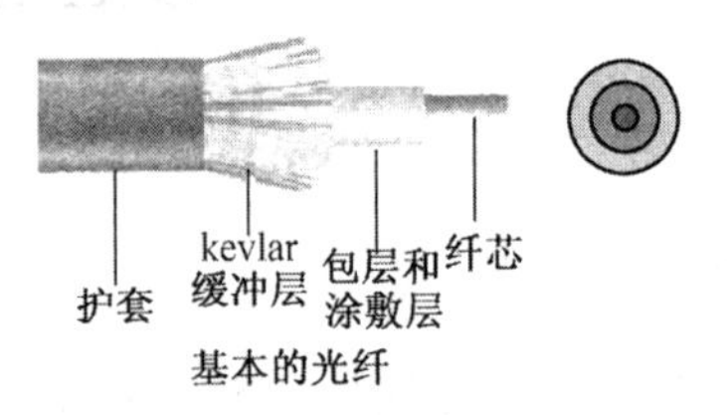

图 4-2 光缆结构示意图

光纤有许多种不同的类型和分类方式，如光纤可以按工作波长、折射率分布、传输模式、原材料和制造方法等方式进行分类，但是所有这些类型都可以归入两大类别，即单模光纤和多模光纤（这是按光在光纤中的传输模式进行的分类）。在将数据从光缆的一端传输到另一端时，单模光纤只能携带单个模式的光，并且单模光纤的价格较高。多模光纤可以同时携带成百上千种模式的光，它是目前多数数据网络系统使用的光纤类型。

多模光纤：中心玻璃芯较粗（50 或 62.5μm），可传多种模式的光。但其模间色散较大，这就限制了传输数字信号的频率，而且随距离的增加会更加严重。例如：600MB/km 的光纤在 2km 时则只有 300MB 的带宽了。因此，多模光纤传输的距离就比较近，一般只有几公里。一般多模光纤的光纤跳线用橙色表示，也有的用灰色表示，接头和保护套用米色或者黑色。

单模光纤：中心玻璃芯较细（9 或 10μm），只能传一种模式的光。因此，其模间色散很小，适用于远程通讯，但其色度色散起主要作用，这样单模光纤对光源的谱宽和稳定性有较高的要求，即谱宽要窄，稳定性要好。一般单模光纤的光纤跳线用黄色表示，接头和保护套为蓝色。

常用光纤规格有单模：8/125μm、9/125μm、10/125μm；多模：50/125μm、62.5/125μm；工业，医疗和低速网络：100/140μm，200/230μm；用于汽车控制的塑料：98/1000 μm。

2. 光纤通信系统组成

光纤通信系统是以光波为载体、光导纤维为传输介质的通信方式。这种通信方式起主导作用的是光源、光纤、光发送机和光接收机。

① 光源是光波产生的根源。

② 光纤是传输光波的导体。

③ 光发送机负责产生光束，将电信号转变成光信号，再把光信号导入光纤。

④ 光接收机负责接收从光纤上传输过来的光信号，并将它转变成电信号，经解码后再做相应的处理。

实际通信时，光路是成对出现的，形成双向光纤通信系统，如图 4-3 所示。通常一根光缆由多根光纤组成，每根光纤称为一芯。每个光纤端接设备都同时具有光发射机和光接收机的功能。光纤端接设备与光缆之间通过光跳接线相连。

3. 光纤衰减

光纤衰减的主要因素有：本征，弯曲，挤压，杂质，不均匀和对接等。

本征：是光纤的固有损耗，包括瑞利散射，固有吸收等。

弯曲：光纤弯曲时部分光纤内的光会因散射而损失掉造成的损耗。

挤压：光纤受到挤压时产生微小的弯曲而造成的损耗。

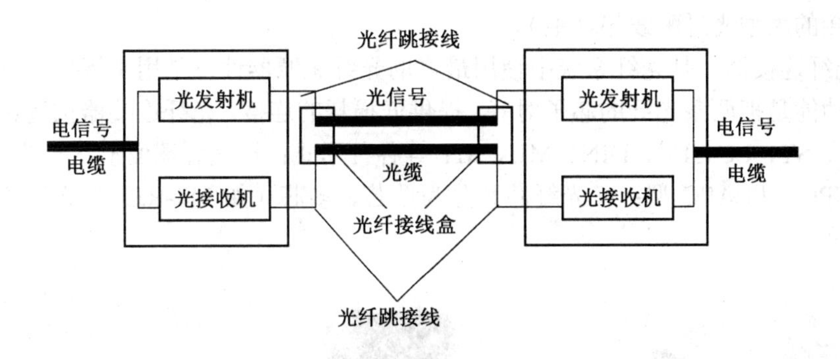

图 4-3 光纤通信系统示意图

杂质：光纤内杂质吸收和散射在光纤中传播的光，造成的损失。

不均匀：光纤材料的折射率不均匀造成的损耗。

对接：光纤对接时产生的损耗，如不同轴（单模光纤同轴度要求小于 0.8μm）、端面与轴心不垂直、端面不平、对接心径不匹配和熔接质量差等。

4. 光纤产品

（1）光缆。分类方式多种多样。通信光缆有架空、直埋、管道、水底、室内等敷设方式，因此应针对各种应用和环境等条件进行选购。①按敷设方式分有架空光缆、管道光缆、铠装地埋光缆、水底光缆和海底光缆等。通信光缆发展非常迅猛，目前已向用户接入网发展，即向光纤到路边（FTTC）、光纤到大楼（FTTB）和光纤到户（FTTH）发展。②按光缆结构分有束管式光缆，层绞式光缆，紧抱式光缆，带式光缆，非金属光缆和可分支光缆等。③按用途分有长途通信用光缆、短途室外光缆、室内光缆和混合光缆等。图 4-4 所示为光缆类型。

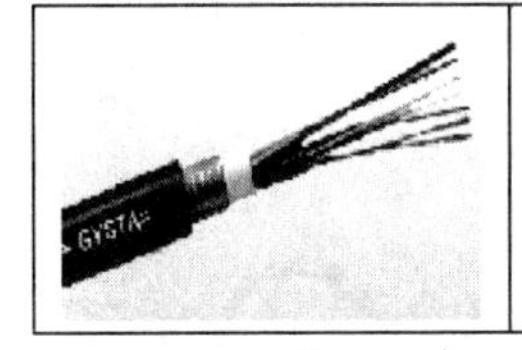	层绞式光缆。敷设方式：管道、架空应用范围：适用于长途通信和局间通信	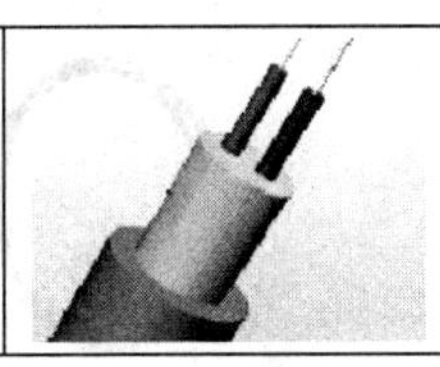	双芯室内光缆。用于室内布线、特别是敷设条件恶劣的环境；用于光通信设备机房、光配线架的光连接、光仪器、设备的光连接；尾纤和跳线

图 4-4 光缆的类型

（2）光纤配线设备。是光缆与光通信设备之间的配线连接设备，用于光纤通信系统中光缆的成端和分配，可方便地实现光纤线路的熔接、跳线、分配和调度等功能。光纤配线设备有机架式光纤配线架、光纤接续盒、挂墙式光缆终端盒和光纤配线箱等类型，可根据光纤数量和用途加以选择。图 4-5 为机架式光纤配线架的外观、光纤接续盒（主要用于机柜以外地点的光缆接续，通过侧面端口，接续盒可接纳多种光缆外套，光缆进入端口被密封）和两款光纤配线箱的内部结构（可为小型光纤网络提供的光缆的终端和熔接的壁挂式安装的方案。特别适用于光纤接入网中光终端点使用）。

图 4-5 右图所示是一款安装于 19"标准网络机柜内的小型光纤配线箱，它适用于多路光缆接入/接出的主配线间，具有光缆端接、光纤配线、尾纤余长收容功能，它可作为光纤配线架的熔接配线单元。也可安装在机柜内用于光纤集中熔接；配线箱内可卡装 FC、SC、LC 和 ST（另配附件）四种适配器；适合各种结构光缆的成端、配线和调度，可上下左右进纤（缆）；适用于带状和非带状光缆的成端；有清晰、完整的标识。除小型光纤配线箱外，还有能容纳几

百根光纤连接的大型光纤配线箱（柜）。

（3）光纤连接器。是光纤系统中使用最多的光纤无源器件，是用来端接光纤的，光纤连接器的首要功能是把两条光纤的芯子对齐，提供低损耗的连接。光纤连接器按连接头结构可分为：FC、SC、ST、LC、D4、DIN、MU、MT 等各种形式；按光纤端面形状分为 FC、PC（包括 SPC 或 UPC）和 APC 型；按光纤芯数分为单芯、多芯（如 MT-RJ）型光纤连接器，如图 4-6（a）所示。

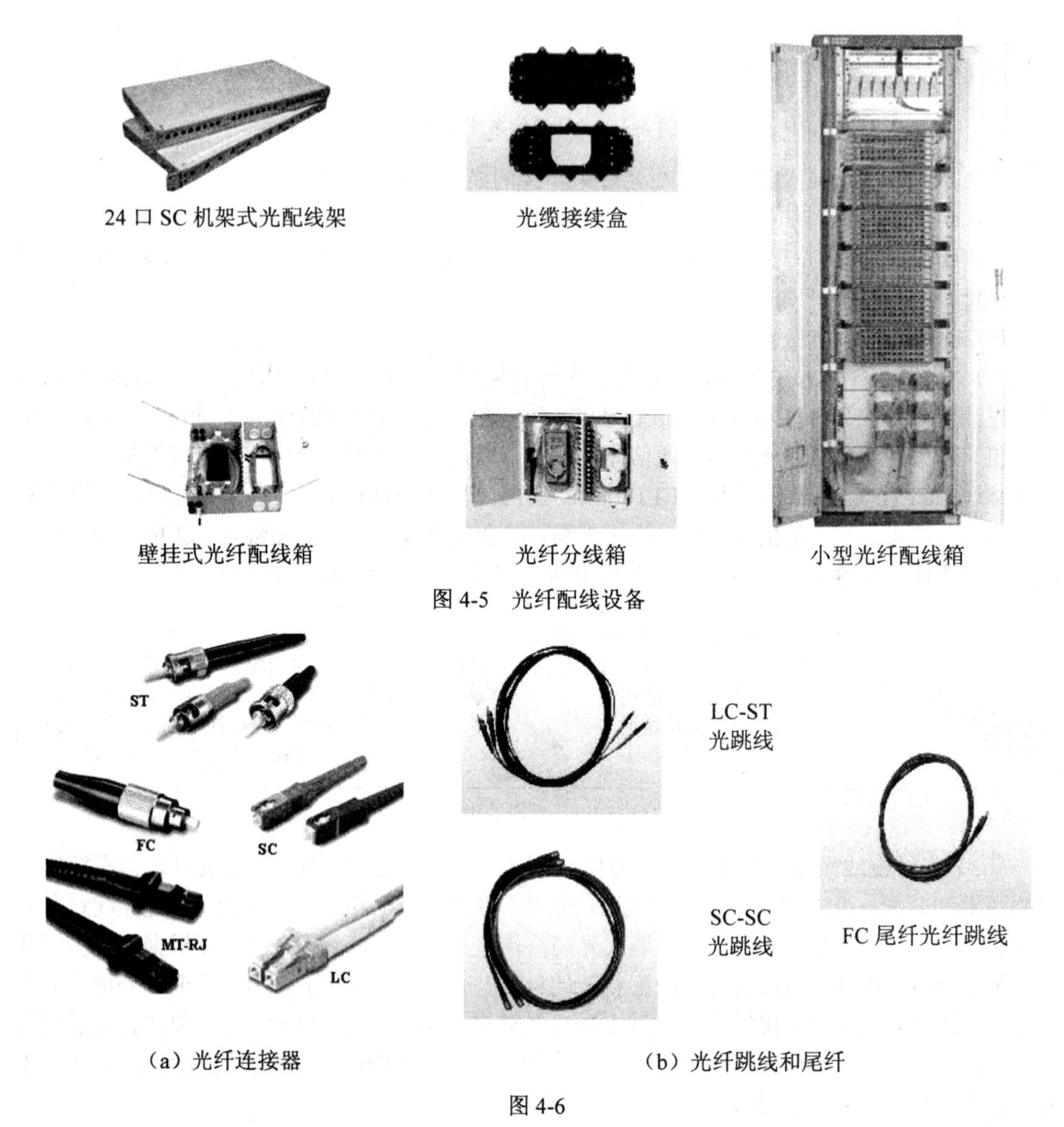

图 4-5 光纤配线设备

（a）光纤连接器　　（b）光纤跳线和尾纤

图 4-6

目前使用的连接器已显示出体积过大、价格太贵的缺点。小型化（SFF）光纤连接器正是为了满足用户对连接器小型化、高密度连接的使用要求而开发出来的。它压缩了整个网络中面板、墙板及配线箱所需要的空间，使其占有的空间只相当传统 ST 型和 SC 型连接器的一半。由于在光纤通信中，连接光缆时都是成对使用的，即一个输入（Input，光检测器），一个输出（Output，光源），也是成对使用而不用考虑连接的方向，连接简捷方便。SFF 型光纤连接器已受到越来越多的用户喜爱，大有取代传统主流光纤连接器 FC、SC 和 ST 型的趋势。因此小型化是光纤连接器的发展方向。

当前最主要的 SFF 型光纤连接器有四种类型：美国朗讯公司开发的 LC 型连接器、日本 NTT 公司开发的 MU 型连接器、美国 Tyco Electronics 和 Siecor 公司联合开发的 MT-RJ 型连接器、美国 3M 公司开发的 Volition VF-45 型连接器等。

（4）光纤跳线。是两端带有光纤连接器的光纤软线，又称为互连光缆，有单芯和双芯、多模和单模之分。光纤跳线主要用于光纤配线架到交换设备或光纤信息插座到计算机的跳接。跳线两端的连接器可以是同类型的，也可以是不同类型的，长度在 5m 以内，如图 4-6（b）所示。

（5）光纤尾纤。它的一端是光纤，另一端连光纤连接器，用于与综合布线的主干光缆和水平光缆相接，有单芯和双芯两种，一条光纤跳线剪断后就形成两条光纤尾纤。

（6）光纤适配器。又称光纤耦合器，工程上也称法兰盘，是实现光纤活动连接的重要器件之一，它通过尺寸精密的开口套管在适配器内部实现了光纤连接器的精密对准连接，保证两个连接器之间有一个低的连接损耗。局域网中常用的是两个接口的适配器，它实质上是带有两个光纤插座的连接件，同类型或不同类型的光纤连接器插入光纤耦合器，可形成光纤的连接，主要用于光纤配线设备和光纤面板。有 FC-PC、FC-APC、SC-PC、SC-APC、ST、MU、MTRJ、DLFC-SC、ST-SC、ST-FC 等各种型号。图 4-7 为 FC、FC-PC、ST-PC 耦合器。

FC 小 T 型光纤耦合器

FC-PC 耦合器

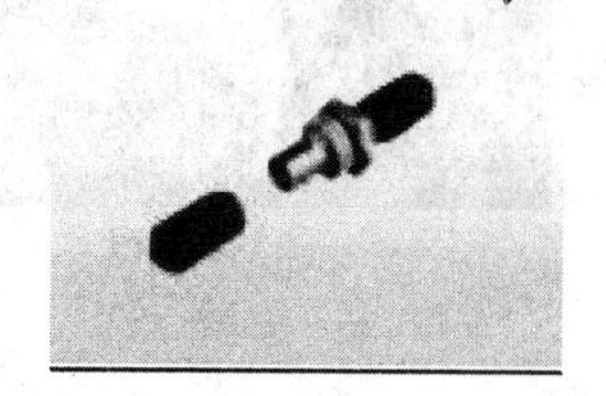

ST-PC 耦合器

图 4-7　光纤耦合器

（7）光纤面板。和双绞线的综合布线一样，光纤到桌面时，需要在工作区安装光纤信息插座，光纤信息插座就是一个带光纤适配器的光纤面板。光纤信息插座和光纤配线架的连接结构一样，光缆敷设至底盒后，光缆与一条光纤尾纤熔接，尾纤的连接器插入光纤面板上的光纤适配器的一端，光纤适配器的另一端用光纤跳线连接计算机。图 4-8 所示为光纤面板外观。

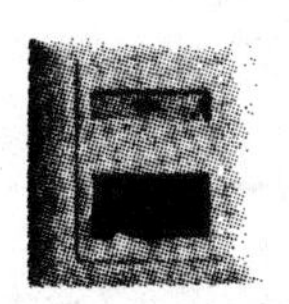

（a）ST 型光纤面板

（b）SC 型光纤面板

图 4-8　光纤面板

（8）光电转发设备。又称光纤收发器，它是一种将短距离的双绞线电信号和长距离的光信号进行互换的以太网传输媒体转换单元，也被称之为光电转换器。产品一般应用在以太网电缆无法覆盖、必须使用光纤来延长传输距离的实际网络环境中，通常定位于宽带的接入层应用，如图 4-9 所示。

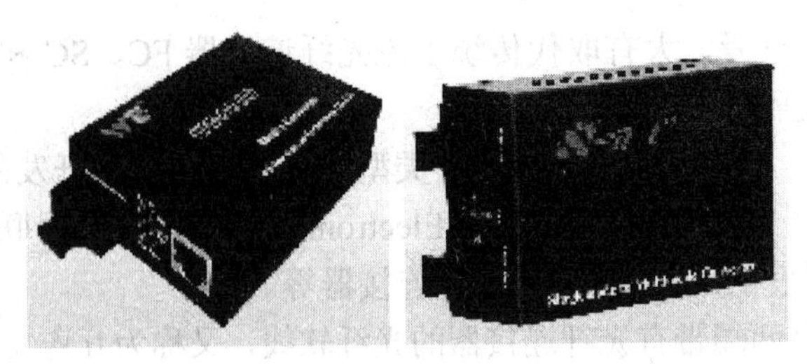

图 4-9 光电转发器

目前国外和国内生产光纤收发器的厂商很多，产品线也极为丰富。为了保证与其他厂家的网卡、中继器、集线器和交换机等网络设备的完全兼容，光纤收发器产品必须严格符合10Base-T、100Base-TX、100Base-FX、IEEE802.3 和 IEEE802.3u 等以太网标准，除此之外，在 EMC 防电磁辐射方面应符合 FCC Part15 要求。时下由于国内各大运营商正在大力建设小区网、校园网和企业网，因此光纤收发器产品的用量也在不断提高，以更好地满足接入网的建设需要。

（9）光纤的绑扎与整理（见图 4-10）。

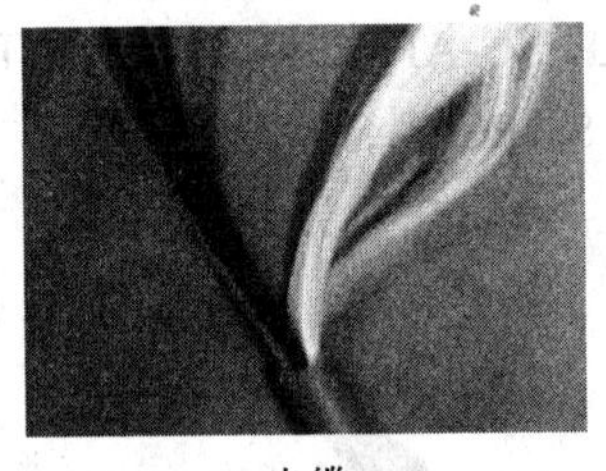

光缆

光纤扎带

光纤绑扎

图 4-10 光纤、扎带和光纤绑扎与整理示意图

（10）新一代光纤的应用技术。为了适应干线网和接入网的不同发展需要，已出现了两种不同的新型光纤，即非零色散光（G.655 光纤）和无水吸收峰光纤（全波光纤）。其中，全波光纤将是以后开发的重点，从长远来看，xPON 技术无可争议地将是未来宽带接入技术的发展方向，如图 4-11 所示。

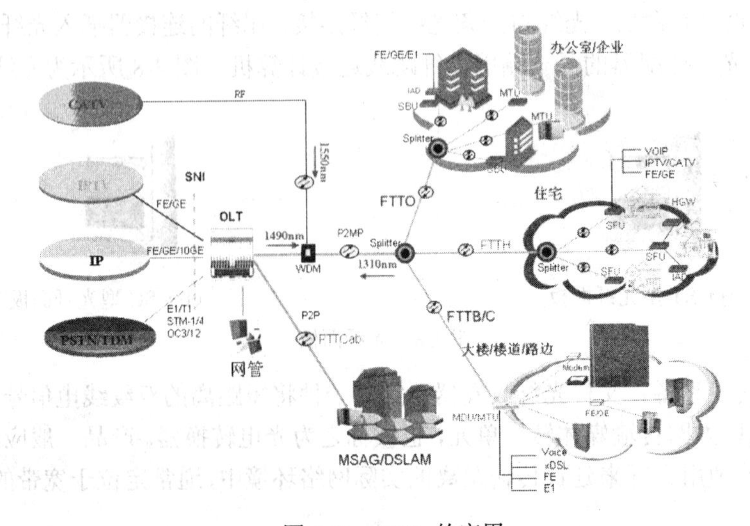

图 4-11 FTTx 的应用

三、技能实训 认识光纤及连接器件

1. 实训目的

（1）认识光缆及连接器件，熟悉光缆结构、种类、型号和用途。

（2）为综合布线系统设计的设备选型做好准备。

2. 实训材料

各种类型和型号的光缆材料和连接器件材料。

任务二 光纤熔接工程技术简介

一、任务目标与要求

- 知识目标：了解光纤熔接技术的原理；熟悉光纤熔接和冷接的含义；熟知吹光纤系统的组成。
- 能力目标：掌握光纤接续的步骤；熟知影响光纤熔接损耗的主要因素；掌握盘纤技术；掌握光纤测试的方法。

二、相关知识与技能

1. 吹光纤敷设技术简介

在综合布线工程施工中除了常规的缆线牵引技术外，近年来，随着数据通信网络的迅速发展，用户对传输带宽、安全性等方面的考虑，越来越多地采用了光纤。并采用了一种全新的光纤布线方式——吹光纤布线。所谓“吹光纤”即预先在建筑群中铺设特制的管道，在实际需要采用光纤进行通信时，再将光纤通过压缩空气吹入管道。

（1）吹光纤系统的组成。它是由微管和微管组、吹光纤、附件和安装设备等组成。

1）微管和微管组。微管有两种规格：外径为 5mm 和 8mm 管。所有微管外皮均采用阻燃、低烟、不含卤素的材料，在燃烧时不会产生有毒气体，符合国际标准的要求。8mm 管内径较粗，因此吹制距离较远。每一个微管组可由 2、4 或 7 根微管组成，按应用环境分为室内及室外两类。在进行楼内或楼间光纤布线时，可先将微管在所需线路上布置但不将光纤吹入，只有当实际真正需要光纤通信时，才将光纤吹入微管并进行端接。采用直径 5mm 微管，吹制距离在路由多弯曲的情况下超过 300m，在直路中可超过 500m。采用 8mm 微管，吹制距离在路由多弯曲的情况下超过 600m，在直路中可超过 1000m，垂直安装高度（由下向上）超过 300m。在室内环境中单微管的最小弯曲半径为 25mm，可充分适应楼内布线环境的要求。微管路由的变更也非常简便，只需将要变更的微管切断，再用微管连接头进行拼接，即可方便地完成对路由的修改、封闭和增加。

2）吹光纤。吹光纤有多模 62.5/125μm、50/125μm 和单模 3 类，每一根微管可最多容纳 4 根不同种类的光纤，由于光纤表面经过特别处理并且重量极轻，每芯每米 0.23g，因而吹制的灵活性极强。在吹光纤安装时，对于最小弯曲半径 25mm 的弯度，在允许范围内最多可有 300 个 90° 弯曲。吹光纤表面采用特殊涂层，在压缩空气进入空管时光纤可借助空气动力悬浮在空管内向前飘行。另外，由于吹光纤的内层结构与普通光纤相同，因此光纤的端接程序和设备与普通光纤一样。

（3）附件包括 19"光纤配线架、跳线、墙上及地面光纤出线盒、用于微管间连接的陶瓷接头等。

（4）安装设备。早期的吹光纤安装设备重量超过 130kg，设备的移动较为复杂，不易于吹光纤技术的推广。1996 年，英国 BICC 公司在原设备的基础上进行了改进，改进型设备IM2000 由两个手提箱组成，总净重量不到 35kg，便于携带。该设备通过压缩空气将光纤吹入微管，吹制速度可达到 40m/min。

（2）系统的性能特点及其优越性。吹光纤系统与传统光纤系统的区别主要在于其敷设方式，光纤本身的衰减等指标与普通光纤相同，同样可采用 ST、SC 型接头端接，而且吹光纤系统的造价亦与普通光纤系统相差无几，但采用吹光纤系统具有 4 大优越性。

1）分散投资成本。目前，许多用户在考虑光纤系统设计时出于对光纤系统成本的考虑（包括相关的光缆、端接、配线架、光电转换设备以及布放难度等），不能全面采用光纤布线。而在吹光纤系统中，由于微管成本极低，所以设计时可以尽可能地敷设光纤微管，在以后的应用中用户可根据实际需要吹入光纤，从而分散投资成本，减轻用户负担。

2）安装安全、灵活、方便。作为一个典型的传统光纤布线系统，在入楼处和楼层分配线架处均需做光纤接续，这样不仅增加了成本及路由光损耗，而且使安装变得较为复杂。另外，工程现场施工环境较为复杂，建筑施工人员很可能因误操作而导致光纤损坏，造成光损耗加大，甚至光纤折断。在吹光纤系统安装时只需安装光纤外的微管，由楼外进入楼内和在楼层分配线架时只需用特制陶瓷接头将微管拼接即可，无需做任何端接。当所有微管连接好后，将光纤吹入即可。由于路由上采用的是微管的物理连接，因此，即使出现微管断裂，也只需简单地用另一段微管替换即可，对光纤不会造成任何损坏。另外，在传统的光纤布线系统中，光缆一旦敷设，网络结构也相应固定，无法更改，而吹光纤系统则不同，它只需更改微管的物理走向和连接方式就可轻而易举地改变光纤网络的结构。

3）便于网络升级换代。网络及网络设备的发展对于光纤本身也提出了越来越严格的要求，在最新的千兆以太网规范中，由于差模延迟（DMD）等因素，多模光纤的支持距离已较原来的 3km 大大减少，越来越多的用户开始选择单模光纤作为网络主干。可以预见，随着网络技术的高速发展，光纤本身亦将不断发展。而吹光纤的另一特点就是它既可以吹入，也可以吹出，当将来网络升级需要更换光纤类型时，用户可以将原来的光纤吹出，再将所需类型的光纤吹入，从而充分保护用户投资的安全性。

4）节省投资，避免浪费。根据美国 FIA 协会统计，有 72%的用户在光纤安装之后闲置，这种情况在我国更为严重。据有关部门估计，闲置比例应在 80%以上。特别是我国有大量的写字楼、办公楼在初期投入使用时就采用了光纤主干，然而许多租赁用户目前尚无对光纤的需求，从而造成大量的财力浪费。对于少数需要光纤的用户来说，现有的光纤数量、类型和光纤网络结构又未必满足他们的需求，常常需要重做修改。采用吹光纤系统，在大楼建设时只需布放微管和部分光纤，随用户的不断搬入，根据用户需要再将光纤吹入相应管道。当用户需要做网络修改时，还可将光纤吹出，再吹入新的光纤。

2. 光纤熔接工程技术

光缆接续就是两条光缆的连接，它一般作为一种永久性解决方案而使用。接续光缆的方法有两种，即机械接续和熔接。机械接续使用简单的对准设备将两个光纤端头精确地结合在一起，光在两种光纤之间传输时的损耗应控制在 0.3dB。熔接接续时首先要精确地把两个光纤端头对准，然后利用热量或电弧将它们焊接在一起。在光纤之间形成的连接可以使光传输损耗降低到只有 0.ldB。典型的熔接和接续设备如图 4-12 和图 4-13 所示。

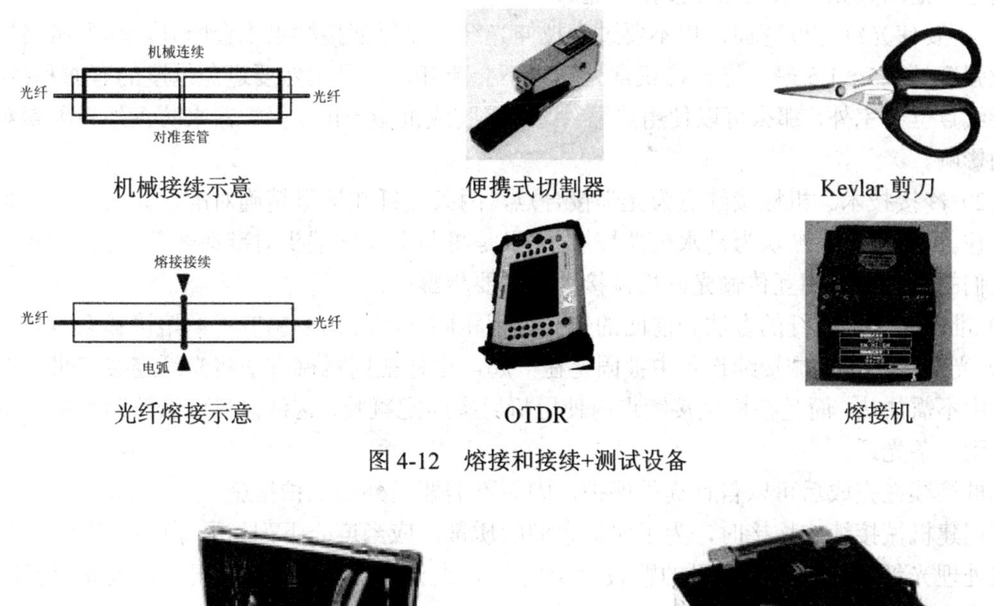

图 4-12　熔接和接续+测试设备

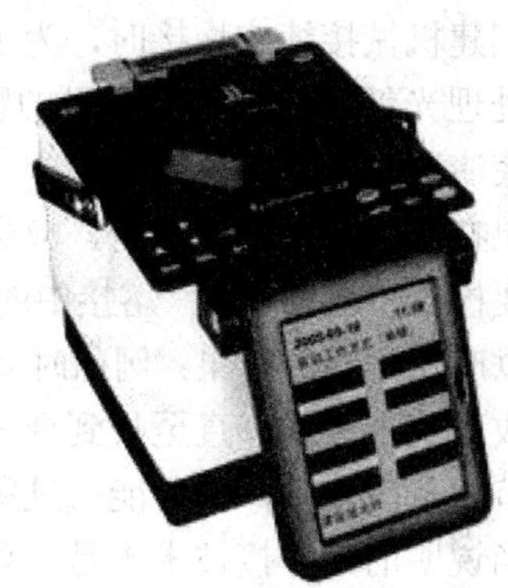

光纤熔接工具　　光纤熔接机

图 4-13　光纤熔接机和部分熔接工具

在选择接续方法时，价格起着非常关键的作用。机械接续需要的初期投资相当低，但每次接续的费用非常高，相反，熔接时每次接续费用低，但根据熔接设备的精度和附加功能的不同，初期投资很高。

切割器是最有用的光纤接续工具。对机械接续来说，正确的角度可以保证光不会投射到两条光纤之间的空气间隙中。为了达到特别低的损耗，熔接需要更加精确的切割。如果能够遵守正确的维护和操作步骤，切割器就可以使用好几年，并且在每次使用时都能正确地接续光纤。

（1）熔接技术。具体选择哪一种接续方法还取决于使用的是单模光缆还是多模光缆，以及行业的特定需要。通常熔接有 4 个必要步骤：

1）准备光纤时，要剥除保护性涂敷层、护套、套管和强度构件，只留下裸光纤。一定要确保光纤和所有工具都是洁净的。

2）切割光纤。切割是在光纤上刻痕，然后通过拉伸或者折曲光纤，从而使光纤整齐地断开的过程。高质量的切割器是成功熔接的关键。正确的接续要求切割端面像镜子般光滑，并且垂直于光纤的轴。高质量的切割器产生的切割角度可以始终是 0.5 度。

3）熔接光纤。熔接是对准光纤并加热光纤的过程。根据设备的不同，对准可以手动进行，也可以自动完成。设备越贵，它的功能越多，对准的精度越高。当光纤正确对准后，熔接设备将使用电弧把两条光纤永久地焊接在一起。

4）不要使光纤过度弯曲，也不要过度拉伸光纤，以保证接续点不会断开。典型熔接接续的抗拉强度是0.5～1.5磅，这样在正常处理时不会断开，但是仍然要避免过度的弯曲和拉力。如果接续点位于室外，那么可以使用热缩管、硅凝胶或机械crimp保护器来防止外界因素对接续点的影响。

（2）冷接技术。机械接续点为光学接合点，两条光纤在这里精确对准，并由一个自备部件固定住。机械接续不被认为是永久性焊接，它只是将两个光纤端头对准在一条共同的中线上，使得它们的纤芯可以相互传输光。机械接续的主要步骤是：

1）准备和切割光纤的方法和前面的熔接过程相同，不过切割精度不像熔接那么苛刻。

2）光纤端头在机械接续设备中被固定在一起，这样就用机械方法将光纤连接起来。在机械接续中不需加热，而是在机械接续点内使用折射率匹配凝胶，这种材料可以帮助光从一条光纤耦合到一条光纤。

机械接续在完成后可以自行提供保护，因而不需要另外的保护措施。

在创建机械接续或熔接时，为了保证它们的质量，应当遵守下列指导原则：

在处理光纤时，一些看不见的颗粒会聚集在工具上，从而可能引发问题，因此应当经常性地彻底清洗工具。

如果在熔接时发现了问题，应当首先检查接续设备上是否有灰尘。如果不是灰尘的问题，那么就要检查机器的参数。熔接中的两个关键参数是熔接时间和熔接电流。这两个参数的不同组合可以产生相同的结果：例如时间长、电流小的设置可以等同于时间短、电流大的设置。每次只应改变一个设置，直至找到合适的参数。进行必要的调节时，应当有条不紊地慢慢进行。如果调节的范围太大，则可能错过所需的设置。

应当说明的是冷接技术不是一项新的技术。

（3）盘纤技术。盘纤是一种技术，科学的盘纤方法，可使光纤布局合理、附加损耗小、经得住时间和恶劣环境的考验，可避免因挤压造成的断纤现象。因此应注重施工中的盘纤规则：

1）沿松套管或光缆分支方向为单元进行盘纤。前者适用于所有的接续工程；后者仅适用于主干光缆末端且为一进多出。分支多为小对数光缆。该规则是每熔接和热缩完一个或几个松套管内的光纤、或一个分支方向光缆内的光纤后，盘纤一次。优点是避免了光纤松套管间或不同分支光缆间光纤的混乱，使之布局合理、易盘、易拆，更便于日后维护。

2）以预留盘中热缩管安放单元为单位盘纤，此规则是根据接续盒内预留盘口的安装区域内能够安放的热缩管数目进行盘纤。避免了由于安放位置不同而造成的同一束光纤参差不齐、难以盘纤和固定，甚至出现急弯、小圈等现象。

3）特殊情况，如在接续中出现光分路器、上/下路尾纤、尾缆等特殊器件时要先熔接、热缩、盘绕普通光纤，再依次处理上述情况，为了安全起见，常另盘操作，以防止挤压引起附加损耗的增加。

盘纤的方法：

1）先中间后两边，即先将热缩后的套管逐个放置于固定槽中，然后再处理两侧余纤。

优点：有利于保护光纤接点，避免盘纤可能造成的损害。在光纤预留盘空间小、光纤不易盘绕和固定时，常用此种方法，如图4-14所示。

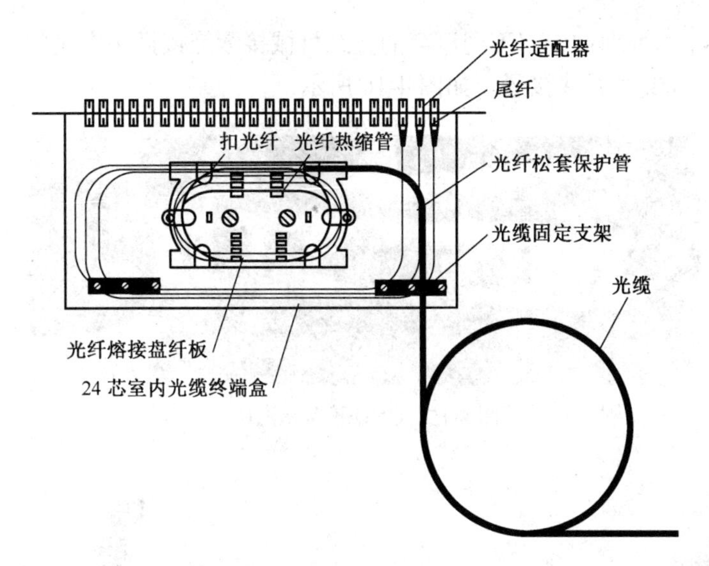

图 4-14　终端盒接续和盘纤示意

2）从一端开始盘纤，固定热缩管，然后再处理另一侧余纤。优点：可根据一侧余纤长度灵活选择铜管安放位置，方便、快捷，可避免出现急弯、小圈现象。

3）特殊情况的处理，如个别光纤过长或过短时，可将其放在最后单独盘绕。带有特殊光器件时，可将其另一盘处理；若与普通光纤共盘时，应将其轻放在普通光纤之上，两者之间易加缓冲衬垫，以防止挤压造成断纤，且特殊光器件尾纤不可太长。

4）根据实际情况采用多种图形盘纤。按余纤的长度和预留空间大小，顺势自然盘绕且勿生拉硬拽，应灵活地采用圆、椭圆、“cc”、“～”等多种图形盘纤（注意 R≥4cm），尽可能最大限度地利用预留空间和有效降低因盘纤带来的附加损耗。

三、技能实训

实训 1：光纤机械接续

物联网技术的发展和应用，FFTH 已成必然。本次实训是光纤的机械接续。

ONU 设备简介：根据 ONU 位置的不同，可以把FTTx+LAN 分为 FTTC、FTTB、FTTH 等几种接入方式；FTTC（Fiber To The Curb）：ONU 放置在小区的中心机房； FTTB（Fiber To The Building）：OUN 放置在楼道的接线箱；FTTH（Fiber To The Home）：OUN 放置在家庭用户中，ONU 具有语音接口、局域网的路由器和交换机功能、无线功能等；FTTSA（Fiber To The Service Area）：光纤到服务区；这些服务可统称 FTTx，如图 4-15 所示。

制作光纤机械接续连接插头是 FTTH 入户光缆施工中最基本的一项技术，也是不可缺少的基本功。光纤机械接续连接插头制作质量的优劣不仅直接影响光纤传输损耗的容限；影响传输距离的长度；而且会影响系统使用的稳定性、可靠性。一般 SC 型单芯光纤机械接续连接插头和连接插座适配器组成的插拔式机械接续连接器的连接损耗应控制在 0.3dB 以下。

在蝶形引入光缆两端制作光纤机械接续连接插头时，必须对光缆进行基本处理，它们包括：蝶形引入光缆的开剥与护套的去除工作、剥离光纤的涂敷层、裸纤的清洁及端面的切割等。基本处理的恰当与否会直接影响光纤机械接续连接插头制作的质量，所以细心的同时还必须有熟练的技术。这些基本处理在使用不同厂商的光纤机械接续连接插头中是相同的。实训中采用3M公司的2529 Fibrlok光纤冷接子，如图4-16所示。

图4-15 ONU设备示意图

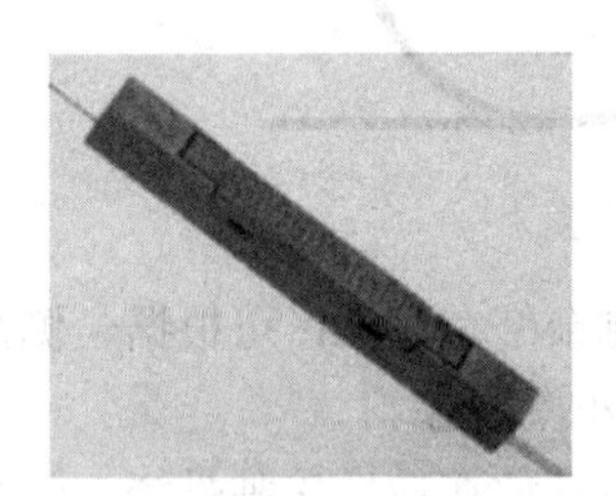

3M 2529 Fibrlok 光纤冷接子

3M 2529 Fibrlok 压接板

图4-16 光纤冷接子和端接工具

3M 2529 Fibrlok II 通用型光纤冷接子特点是：适宜各种单模及多模光纤的接续，250μm和900μm任意组合；适用于FTTx用户端芯数小、多点分散的光纤接续特点；平均插入损耗低于0.1dB，具有良好的热稳定性能和具有与熔接相当的接续性能，适应各种接续环境，操作简单，无须电源，大幅降低工具投资。

3M 8802 TLC光纤快速连接器是3M公司推出的最新的拥有更高性价比的助力FTTH的光纤快速连接器。光纤快速连接器解决了光纤入户的小空间内的光纤成端问题，并能给予最小的损耗。3M 8802 TLC光纤快速连接器采用3M成熟先进的预埋光纤技术，能自动调节因施工过程中细微光纤对接不齐问题造成的损耗以达到标准的0.4以下的损耗。3M 8802 TLC光纤快速连接器的整个安装过程中不需要另外购买专用工具，只需要光纤切割刀、米勒剥线钳等常用的光纤熔接工具就可以施工工作。安装过程简单方便。

1. 实训目的

① 掌握光纤冷接子接续方法。

② 掌握现场成端插头制作方法。

③ 掌握现场成端型插座制作方法。

2. 实训器材

3M 2529 Fibrlok光纤冷接子、3M 8802 TLC现场成端插头、8710FA现场成端型插座、3M配套工具、米勒钳、光纤切割刀、无水乙醇、药用棉球或无纺布。

3. 实训步骤

（1）3M 2529 Fibrlok通用型光纤冷接子接续。

① 为降低污染物对光纤接续的影响，光纤的接续操作区应尽量保持洁净。

② 将光纤冷接子固定在压接板的相应位置。

③ 将皮线光缆中的光纤剥出，剥出长度依据储纤盒的纤盘大小进行预留。

④ 根据光纤的种类对压接板进行种类选择，该器械可以完成 250μm 紧套和 900μm 涂覆光纤的接续。

⑤ 使用米勒钳剥除涂敷层，剥除约 4cm。

⑥ 用药用棉球或无纺布取无水乙醇擦拭光纤，擦拭次数 2 次以内，擦拭之后使用切割刀将裸纤切割至约 12.5mm。

⑦ 切割好后，将光纤夹入压接板的海绵夹持器中，手持光纤护套靠近裸纤部分，将光纤搭在光纤对准导槽上，保持光纤平直并将其轻轻推入冷接子中直至遇到阻力。

⑧ 另一端也是用相同的方法。当两根光纤都已经进入冷接子中后，推动任意一端，另一端弯曲幅度变大说明两光纤端面接触良好，反复两次后，进行压接即可。

冷接子位于配线光缆子系统，即配线设施所处位置（一般为 PON 或最后一个分线接头盒）。用于配线设施内、入户光缆和配线光缆；更为适用于 PON 内不活动连接界面时 250μm 和 900μm 可对接。

（2）3M 8802 TLC 现场成端插头制作。

① 3M 8802 TLC 由三部分组成：尾部紧护套、接续主体、活动外壳。

② 将皮线光缆首先穿过尾部紧护套，然后开剥光缆，开剥长度约 5cm 左右。

③ 开剥完成之后将光缆放置在配套的适配器上，并将光缆护套切口部分对准适配器上的指定位置，将米勒钳抵至适配器顶端，去除涂敷层。

④ 用无水乙醇对光纤进行擦拭，并使用切割刀进行切割。

⑤ 将切割好的光纤插入主体器械直至末端出现弯曲，然后就进行压接，压接之后见弯曲释放，再将紧护套旋紧，将活动外壳装上完成操作。

应用 FTTX 光缆端接、楼道分配箱、终端盒、ONU、通信机房改造。

（3）3M 8710 FA 现场成端型插座制作。

① 3M 8710 FA 由两个部件组成：FA 现场接续插座和嵌件。

② 剥除皮线光缆外套大约 6～7cm。

③ 剥除之后用捋直的方法处理皮线光缆护套的应力释放。

④ 将 FA 连接器放置在与之匹配的压接工具上，将皮线光缆插入 FA 嵌件中，必须将光缆顶到头并且卡紧。

⑤ 将光纤插入专用的涂敷层剥离器直至嵌件顶住剥离器的防控末端，握紧剥离器两侧把手并将皮线光缆向外拽，剥去光纤涂敷层。

⑥ 用药用棉球或无纺布擦拭光纤去除污渍。

⑦ 将皮线光缆连同嵌件放在适配器中，嵌件必须顶到头，将适配器放在切割刀上相应槽位上进行端面切割。

⑧ 切割完成后将光纤插入连接器端部圆孔内直至推到头，到头后应当有一定弯曲，用压接工具进行压接，压接完成后取下连接器，手持皮线光缆不松动，将端部白色部分旋转 90°卡进灰色塑料壳内并推上灰色端盖后完成操作，如图 4-17 所示。

实训 2：测试仪器仪表使用

用户室内光缆接续和成端完成后，要将全程链路开通并进行光功率测试，原则上使用 PON 光功率计进行测试。必须测试的波长 1310μm、1490μm、1550μm。测试光纤接头类型：LC、

SC、FC。目前常用的基于 PON 的 FTTH 光功率测量仪器主要有普通光功率计和波长分离的 PON 功率计。

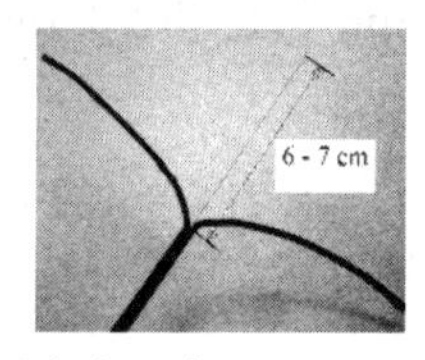

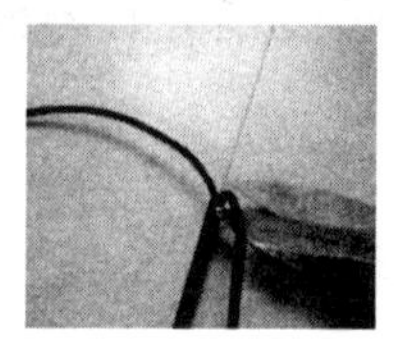

①开剥皮线光缆，长度约 6～7cm　　②剪掉塑料外皮，要求平齐

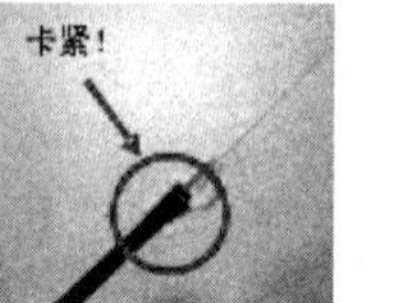

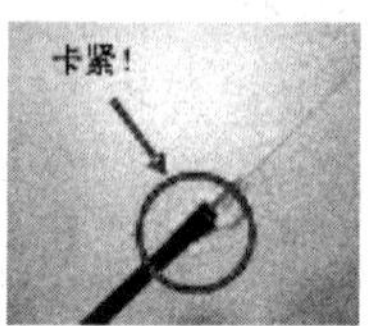

③将皮线光缆放入 FA 嵌件，要求卡紧，放入适配件

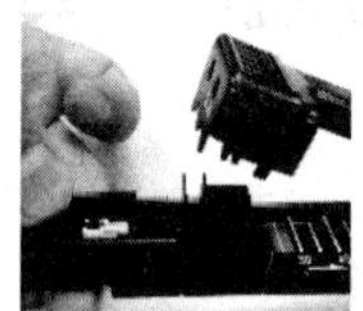

④使用拉刀，剥离涂敷层，使用无纺布或药棉沾无水乙醇清洁　　⑤放在切割刀上，完成端面切割

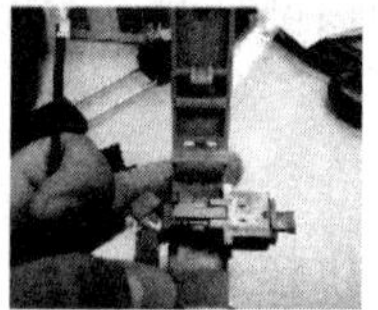

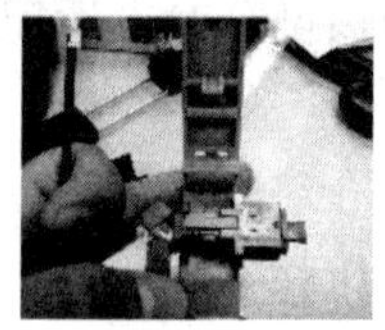

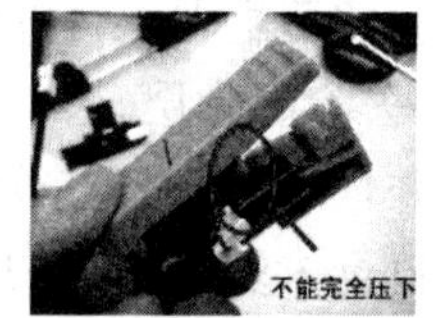

⑥将 FA 头放置在 FA 压接工具上，合上压接工具，但不能完全压下　　⑦注意红色对红色

⑧将光纤插到底　　⑨A 压下；B 保持压下状态，向上 90°，将皮线卡在卡槽内；C 推上黑色盖子。完成操作

图 4-17　3M 8710 FA 现场成端型插座制作步骤示意

使用仪器仪表时应该细心细致，要熟悉对于规定的损耗等的测试数据含义。

1. 实训目的

① 掌握普通光功率计的使用方法。

② 掌握波长分离的 PON 功率计的使用方法。

2. 实训器材

固定光源、普通光功率计、波长分离的 PON 功率计、ONU 设备、光跳纤、端接后的入户光缆。

3. 实训步骤

（1）普通光功率计的使用。

光源和光功率计作为 FTTH 入户段光缆施工的基本测试仪表，宜根据实际需要从功能和性能上进行选择，一般要求为具有 LCD 显示的光源、发射光功率可调的光源、具有调制波功能的光源和光功率计、能直接读出损耗的光功率计。

由于光源和光功率计通常是配套使用的，所以在使用时，需注意参数设置的一致性，具体为：上行方向测试 1310μm 波长的衰减。下行方向测试 1490μm 波长的衰减，当需要提供 CATV 业务时，下行方向需增加测试 1550μm。打开光功率计，选择工作波长，打开光源，选择正确的波长并使其稳定。

① 用一根光跳纤连接光源和光功率计（注意：所使用的光跳纤必须与被测入户所用的光纤相同）。

② 用光功率计测得此时的光功率值。注意：此时测得的光功率值应该与光源本身的设定值相近，如果有较大的偏差，请仔细清洁光跳线连接插头的端面或直接更换光跳线。

③ 按光功率计的“自调零”键，此时光功率计的 dB 读数为 0.00，将所测的光功率值设置成基准（参考）值。注意光功率计归零后，dB 读数小数点后的位数会有略微变化，这是正常现象。

之后，进行入户段光纤衰减值测量。

① 把光源和光功率计分别与入户光缆两端的光纤机械接续连接插头相连，注意需要清洁光纤机械接续连接插头的端面。

② 读取光功率计的 dB 数据，此时光功率计显示的 dB 就是被测入户段光缆（含光纤机械接续连接插头）的衰减值，注意：光功率计的读数应以 dB 方式显示，不应设置在 dBm 方式。

（2）波长分离的 PON 功率计。

使用波长分离的 PON 光功率计测量，具有以下功能：

- 可以直接连接到网络中进行测量，不影响上行和下行光信号的传输；
- 可以同时测量所有波长的功率；
- 可以检测光信号的突发功率；
- 可以插入到网络中的任何一点进行故障诊断。

入户光缆敷设完毕及 ONU 安装、开通后，可以使用波长分离 PON 功率计进行 ONU 链路全程下行和上行衰减测试，它可以在信号穿通方式下工作。操作步骤如下：将波长分离的 PON 功率计分别与入户段光缆和连接 ONU 设备的光跳线相连，此时测得的 1310μm 波长下的数值为 ONU 至波长分离的 PON 功率计间的光纤链路损耗；1490μm 波长下的数值为 OLT 至波长分离的 PON 功率计间的光纤链路损耗。

思考与练习

1. 简述光纤的传输特点。
2. 简述光纤熔接的过程和步骤。
3. 简述光纤冷接续的过程和步骤。
4. 简述影响光纤熔接损耗的主要因素。
5. 根据所学知识，到相关光缆生产厂家网站上收集资料，进行对比，并写出报告。

项目五　测试和故障排除

项目目标与要求

- 了解测试电缆系统的必要性。
- 定义和执行铜介质和光纤介质的测试。
- 掌握故障检修方法和一般技术。
- 识别和使用测试工具和故障检修工具。
- 测试报告及文档制作。

任务一　铜缆的测试模型及性能指标

一、任务目标与要求

- 知识目标：掌握铜缆测试的两种模型。熟知测试的技术参数含义。
- 能力目标：掌握测试设备的使用方法；能够分析故障产生的原因并能排除故障。掌握测试报告及文档的制作方法。

二、相关知识与技能

在前面的项目中，学习了各种介质类型，判断了哪些介质适合于我们的应用，并学习了安装电缆和设备的端接方法、正确的接地方法等。在采取了所有这些步骤之后，我们的安装就完成了。是这样吗？你怎么知道在接通电源之后每个部分都将开始工作，或者都将按照规范进行工作？你怎么知道你的连接没有错误，或者电缆线没有断裂？简言之，如果你发现了一个问题，你如何识别和解决这个问题？答案就是对新安装好的系统进行测试，并了解正确的故障检修方法和技术。

本任务将介绍测试电缆和网络、确保它们在安装之后性能正常的工具和信息。并将解释故障检修方法和技术，并提供了几个实训的机会。

一个优质的综合布线工程，不仅要求设计合理，选择布线器材优质，还要有一支素质高、经过专门培训、实践经验丰富的施工队伍来完成工程施工任务。

在实际工作中，业主往往更多地注意工程规模、设计方案，而经常忽略了施工质量。我国普遍存在着工程领域的转包现象，施工阶段漏洞甚多。其中不重视工程测试验收这一重要环节，把组织工程测试验收当作可有可无事情的现象十分普遍。或者仅做一些通断性的测试。往往等到项目需要开通业务时，发现问题累累，麻烦事丛生，才后悔莫及。

1. 验收检测组织

按综合布线行业国际惯例，大中型综合布线工程主要是由中立的有资质的第三方认证服务提供商来提供测试验收服务。国内目前有几种情况：①施工单位自己组织验收测试；②施工监理机构组织验收测试；③第三方测试机构组织验收测试。

2. 测试前后应该注意的问题

（1）现场测试。综合布线工程一定要求到现场测试，测试应在包括从产品选购、设备进场到工程竣工的各个不同的阶段进行。链路测试主要考核施工的质量和布线产品形成系统以后的整体水平，信道测试主要是检查设备缆线和跳线的产品质量。这两种测试的目的不同，链路测试可在施工中进行，以便及早发现问题，随时采取措施以减少损失，避免造成人力和器材的浪费；信道测试时，也许施工企业已完成了工程的竣工验收，这一测试可以在布线系统接入网络设备和通信设备时进行。上述两种测试是不能相互取代的，也是保证工程质量的有效手段。

（2）测试环境。为保证综合布线系统测试数据准确可靠，对测试环境有着严格规定：无环境干扰，如综合布线测试现场应无产生严重电火花的电焊、电钻和产生强磁干扰的设备作业，被测综合布线系统必须是无源网络，测试时应断开与之相连的有源、无源通信设备。以避免测试受到干扰或损坏仪表。

（3）防静电措施。当气候干燥，静电火花时有发生，不仅影响测试结果的准确性，还可能使测试无法进行或损坏仪表，这时一定注意对测试者和持有仪表者采取防静电措施，如带接地手链等。

（4）测试仪器仪表。测试仪器使用中的注意事项和有关测试仪器的设置、测试的程序、仪器的校正等问题的具体内容必须参考所选用的仪器的使用手册。常见的测试仪器仪表有万用表、摇表、连通仪、FLUKE DSP4300（或 DTX）、光纤测试设备或其他厂家的测试仪器仪表等。

"认证"又称为"鉴定"，是指采用以标准定义的测量性能的方法，将已安装的电缆系统的传输特性与某个标准相比较的过程。对电缆系统的认证需要检测电缆链路的元器件质量和安装的工艺质量，合格的链路质量通常需要获得电缆制造商或供应商的质量担保。认证要求电缆链路须达到"通过"的测试结果。对不能"通过"的链路技术人员必须诊断链路故障，并在修复后重新测试，从而保证链路达到要求的传输特性。

由于更新的高性能电缆系统已被开发和使用，安装的每个环节都要求更高的技术水平和对细节的充分关注。新的测试参数也被引入。链路必须选用两个链路模型中的其中一个（永久链路或信道）来进行测试，并且在更大的频率范围内对更多的数据点进行链路测试和评估。

3. 综合布线系统工程中双绞线链路测试模型及性能指标

（1）符合 TSB-67 标准、TIA/EIA 568A 标准。

1）基本链路模型（Basic Link）适合于 5 类和超 5 类布线链路测试。基本链路包括：最长 90m 的端间固定连接水平缆线和在两端的接插件；一端为工作区信息插座，另一端为楼层配线架、跳线板插座及连接两端接插件的两条 2m 测试仪器自带的测试线，如图 5-1（a）所示。

2）信道模型（Channel）适合于用户验证包括用户终端连接线与跳线在内的整体通道的性能。该信道包括：最长 90m 的水平线缆、一个信息插座、一个靠近工作区的可选的附属转接连接器、在楼层配线间跳线架上的两处连接跳线和用户终端连接线，总长不得长于 100m，如图 5-1（b）所示。

（2）符合 TIA/EIA 568B.2-1 标准。

1）永久链路模型（Permanent Link）又称固定链路，在国际标准化组织 ISO/IEC 所制定的超 5 类、6 类标准及 TIA/EIA568B 新的测试定义中，定义了永久链路测试方式取代基本链路方式。永久链路方式供工程安装人员和用户测试所安装的固定链路的性能。永久链路连接方式由 90m 水平电缆和链路中相关接头（必要时增加一个可选的转接/汇接头）组成，与基本链路方式不同的是，永久链路不包括现场测试仪插接线和插头，以及两端 2m 测试电缆，电缆总长度为

90m，而基本链路包括两端的 2m 测试电缆，电缆总计长度为 94m，如图 5-2 所示。

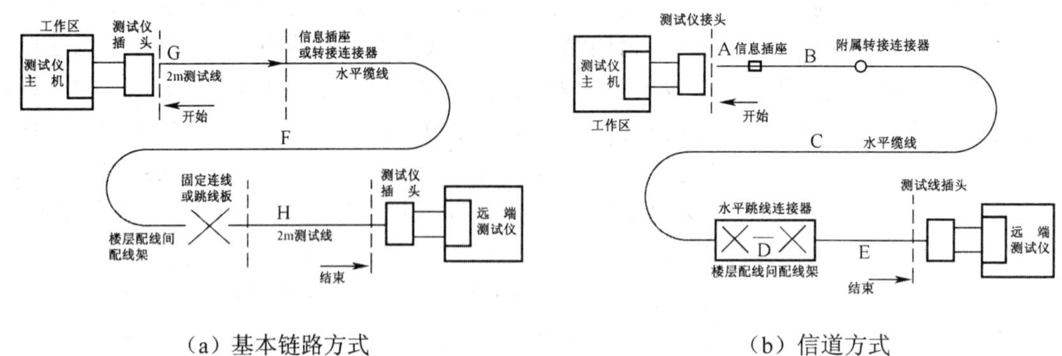

（a）基本链路方式 （b）信道方式

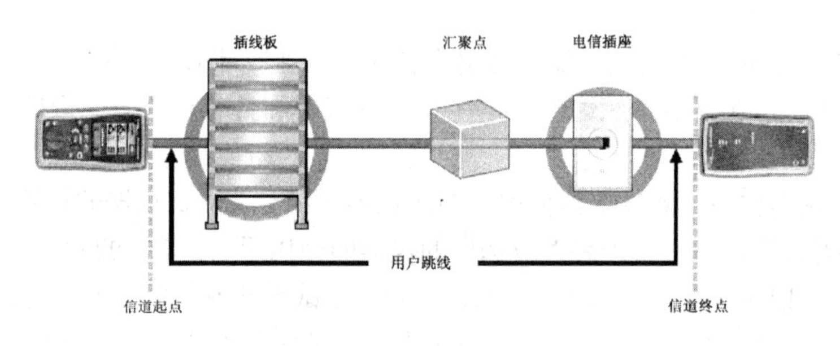

（c）信道方式测试示意

图 5-1 符合 TSB-67 和 TIA/EIA 568A 标准的测试模型

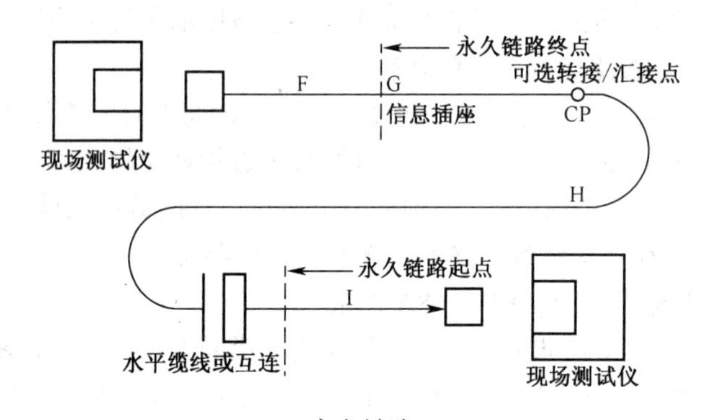

永久链路

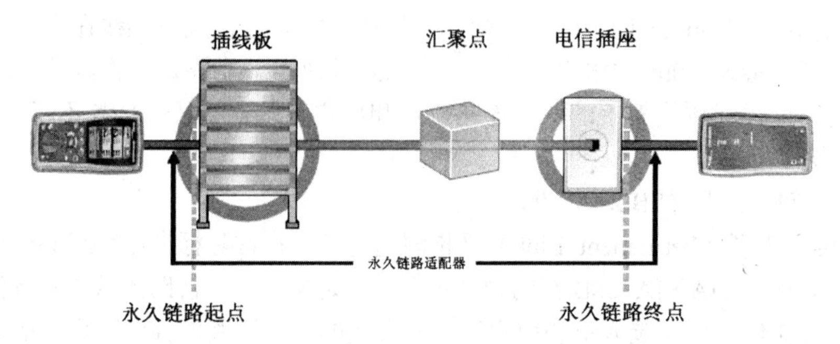

永久链路测试示意

图 5-2 符合 TIA/EIA 568B 标准的永久链路测试模型

永久链路测试方式，排除了测试连线在测试过程本身带来的误差，使测试结果更准确、合理。当测试永久链路时，测试仪表应能自动扣除 F 和 I 的 2m 测试线的影响。在实际测试应用中，选择哪一种测试连接方式应根据需求和实际情况决定。使用通道方式更符合实际使用的情况，但由于它包含了用户的设备连线部分，测试较复杂。一般工程验收测试建议选择基本链路方式或永久链路方式进行。

2）信道模型（Channel）在永久链路模型的基础上，包括了工作区和交接间的设备缆线和跳线在内的整体通道的性能。信道包括最长 90m 的水平线缆、信息插座、可选的转接/汇接点、交接间的配线设备、跳线、设备缆线在内，总长度不得大于 100m。模型连接图同图 5-1，只是图中的附属转接连接器为 CP 点的配线设备。

4. 综合布线系统工程链路性能指标

根据工程中使用材料的类别不同（如 Cat5、Cat5e、Cat6、Cat6A、光纤等），组成的综合布线链路性能指标要求的频率和性能指标、测试项目也不同。可分类如下：

（1）Cat5 水平链路测试项目及性能指标。

使用 Cat5 双绞线电缆及同类别或更高类别的器材（接插硬件、跳线、连接插头、插座）进行安装的链路。Cat5 链路的最高工作频率为 100MHz。

1）Cat5 基本链路（Basic Link）性能指标测试项目：接线图、长度、阻抗、近端串扰、衰减。

2）Cat5 信道（Channel）性能指标测试项目：接线图、阻抗、长度、频率、近端串扰、衰减。

（2）Cat5e 水平链路测试项目及性能指标。

使用 Cat5e（又称超 5 类）双绞线电缆及同类别或更高类别的器件（接插硬件、跳线、连接插头、插座）进行安装的链路。Cat5e 链路的最高工作频率为 100MHz。但性能指标要求更高，同时使用 4 对芯线时，可支持 1000Base-T 以太网工作。测试项目：接线图、阻抗、长度、延迟偏差、传播延迟、回波损耗、近端串扰、衰减、衰减对近端串扰比值、等效远端串扰、综合功率近端串扰、综合功率衰减对近端串扰比值、综合功率等效远端串扰。

1）Cat5e 基本链路（Basic Link）性能指标有频率、衰减、近端串扰、回流损耗、衰减对近端串扰比值、等效远端串扰、综合功率近端串扰、综合功率衰减对近端串扰比值、综合功率等效远端串扰。

2）Cat5e 信道（Channel）性能指标有近端串扰、回流损耗、衰减对近端串扰比值、等效远端串扰、综合功率近端串扰、综合功率衰减对近端串扰比值、综合功率等效远端串扰。

（3）Cat6 水平链路测试项目及性能指标。

使用 Cat6 双绞线电缆及同类别或更高类别的器件（接插硬件、跳线、连接插头、插座）进行安装的链路。Cat6 链路的最高工作频率为 250MHz，同时使用 4 对芯线半双工时，支持 1000Base-T 或更高速率的以太网工作。测试项目：接线图、长度、延迟偏差、传播延迟、回流损耗、近端串扰、衰减、等效远端串扰、综合功率近端串扰、综合功率等效远端串扰。需要提醒的是，在 Cat6 系统中将原来的衰减改称为“插入损耗”，但不少测试仪器仍然沿用衰减的概念。

Cat6 永久链路（Permanent Link）性能指标有频率、插入损耗、近端串扰、综合功率近端串扰、等效远端串扰、综合功率等效远端串扰、回流损耗。

一条通过了测试的永久链路在添加了合格的跳线之后，所构成的“信道”其性能将自动满足标准规定的参数要求。“合格”的跳线是指按照跳线标准已通过了测试的跳线。

建议使用永久链路的测试模型和测试标准进行新安装电缆链路的认证。在永久链路的生命周期中，用户跳线和设备跳线可能会多次更换，而永久链路的质量是不变的。

5. 故障类型

大多数双绞线电缆的故障原因为：

（1）安装错误：需要安装者保持每对线的线对及其对绞关系的正确连接，尽量保持每对线的“原始对绞”结构。

（2）连接器的质量未能满足所要求的传输性能。

（3）错误的测试仪设置。

（4）安装的电缆存在缺陷或损坏。

（5）跳线的错误。

5. 综合布线系统测试项目的含义和技术指标

对双绞线水平布线链路的测试参数标准值主要参考 TIA/EIA 568A、TIA/EIA 568B 和 ISO 11801 和 EN50173 等规范。

（1）接线图。

是测试链路有无端接错误的一项基本检查。正确的线对组合为：1/2，3/6，4/5，7/8。综合布线可使用 A 型（T568A）和 B 型（T568B）两种连接插座和布线排列方式，二者有着固定的排列线序，不能混用和错接。在施工过程中，由于端接、穿放线技术等原因会产生接线错误，当出现不正确连接，测试仪指示接线有误，同时显示接线图测试“失败”。接线图错误类型如图 5-3 所示。故障原因如表 5-1 所示。

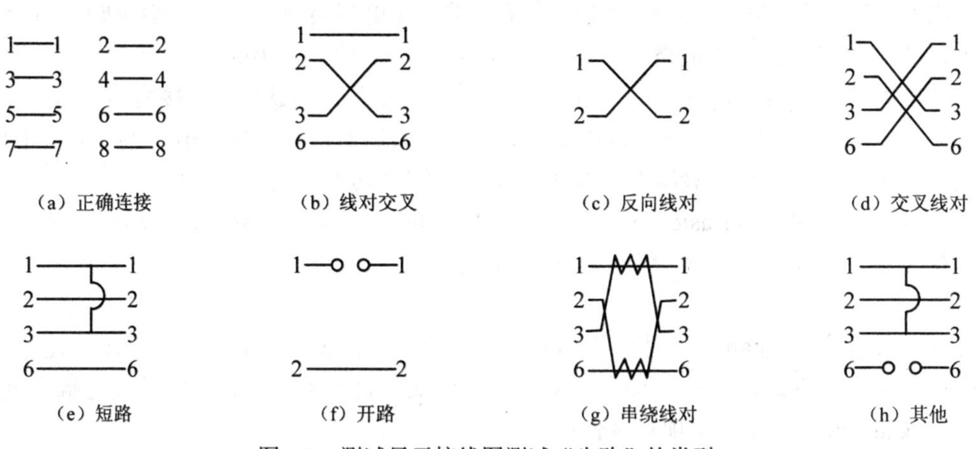

图 5-3 测试显示接线图测试“失败”的类型

（a）正确连接。

（b）线对交叉：1，2 线对中的线与 3，6 线对中的线发生交叉，形成不可识别的回路。

（c）反向线对：同一线对中线 1 和线 2 交叉。

（d）交叉线对：1，2 线对和 3，6 线对交叉。

（e）短路：线 1 和线 3 短路。

（f）开路：线 1 断开。

（g）串绕线对：1，2 线对与 3，6 线对相串绕。

（h）其他接线错误：通常是除 1 外的以上错误类型或它们的组合等错误端接方式。

表 5-1　接线图故障原因

测试结果	结果的可能原因
断线	线路在连接处因外力而折断 电缆敷设到错误的连接点 导线没有正确压入，在 IDC 内未形成接触 连接器不良 导线被切断或损坏 导线在模块或水晶头处被连接到错误的引脚上 特定应用的线缆（例如以太网仅使用了 1/2 或 3/6 线对）
短路	错误的连接器端接 连接器损坏 在连接处导体材料粘在引脚之间构成了回路 线缆损坏（比如装修的钉子） 特定应用的线缆（例如工厂自动化）
线对排列颠倒	线路在模块或水晶头处被连接到错误的引脚上
线对交叉	线路在连接器处或冲压块处连接到错误的引脚上 两端混淆 T568A 和 T568B 布线引脚标准（1/2 和 3/6 交叉） 使用了交叉线（1/2 和 3/6 交叉）
串绕线对	线路在模块或水晶头处被连接到错误的引脚上

（2）布线链路长度。布线链路长度指布线链路端到端之间电缆芯线的实际物理长度，由于各线对的绞距不同，在布线链路长度测试时，要分别测试 4 对线的物理长度，因此 4 对线测试结果有所差异，并且测试结果会大于布线所用电缆长度。表 5-2 所示为长度测试结果的可能原因。

计算链路长度依据：L=T/2*[NVP*C]；NVP=信号传输速度/光速；T：测试信号的往返时间。

表 5-2　测试结果与长度因素有关情况

测试结果	结果的可能原因
长度超出限制	线缆过长：检查是否有盘绕的多余线缆，如果有则去除 错误地设置了 NVP 值
报告的长度短于已知的长度	线缆中存在断线
一个或多个线对非常短	线缆损坏 连接有问题

（3）衰减。由于集肤效应，绝缘损耗、阻抗不匹配、连接电阻等因素，信号沿链路传输损失的能量称为衰减。传输衰减主要测试传输信号在每个线对两端间的传输损耗值，及同一条电缆内所有线对中最差线对的衰减量，相对于所允许的最大的衰减值的差值。对一条布线链路来说，衰减量由下述各部分构成。可能的原因见表 5-3。

1）每个连接器对信号的衰减量。

2）构成通道链路方式的 10m 跳线或构成基本链路方式的 4m 设备接线对信号的衰减。

3）布线电缆对信号的衰减。

表 5-3　造成衰减的可能原因

测试结果	结果的可能原因
超过限制	• 长度太长 • 未对绞或跳线质量差 • 高阻抗连接：请使用仪器的时域反射技术来排除故障 • 错误的电缆类型：例如在 5 类链路中误用了 3 类线 • 对被测链路选择了错误的自动测试标准

4）近端串扰损耗一条链路中，处于线缆一侧的某发送信号线时，对于同侧的其他相邻（接收）线对通过电磁感应所造成的信号耦合，即近端串扰。定义近端串扰值（dB）和导致该串扰的发送信号参考值（0dB）的差值（dB），为近端串扰损耗。越大的 NEXT 值，近端串扰损耗越大，这也是我们所希望的。因为人们总是希望被测线对的被串扰的程度越小越好，某线对受到越小的串扰意味着该线对对外界串扰具有越大的损耗能力，这就是为什么不直接定义串扰，而定义成串扰损耗的原因所在。近端串扰损耗是随频率增加而减小的量。如表 5-4 所示。

表 5-4　造成 NEXT 的可能原因

测试结果	结果的可能原因
失败 *失败或*通过	• 在连接点对绞不好 • 插头和插座匹配不良（6 类线/E 级链路需要保证元器件的一致性） • 错误的链路适配器（在 6 类链路中使用了 5 类适配器） • 跳线质量差 • 连接器损坏 • 线缆质量差 • 串绕线 • 耦合器使用不当 • 塑料电缆扎带过紧导致过大的线对间压力 • 测试现场存在过量的电磁噪声干扰源
未预期的通过	• 打结并不总会造成 NEXT 失败，尤其是在优质线缆上以及距离链路末端很远时（例如用 5 类链路标准去测量劣质的“6 类”链路） • NEXT 曲线显示低频“失败”但总结果仍通过，这是 ISO/IEC 标准中的 4dB 原则规定 NEXT 的结果当插入损耗<4dB 时并不判定“失败”

（5）综合功率近端串扰。在 4 对双绞线的一侧，3 个发送信号的线对向另一相邻接收线对产生串扰的总和。近似为：N4=N1+ N2 + N3，其中 N1，N2，N3 分别为线对 1、线对 2、线对 3 对线对 4 的近端串扰值。

（6）衰减串扰比值。衰减串扰比值定义为：在受相邻发送信号线对串扰的线对上其串扰损耗（NEXT）与本线对传输信号衰减值的差值（dB），即：ACR（dB）= NEXT（dB）-A（dB）。

（7）等效远端串扰损耗。等效远端串扰损耗是指某对线上远端串扰损耗与该线路传输信号衰减差。也称为远端 ACR。从链路近端线缆的一个线对发送信号，该信号沿路经过线路衰减，从链路远端干扰相邻接收线对，定义该远端串扰损耗值为 FEXT。FEXT 是随链路长度（传输衰减）而变化的量。

ELFEXT（dB）= FEXT（dB）-A（dB）（A 为受串扰接收线对的传输衰减）。

（8）综合功率等效远端串扰。综合功率等效远端串扰测量原理就是测量 3 个相邻线对对某线对等效远端串扰总和。

（9）回波损耗。回波损耗是由线缆与接插件构成链路时，由于特性阻抗偏离标准值导致功率反射而引起的。RL 由输出线对的信号幅度和该线对所构成的链路上反射回来的信号幅度的差值导出。表 5-5 所示为回波损耗可能造成的原因。

表 5-5　回波损耗可能造成的原因

测试结果	结果的可能原因
失败 *失败或*通过	• 跳线阻抗不是 100Ω • 制作跳线时的错误“操作”使其阻抗发生了改变 • 安装操作失误（未对绞或线缆打结，应该尽量保持每对线对的原有对绞） • 多余的线缆被紧塞在电信插座盒中 • 连接器质量差 • 电缆阻抗不一致 • 电缆阻抗不是 100 Ω • 跳线与水平电缆的接头处阻抗不匹配 • 插头和插座匹配不良 • 使用了 120 Ω的线缆 • 在电信箱内存在成盘的多余尾缆 • 选择了不当的自动测试标准 • 链路适配器存在缺陷
未预期的通过	• 打结并不一定造成回波损耗失败，尤其是在优质线缆上以及距离链路末端很远时 选择了错误的自动测试标准（更容易通过 RL 测试极限） • RL 低频“失败”但整体结果仍通过。根据 3dB 原则，当链路的插入损耗<3dB 时，总的测试结果不会判为“失败”

（10）传播延迟。传播延迟是指信号从链路的一端传播到另一端所需的时间。

（11）传播延迟偏差。以同一缆线中信号传播时延最小的线对作为参考 0，其余线对与参考线对时延差值。如表 5-6 所示。

表 5-6　传播延迟偏差造成的可能原因

测试结果	结果的可能原因
超过限制	线缆太长——传输延时过大 线缆对不同的线对使用了不同的绝缘材料和绞接率（延时差）

6 类缆线以上新增的参数：外部近端串扰/综合外部近端串扰和外部远端串扰/综合外部远端串扰。如表 5-7 所示。

表 5-7 外部近端串扰/综合外部近端串扰和外部远端串扰/综合外部远端串扰可能的原因

测试结果	结果的可能原因
失败	总体原则：首先排除 NEXT 故障，这一般能解决任何 ACR-F(ELFEXT)不通过的问题
*失败或*通过	存在成盘的且卷绕过紧的电缆

（12）电阻（见表 5-8）。

表 5-8 电阻

测试结果	结果的可能原因
失败 *失败或*通过	• 线缆长度超长 • 触点氧化导致连接质量不好 • 边缘残留的导体导致连接质量不好 • 导线直径过细 • 错误的跳线类型

Link ware 测试软件的测试结果分析界面如图 5-4 所示。

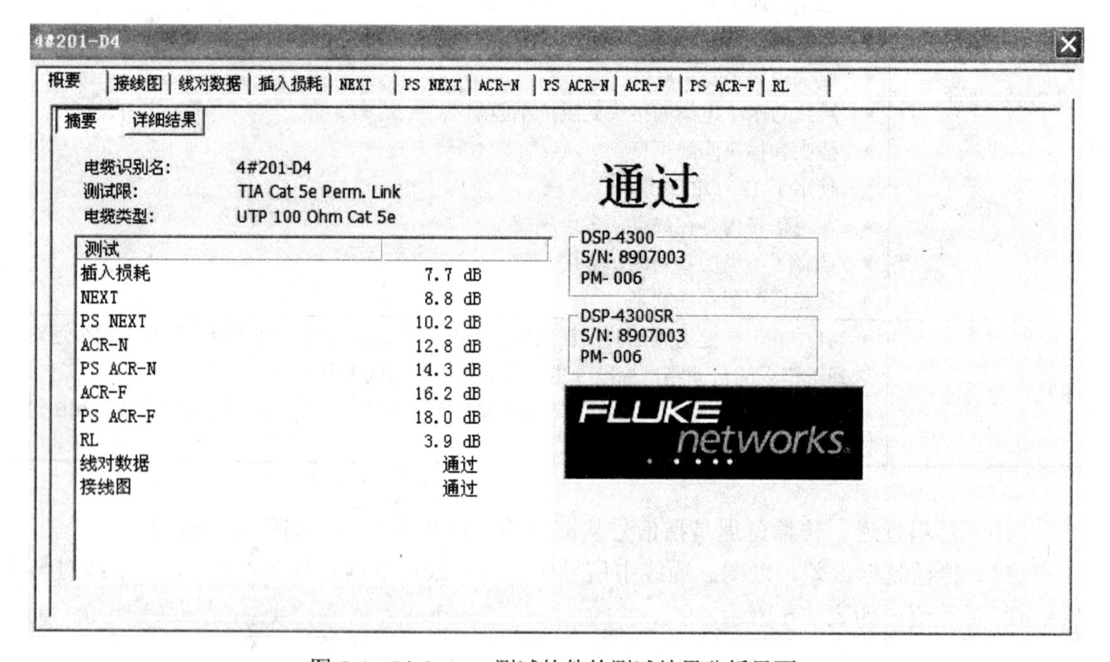

图 5-4 Link ware 测试软件的测试结果分析界面

三、技能实训

实训 1：单个参数测试

- 练习测试接线图（连通性、开路、短路、错对、反接、串绕、其他）
- 练习测试长度（选用 TIA 永久链路标准，使用 ISO/IEC 11801:2002 标准分别测试长度不同的几条链路，观察数值结果与极限值）
- 练习测试传输时延，观察数值结果和极限值
- 练习测试时延偏离，观察数值结果和极限值

- 练习测试衰减，观察数值结果和曲线结果
- 练习测试 NEXT，观察数值结果和曲线结果
- 练习测试回波损耗，观察数值结果和曲线结果
- 练习测试 ACR，观察数值结果和曲线结果
- 练习测试 ELFEXT，观察数值结果和曲线结果

DSP-4xxx 的故障诊断

超 5 类和 6 类标准对近端串扰和回波损耗等参数的要求非常严格，即使所有器件都达到规定的指标且施工工艺也可达到满意的水平，但非常可能的是链路测试失败。综合布线存在的故障包括接线图错误、电缆长度问题、衰减过大、近端串扰过高和回波损耗过高等。为了保证工程的合格，故障需要及时解决，因此对故障的定位技术和定位的准确度提出了较高的要求，诊断能力可以节省大量的故障诊断时间。DSP-4xxx 可采用两种先进的高精度时域反射（HDTDR）分析和高精度时域串扰（HDTDX）分析对故障定位分析。

（1）高精度时域反射（High Definition Time Domain Reflectometry，HDTDR）分析，主要用于测量长度、传输时延（环路）、时延差（环路）和回波损耗等参数，并针对有阻抗变化的故障进行精确的定位，用于与时间相关的故障诊断。

该技术通过在被测试线对中发送测试信号，同时监测信号在该线对的反射相位和强度来确定故障的类型，通过信号发生反射的时间和信号在电缆中传输的速度可以精确地报告故障的具体位置。测试端发出测试脉冲信号，当信号在传输过程中遇到阻抗变化就会产生反射，不同的物理状态所导致的阻抗变化是不同的，而不同的阻抗变化对信号的反射状态也是不同的。当远端开路时，信号反射并且相位未发生变化，而当远端为短路时，反射信号的相位发生了变化，如果远端有信号终结器，则没有信号反射。测试仪就是根据反射信号的相位变化和时延来判断故障类型和距离的。

（2）高精度时域串扰（High Definition Time Domain Crosstalk，HDTDX）分析，通过在一个线对上发出信号的同时，在另一个线对上观测信号的情况来测量串扰相关的参数以及故障诊断，以往对近端串扰的测试仪能提供串扰发生的频域结果，即只能知道串扰发生在哪个频点，并不能报告串扰发生的物理位置，这样的结果远远不能满足现场解决串扰故障的需求。由于是在时域进行测试，因此根据串扰发生的时间和信号的传输速度可以精确地定位串扰发生的物理位置。这是目前唯一能够对近端串扰进行精确定位并且不存在测试死区的技术。

实训 2：接线故障的定位

- 与线序有关的故障：错对，反接，跨接等通过测试结果屏幕直接发现的问题。
- 与阻抗有关的故障：开路，短路等使用 HDTDR 定位。
- 与串扰有关的故障：串绕使用 HDTDX 定位。

实训 3：安装永久链路测试模型，选择不同测试标准进行测试

实训 4：安装信道链路测试模型，选择不同测试标准进行测试

实训 5：搭建混合测试模型，要求利用用户跳线进行通道或永久链路测试

实训 6：到施工现场，对实际工程测试并生成测试报告

FLUKE DTX 系列电缆认证测试仪介绍

无论是选型测试、进场测试、随工测试、监理测试、验收测试、开通测试、定期测试、故障诊断测试等都可以使用 DTX 系列电缆分析仪配合相应的适配器来便捷地实施。测试电缆元件可以选择 DTX-1800 加 LABA 适配器来完成，测试跳线元件可以选择 DTX-1800 加 PCU6S

或LABA适配器来实现，测试链路则可以使用通道和永久链路适配器来实现（DTX-1800已经默认配置）。特殊地，对于支持万兆的链路，还可以进一步选用10G KIT包来完成外部串扰的认证测试。

DTX系列电缆认证测试仪是 FLUKE公司于2004年上半年推出的新一代铜缆和光缆认证测试平台。目前有 DTX-LT、DTX-1200、DTX-1800 等 3 种型号，其测试速度快，9s 完成一条6类链路测试：达到IV级认证测试精度；彩色中文界面，操作方便；12h电池使用时间；双光缆双向双波长认证测试，集成 VFL 可视故障定位仪；特别是DTX-1800的测试带宽高达900MHz，满足7类布线系统测试要求。图5-5所示为光缆验证工具套件。

图5-5 光缆验证工具套件

任务二 光纤链路测试模型及性能指标

一、任务目标与要求

- 知识目标：掌握光纤链路的测试模型。熟知光纤测试的技术参数与含义。
- 能力目标：掌握测试设备的使用方法；能够分析故障产生的原因并能排除故障。掌握测试报告及文档的制作方法。

二、相关知识与技能

对光纤测试主要是衰减测试和光缆长度测试。衰减测试就是对光功率损耗的测试，引起光纤链路损耗的原因主要有：材料原因，光纤纯度不够和材料密度的变化太大；光缆的弯曲程度，包括安装弯曲和产品制造弯曲问题，光缆对弯曲非常敏感，如果弯曲半径大于光缆外径的2倍，大部分光保留在光缆核心内，单模光缆比多模光缆更敏感；光缆接合和连接的耦合损耗主要由截面不匹配、间隙损耗与轴心不匹配和角度不匹配造成；低损耗光缆的大敌是不洁净的连接或连接质量不良，灰尘阻碍光传输，手指的油污影响光传输，不洁净光缆连接器可扩散至其他连接器。

1. 水平光缆布线测试连接模型

和双绞线布线测试模型相比，综合布线系统工程中的水平光缆布线测试模型比较单一。

其测试模型如图 5-6 所示。主要由光功率计、光源、光纤跳线以及被测的链路组成。

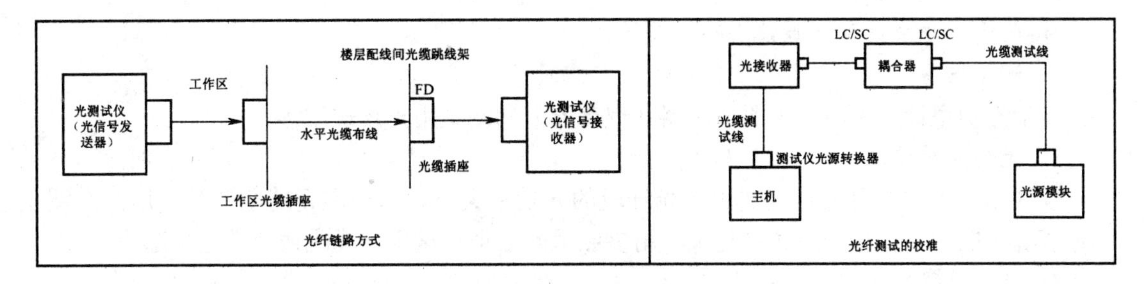

图 5-6　光纤测试链路和校准示意

（1）光纤水平布线链路。楼宇内光纤水平布线也常被称为光纤到桌面，一般使用多模光纤，也可使用单模光纤。根据不同需求可以选择的多模光纤为 62.5/125μm 和 50/125μm 两种。使用模式带宽分别为 200MHz·km 和 500MHz·km（参见 GB/T50311-2007）。

（2）光纤传输链路测试参数含义。楼宇内布线使用的多模光纤其主要的技术参数为：衰减、带宽。

光纤可工作在 850nm，1300nm 双波长窗口。

在 850 nm 下满足工作带宽 160MHz·km（62.5μm），400MHz·km（50μm）；

在 1300nm 下满足工作带宽 500MHz·km（62.5μm，50μm）；

在保证工作带宽下，传输衰减是光纤链路最重要的技术参数。

A 光＝a L = 10 log（P1/P2），其中：

L：光纤光度；

a：衰减系数；

P1：光信号发生器在光纤链路始端注入光纤的光功率；

P2：光信号接收器在光纤链路末端接收到的光功率。

光纤链路衰减计算：

A（总）= Lc+ Ls + Lf+ Lm，其中：

Lc：连接器衰减；

Ls：连接头衰减；

Lf：光纤衰减；

Lm：余量：由用户选定。

一般情况下，楼宇内光纤长度不超过 500m 时，在设定测试标准时，A（总）应为：

850nm 下≤3.5dB

1300nm 下≤2.2dB

对已敷设的光缆，可用插损法来进行衰减测试，即用一个功率计和一个光源来测量两个功率的差值。一个是从光源注入到光缆的能量，另一个是从光缆段的另一端射出的能量。测量时为确定光纤的注入功率，必须对光源和功率计进行校准。校准后的结果可为所有被测光缆的光功率损耗测试提供一个基点，两个功率的差值就是每个光纤链路的损耗。

（3）光纤衰减测试准备工作。

① 确定要测试的光缆。

② 确定要测试光纤的类型。

③ 确定光功率计和光源与要测试的光缆类型匹配

④ 校准光功率计。

⑤ 确定光功率计和光源处于同一波长。

2. 测试设备

包括光功率计、光源、参照适配器（耦合器）和测试用光缆跳线等。

3. 光功率计校准

校准光功率计的目的是确定进入光纤段的光功率大小。当校准光功率计时，用两个测试用光缆跳线把功率计和光源连接起来，用参照适配器把测试用光缆跳线两端连接起来。

4. 光纤链路的测试

测试的目的是要了解光信号在光纤路径上的传输衰耗，该衰耗与光纤链路的长度、传导特性、连接器的数目和接头的多少有关。测试操作如下：

① 测试按图 5-7 所示进行连接。

② 测试连接前应对光连接的插头、插座进行清洁处理，防止由于接头不干净带来附加损耗，造成测试结果不准确。

③ 向主机输入测量损耗标准值。

④ 操作测试仪，在所选择的波长上分别进行 AB，BA 两个方向的光传输衰耗测试。

⑤ 报告在不同波长下不同方向的链路衰减测试结果："通过"与"失败"。

单模光纤链路的测试同样可以参考上述过程进行，但光功率计和光源模块应当换为单模的，波长也改为 1310nm 和 1550nm。

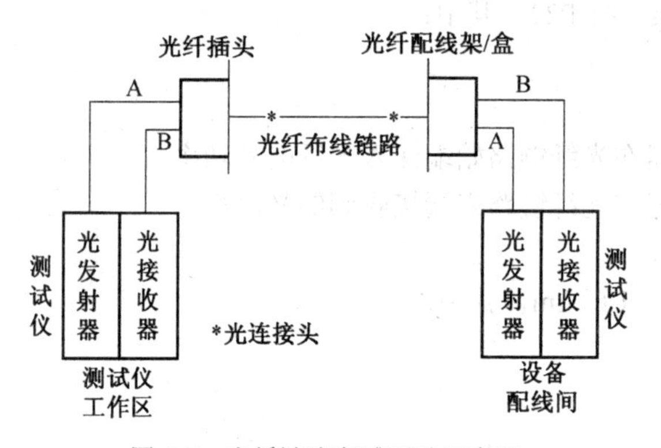

图 5-7 光纤链路衰减测试示意图

三、技能实训

实训 1：单个参数测试

练习测试衰减，观察数值结果和曲线结果。

练习测试带宽，观察数值结果和曲线结果。

实训 2：接线故障的定位

实训 3：搭建单模或多模光纤的测试模型进行测试

四、产品展示

综合布线的验收测试报告是整个布线工程质量的关键文档，是网络运行和维护人员不可或缺的网络文档之一，它与网络应用能否正常运行息息相关。

对于测试结果的管理，我们应该注意四个部分，一是测试结果是根据标准来做评估的。二是测试仪器精度的翻译。就一般标准来说，如果测试结果与测试标准之间的差异小于测试仪器的精度，就必须提示用户，因为这代表测试结果即测试布线的性能在一个灰色的环境中，因此测试结果中有一个*号。三是测试结果的真实性，如果测试结果可以轻易被改动，测试结果和报告就没有意义了，因此管理测试结果的时候，应该尽量做到不能或不容易去改变，以保证它的真实性。四是现在的测试参数比较多，且测试结果对精度要求比较高，因此需要测试管理软件来比较容易地寻找、查询、处理多个报告，如图 5-8 所示。图 5-9 为某测试点的测试数据。

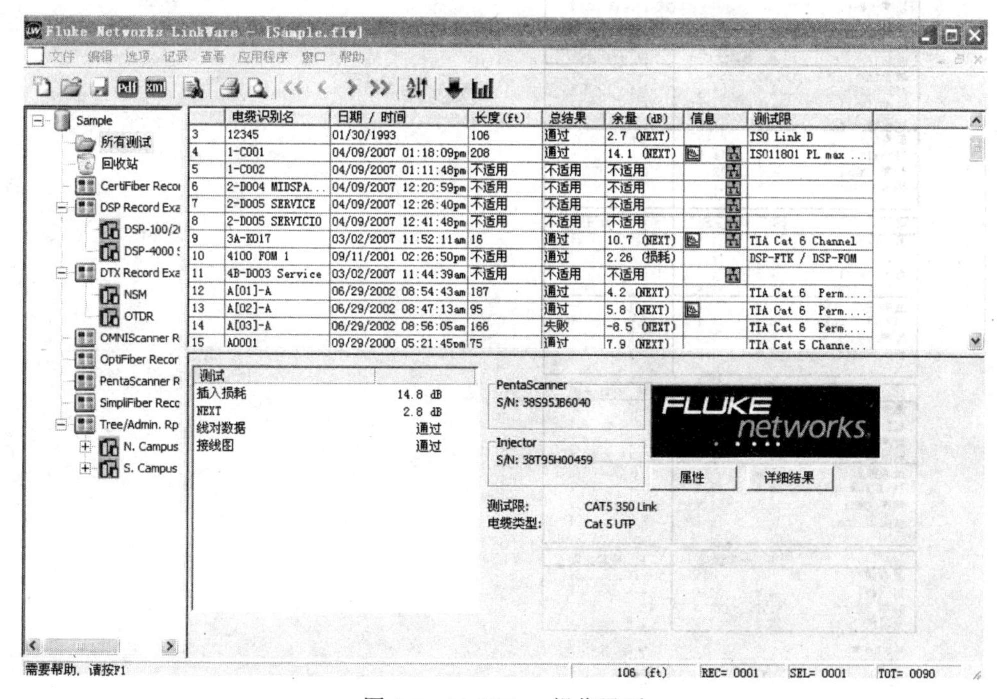

图 5-8　LinkWare 操作界面

LinkWare 软件是 FLUKE 网络公司针对测试产品设计的软件。该款软件的特点：

对于 LinkWare 软件来说如果测试标准是改动过的，在测试标准那一栏就会出现一个*号，这代表不是原工业标准的标准，而是经过改动与真正标准有分别的标准。

在 LinkWare 软件上如果每一项测试结果在灰色位置时都会看到有一个*号，此时表示测试仪器精度出现问题，需要校准测试仪器。

LinkWare 软件中测试数据库是保密的，用户不能改动数据库中任何测试结果参数，这样就可以保证测试仪测试完后，送到计算机中用 LinkWare 进行管理的测试结果是绝对正确的。换句话说，如果用户收到的测试结果来自于 LinkWare 软件，则用户就有信心知道这些测试结果就是原来用测试仪器测试出的真实结果。用电子文件的方式传送测试结果比打印出的测试报告更容易传输和传递，也更利于做分析和评估。

LinkWare 软件具备丰富的筛选和查找功能，用户可以方便找到所要查看的测试结果。

LinkWare 软件还可以方便地对测试报告进行归类，例如按照不同的项目进行归类，这样对于布线公司来说处理测试结果的时候就会非常方便。

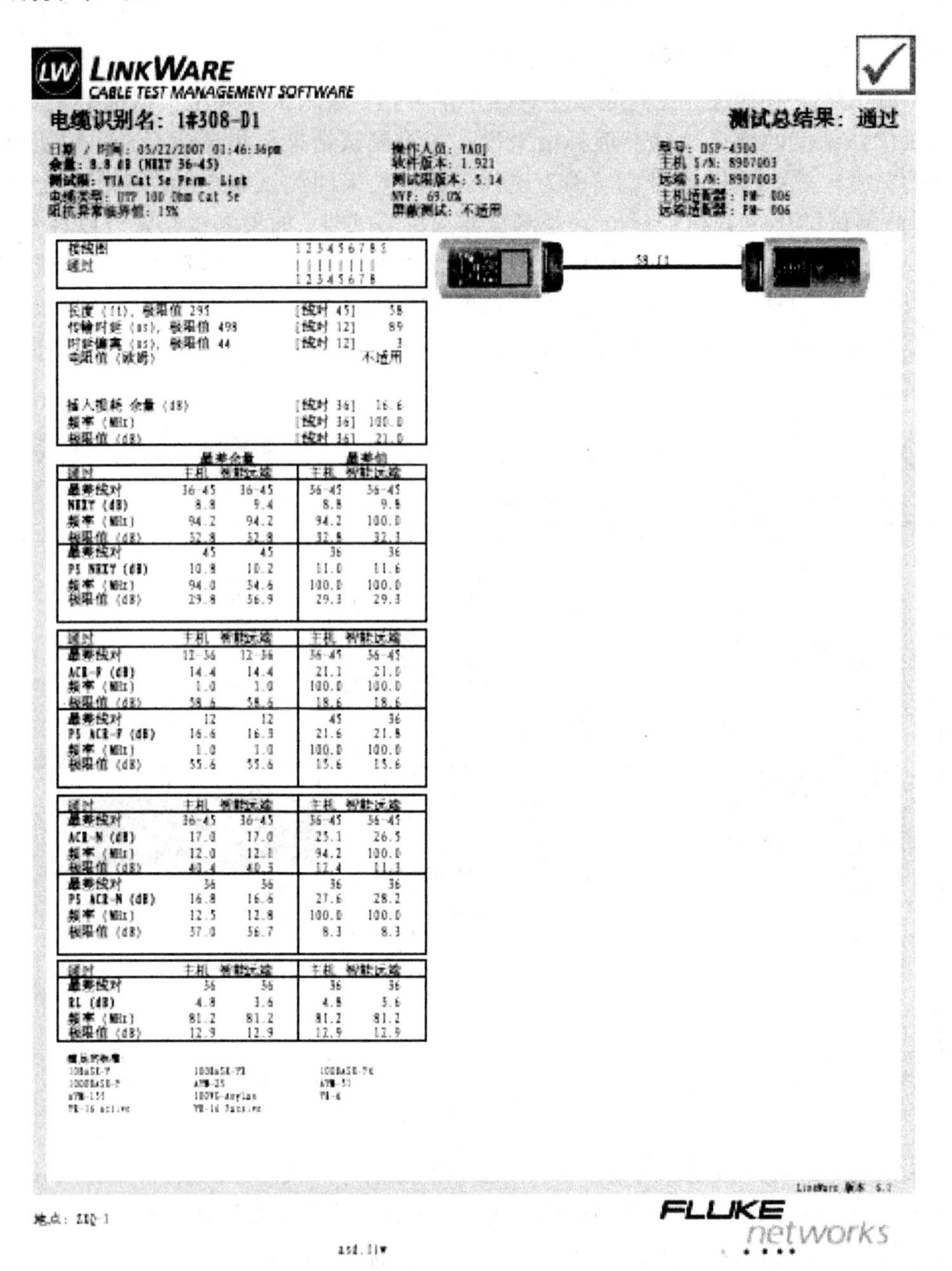
LINKWARE
CABLE TEST MANAGEMENT SOFTWARE

电缆识别名：1#308-D1　　　　测试总结果：通过

日期 / 时间：05/22/2007 01:46:36pm
余量：8.8 dB (NEXT 36-45)
测试限：TIA Cat 5e Perm. Link
电缆类型：UTP 100 Ohm Cat 5e
阻抗异常临界值：15%

操作人员：YAOJ
软件版本：1.921
测试限版本：5.14
NVP：69.0%
屏蔽测试：不适用

型号：DSP-4300
主机 S/N：8907003
远端 S/N：8907003
主机适配器：PM-006
远端适配器：PM-006

接线图　1 2 3 4 5 6 7 8 S
通过　　1 2 3 4 5 6 7 8

长度（ft），极限值 295	[线对 45]	58
传输时延（ns），极限值 498	[线对 12]	89
时延偏离（ns），极限值 44	[线对 12]	3
电阻值（欧姆）		不适用
插入损耗 余量（dB）	[线对 36]	16.6
频率（MHz）	[线对 36]	100.0
极限值（dB）	[线对 36]	21.0

	最差余量		最差值	
线对	主机	智能远端	主机	智能远端
最差线对	36-45	36-45	36-45	36-45
NEXT (dB)	8.8	9.4	8.8	9.8
频率（MHz）	94.2	94.2	94.2	100.0
极限值（dB）	32.8	32.8	32.8	32.3
最差线对	45	45	36	36
PS NEXT (dB)	10.8	10.2	11.0	11.6
频率（MHz）	94.0	34.6	100.0	100.0
极限值（dB）	29.8	36.9	29.3	29.3

线对	主机	智能远端	主机	智能远端
最差线对	12-36	12-36	36-45	36-45
ACR-F (dB)	14.4	14.4	21.3	21.0
频率（MHz）	1.0	1.0	100.0	100.0
极限值（dB）	58.6	58.6	18.6	18.6
最差线对	12	12	45	36
PS ACR-F (dB)	16.6	16.3	21.6	21.8
频率（MHz）	1.0	1.0	100.0	100.0
极限值（dB）	55.6	55.6	15.6	15.6

线对	主机	智能远端	主机	智能远端
最差线对	36-45	36-45	36-45	36-45
ACR-N (dB)	17.0	17.0	25.1	26.5
频率（MHz）	12.0	12.0	94.2	100.0
极限值（dB）	40.4	40.3	17.4	11.3
最差线对	36	36	36	36
PS ACR-N (dB)	16.8	16.6	27.6	28.2
频率（MHz）	12.5	12.8	100.0	100.0
极限值（dB）	37.0	36.7	8.3	8.3

线对	主机	智能远端	主机	智能远端
最差线对	36	36	36	36
RL (dB)	4.8	3.6	4.8	3.6
频率（MHz）	81.2	81.2	81.2	81.2
极限值（dB）	12.9	12.9	12.9	12.9

图 5-9　测试数据的 PDF 文档格式

LinkWare 软件也是一个测试结果管理和显示的平台，不单只针对双绞线测试结果，同时也可用于光缆测试结果的管理，使测试结果的管理方便有效。例如它还可以作为 FLUKE 网络公司的 OptiFiber 光缆认证（OTDR）分析仪，甚至是通过一些光功率衰减测试仪器的测试结果管理平台。

思考与练习

1．简述验证性和认证性测试的异同点。

2．基本链路、永久链路和信道的异同点？

3．简述长度测试的工作原理。

4．解释 FLUKE DSP 4xxx 仪表中的余量的含义。

5．测试前为什么需要校表？

6．RL 的含义和测试失败的原因是什么？在 FLUKE DSP 4xxx 中用什么方法进行分析？

项目六　工程验收和招投标

项目目标与要求

- 了解工程验收的程序。
- 了解招投标的程序。
- 掌握竣工文档的编写方法。
- 掌握招标书和投标书的内容和编写方法。
- 知道项目管理的作用。

任务一　工程验收

一、任务目标与要求

- 知识目标：知道工程验收的依据。知道工程的竣工资料包含的内容。
- 能力目标：能够编制各类竣工文档。

二、相关知识与技能

工程的验收是全面考核工程的建设工作，检验设计水平和确保工程质量的重要环节，也是工程质量的四大要素“设计、产品、施工、验收”的一个组成内容。工程的验收体现于新建、扩建和改建工程的全过程，就综合布线系统工程而言，又和土建工程密切相关，而且涉及到与其他行业间的接口处理。验收分随工验收、初步验收、竣工验收等几个阶段，每一阶段都有其特定的内容。

1. 工程验收的依据

① 工程的验收工作，必须按照国家规定的工程建设项目竣工验收办法和工作要求实施。

② 按照GB 50312-2007《综合布线系统工程验收规范》的有关规定，在工程施工过程中，施工单位必须重视质量，加强自检和随工检查等技术管理措施。建设单位的常驻工地代表或工程监理人员必须按照规范对工程质量进行检查，力求消灭一切因施工质量而造成的隐患。对综合布线系统工程而言，在竣工验收之前，建设单位为了充分做好准备工作，需要有一个自检阶段和初检阶段。验收的主要内容为：环境检查、器材检验、设备安装检验、缆线敷设和保护方式检验、缆线终接、工程电气测试和管理系统等。

由于智能化小区的综合布线系统既有建筑物内的各子系统，又有屋外的建筑群主干布线子系统。因此，对于综合布线系统工程的工程验收，除应符合《综合布线系统工程验收规范》外，与综合布线系统衔接的城市电信接入网设施还应符合国家现行的《本地网通信线路工程验收规范》、《通信管道工程施工及验收技术规范》、《电信网光纤数字传输系统工程施工及验收暂行技术规定》、《市内通信全塑电缆线路工程施工及验收技术规范》等有关的规定。其中建筑群主干布线系统的屋外线路施工要求，可参照上述类同的标准执行。

2. 工程的初步验收

对所有的新建、扩建和改建项目，都应在完成施工调测之后进行初步验收。初步验收的时间应在原定计划的建设工期内进行，由建设单位组织相关单位（如设计、施工、监理、使用等单位人员）参加。初步验收工作包括检查工程质量，审查竣工资料、对发现的问题提出处理的意见，并组织相关责任单位落实解决。

初步验收的依据：可行性研究报告；工程招标书；技术设计方案；施工图设计；设备技术说明书；设计修改变更单；现行的技术验收规范；相关单位同意的审批、修改、调整的意见书面文件；验收测试报告。

3. 竣工决算和竣工资料移交

首先要了解工程建设的全部内容，弄清其全过程，掌握项目从发生、发展、完成的全部过程，并以图、文、声、像的形式进行归档。

应当归档的文件，包括在项目的提出、调研、可行性研究、评估、决策、计划、勘测、设计、施工、测试、竣工的工作中形成的文件材料。其中竣工图技术资料是工程使用单位长期保存的技术档案，因此必须做到准确、完整、真实，必须符合长期保存的归档要求。竣工图必须做到：①与竣工的工程实际情况完全符合。②保证绘制质量，做到规格统一，字迹清晰，符合归档要求。③经过施工单位的主要技术负责人审核、签认。

4. 工程的竣工验收

综合布线系统接入电话交换系统、计算机局域网或其他弱电系统，在试运转后的半个月至三个月内，由建设单位向上级主管部门报送竣工报告（含工程的初步决算及试运行报告）。主管部门接到报告后，组织相关部门按竣工验收办法对工程进行验收。工程竣工验收为工程建设的最后一个程序，对于大、中型项目可以分为初步验收和竣工验收两个阶段。一般综合布线系统工程完工后，尚未进入电话、计算机或其他弱电系统的运行阶段，应先期对综合布线系统进行竣工验收，验收的依据是在初验的基础上，对综合布线系统各项检测指标认真考核审查，如果全部合格，且全部竣工图纸资料等文档齐全，也可对综合布线系统进行单项竣工验收。

（1）产品入场抽检（见施工项目，不再赘述）。对有些大的工程项目，应更进一步检查。可要求供应商提供进口产品的报关单、原材料的供应商名称等项目。

（2）施工中的检验。又称随工验收，在工程中为随时考核施工单位的施工水平和施工质量，对产品工程的整体技术指标和质量有一个了解，部分的验收工作应该在随工中进行（比如布线系统的电气性能测试工作、隐蔽工程等）。这样可以及早地发现工程质量问题，避免造成人力和器材的大量浪费。随工验收应对工程的隐蔽部分边施工边验收，在竣工验收时，一般不再对隐蔽工程进行复查，由工地代表和质量监督员负责。

施工中的检查，包括线缆类（双绞线、光纤光缆）的敷设、线缆与连接件的端接安装以及机柜机架的安装，绝大部分是隐蔽工程，需要边施工边验收。因此经常称为随工验收。

1）室内部分缆线的敷设检查内容如表 6-1 所示。

过程检查：①桥架线槽的安装规范；②线缆的路由、环境、与电力系统的关系、与其他管线的关系；③桥架线槽的利用率；④线缆的标识；⑤线缆是否存在打结、扭曲、缠绕等现象；⑥施工中线缆的拉力；⑦线缆的弯曲半径；⑧线缆外皮的保护等方面的内容。

表 6-1　室内缆线敷设检查内容

楼内电光缆布放	电缆桥架及线槽布放	安装位置正确；安装符合工艺要求；符合布放线缆工艺要求；接地	随工检查
	缆线暗敷（包括暗管、线槽、地板等方式）	缆线规格、路由、位置；符合布放线缆工艺要求；接地	随工检查

施工中容易出现的问题：①路由设计不合理或客观条件限制，造成弯曲半径小于或等于90°；②利用率或角度不合理，导致施工中的拉力超过要求，损害线缆整体性能；③线缆和干扰源没有按规定保持距离，造成测试结果不合格或网络运行不正常。

2）室外部分线缆的敷设检查内容如表 6-2 所示。

过程检查：①检查所选用材料的使用场合：室内型、室外型；②管道、架空、隧道、直埋的安装规范；③线缆的路由环境；④管道、架空、隧道、直埋的空间状况；⑤施工中线缆的拉力；⑥线缆是否存在打结、扭曲、缠绕等现象；⑦线缆的弯曲半径；⑧线缆外皮的保护等方面的内容。

表 6-2　室外缆线敷设检查内容

楼间电光缆布放	架空缆线	吊线规格、架设位置、装设规格；吊线垂度；缆线规格；卡、挂间隔；缆线的引入符合工艺要求	随工检查
	管道缆线	使用管孔孔位；缆线规格；缆线走向；缆线的防护设施的设置质量	隐蔽工程签证
	埋式缆线	缆线规格；敷设位置、深度；缆线的防护设施的设置质量；回土夯实质量	隐蔽工程签证
	隧道缆线	缆线规格；安装位置、路由；土建设计符合工艺要求	隐蔽工程签证
	其他	通信线路与其他设施的间距；进线室安装、施工质量	随工检验或隐蔽工程签证

施工中容易出现的问题：①入楼接入处受客观条件限制，造成弯曲半径小于或等于90°；②利用率或角度不合理，导致施工中的拉力超过要求，损害线缆整体性能；③线缆路由中的跨度间隔以及固定；④线缆和干扰源没有按规定保持距离，造成测试结果不合格或网络运行不正常。

3）线缆与连接件的端接安装检查内容如表 6-3 所示。

表 6-3　线缆与连接件的端接安装检查内容

缆线端接	8 位模块式通用插座	规格、位置、质量；各种螺丝必须拧紧；标志齐全；安装符合工艺要求；屏蔽层可靠连接；	随工检查
	配线部件		
	光纤插座		
	各类跳线		

线缆与连接件端接安装检查：①线缆在端接处预留的长度；②双绞线的芯线部分非双绞的长度；③电缆外皮剥开的长度；④在端接处的线缆整理与绑扎；⑤规范安装信息模块、光纤连接器；⑥光纤的熔接和端接；⑦合理使用成型跳线；⑧采用专用施工工具。

安装场地端接检查应该注意：①机架式和壁挂式产品的选用；②大对数电缆、光缆的芯线色标；③配线架和理线架的搭配使用；④线缆进入机架的安装与整理。

施工中容易出现的问题：①预留长度不够，造成端接施工困难；②线缆绞距分开长度超过规定，造成性能下降；③线缆标记不规范，造成施工困难；④不采用专用工具施工，损害整体链路性能；⑤不采用理线架，跳线混乱，标记不全，造成管理困难。

4）机柜机架的安装检查内容如表 6-4 所示。

表 6-4　机柜机架安装检查内容

设备安装	交接间 设备间 设备机柜 机架	规格、外观；安装垂直、水平度；油漆不得脱落，标志完整齐全；各种螺丝必须紧固；抗震加固措施；接地措施	随工检查

机柜机架的安装检查：①机架（柜）安装后水平误差<2mm，垂直误差<3mm；②机架（柜）正面净空不小于 0.8m，背面净空不小于 0.6m；③壁挂式机架（柜）位置宜安装在适合操作位置不低于 30cm；④交接（配线）箱宜安装在墙体内，箱体高于地面 50cm；⑤接地状况。

施工中容易出现的问题：①空间狭小，造成施工困难；②和其他设备公用空间，注意干扰；③各种防止过流、过压、雷击、接地的措施没有得到落实。

5）系统的测试检查内容如表 6-5 所示。

表 6-5　系统测试检查内容

系统测试	电气性能测试	见测试项目	随工或竣工检验
	光纤特性测试	衰减和长度	随工或竣工检验

施工中容易出现的问题及解决见测试项目。

6）管理系统和工程总验收如表 6-6 所示。

表 6-6　管理系统和工程总验收内容

管理系统	管理系统级别 标识符与标签设置 记录和报告	符合设计要求；专业标识符类型及组成；标签设置；标签材质及色标；记录信息；报告；工程图纸	竣工检验
工程总验收	竣工技术文件 工程验收评价	清点技术文件 考核工程质量，确认验收结果	竣工检验

竣工验收资料包含：竣工报告如图 6-1 示意；验收记录如图 6-2 示意；工程说明；信息点分布图；机柜配线架示意图；汇聚层 ODF 架示意图；光纤走向图；测试报告等内容。

5. 工程说明

工程概述：根据工程合同，完成的工作说明。

（1）XX 的 XX 部分安装。XX 的 XX 部分安装分为宿舍和办公楼两个部分，汇聚层机房在**综合楼，宿舍共计 6 栋，其中 6#（老光纤重新熔接）没有新增光纤（原有光纤，其余没有说明的都是新增光缆）；办公楼包含科技 1#楼（老光纤重新熔接）、2#楼（原有光纤）、3#楼、4#楼总计敷设光缆 28 根，安装信息点 5625 个。

1）水平线缆采用普天超五类非屏蔽双绞线接入室内（25 线槽）；水平线缆经 60 水平线槽（走廊两边走线槽）敷设至 200×100、300×100（根据线缆多少选用）垂直桥架至弱电机房。

竣 工 报 告

XXX 公司：

我公司承包的贵公司网络工程，现已完工。工程自 2009 年 11 月 22 日开工，2010 年 11 月 8 日竣工。具体工程量如下：

1．XX 的 XX 部分安装信息点 5000 个，敷设光纤 16 根（5971 米）；

2．XX 的 YY 部分安装信息点 494 个，敷设光纤 18 根（2050 米）；

3．XX 的 ZZ 部分安装信息点 531 个，敷设光纤 6 根（2493 米）。

总计安装信息点 6025 个，敷设光缆 40 根（10514 米）。

我方于 2010 年 11 月 13 日提交竣工报告，请贵方组织验收。

此致

敬礼

YYY 有限公司

2010-11-13

图 6-1 竣工报告示意

验 收 记 录

工程名称：XXX 网络工程

合同签定时间：2009 年 11 月 22 日

一、工程竣工时间：2010 年 11 月 8 日

二、验收双方：

甲方：XXX 公司　　　　　　乙方：YYY 公司

三、验收记录

验收项目	验收内容及标准	验收结论
工程验收	1．乙方所提供产品为合同内规定的合格产品	
	2．乙方的工程质量达到要求	
	3．一套完整的工程竣工数据（含验收报告、工程说明、竣工图）	

XXX 代表签字：　　　　　　YYY 公司代表签字：

（盖章）　　　　　　（盖章）

日期：　　　　　　日期：

图 6-2 验收记录示意

2）室内采用普天超五类非屏蔽模块、普天双口面板，面板上贴有标签；弱电间内有超五类 24 位 RJ45 插座（快接式）配线架，按楼层、房间号顺序卡夹线缆（见配线架示意图）。

3）编号规则：楼层号+房间号+点号。因所有楼层不超过 9 层，楼层号固定 1 位，房间号固定两位。例如：303-D2　表示 3 楼 3 号房间内第 2 个信息点，D 表示网络。

（2）XX 的 YY 部分安装。XX 的 YY 部分安装共 7 栋楼，13 个单元，除汇聚层机房所

在单元，每单元 1 根光缆，共 12 根光缆；安装信息点 394 个。

1）水平线缆采用普天超五类非屏蔽双绞线接到室外门头（25 线槽）；水平线缆经 40 水平线槽敷设至 60、80（根据线缆多少选用，6 号楼为 100×50 垂直桥架）垂直线槽至弱电机房；

2）工作区采用普天超五类非屏蔽模块、普天双口面板，面板上贴有标签；弱电间内有超五类 24 位 RJ45 插座（快接式）配线架，按楼层、房间号顺序卡夹线缆（见配线架示意图）；

3）编号规则：楼层号+房间号+点号（因除 7#楼，所有房间只有 1 个信息点，所以直接用房间号编号，7#楼加入点号。）

例如：504 表示 504 室信息点

（3）工程量统计。为了便于贵方更直观地了解我公司完成的工作，特以表格形式作如下说明。

1）信息点安装统计总表见表 6-7。

2）光纤工作量统计总表见表 6-8。

3）机柜、机房分布总表见表 6-9。

表 6-7　信息点安装统计总表

序号	XX	楼号	信息点（个）	备注
1	XX 部分	1#楼	40	
2		4#楼大对数改造	300	
		…	…	
		小计	**500**	
3	YY 部分	1#办公楼	100	
4		2#办公楼	270	
		小计	**370**	
合计			**870**	

表 6-8　光纤工作量统计总表

序号	XX	起点	终点	长度（米）	熔接芯数	备注
1	XX 部分	**综合楼机房	1#楼	420	24	6 单 6 多
2		**综合楼机房	2#楼	390	24	6 单 6 多
3	YY 部分	汇聚层	10#楼	210	24	6 单 6 多
4		汇聚层	20#楼	190		无熔接
5		光缆下地		150	24	光缆没增加
合计						

表 6-9　机柜、机房分布总表

序号	*部分	地点	规格、数量（台）				备注
			位置	12U	1.6 米	2 米	
1	XX 部分	1#楼	4F 走廊	1			
2		2#楼	办公室		2		
3		3#楼	办公室			2	原有机柜
合计							

此外，还应有信息点分布图；机柜配线架示意图；汇聚层 ODF 架示意图；光纤走向图和测试报告等部分。

任务二 工程招投标

一、任务目标与要求

- 知识目标：知道招投标的程序。知道项目管理的作用。
- 能力目标：掌握招标书和投标书的编写方法。

二、相关知识与技能

按照国家《招投标法》的有关规定，对勘察、设计、施工、监理以及工程建设有关重要设备、材料等采购，必须进行招标。

投标人应根据相关的国际及国内的布线标准，按标书要求提供满足 GCS 的设计或施工安装的二次文件（包括设计或施工流程图、实施计划、进度及报价等），投标人应负责协助业主进行系统的实施和验收工作，并与供应商协同完成系统的管理、操作、保养等培训工作。

1. 工程设计招标的范围

（1）设计招标包括基础设计（初步设计）和施工图设计招标，必要时可以分段招标。

（2）新建或改扩建、技术改造项目，其设计合同估算在 50 万元人民币以上，或设计合同估算低于 50 万元人民币但项目投资估算在 3000 万元人民币以上的项目。

（3）下列情况之一，经招标主管部门批准后，不适宜招标：

GCS 采用涉及特定专利或专有技术；

与专利商签有保密协议，受其条款约束；

国外贷款、赠款、捐款建设的工程项目，业主有特殊要求。

2. 工程施工招标的范围

施工招标范围一般分为总承包和专项工程承包（只对某项专业性强的项目，如测试等）。根据设计文件编制相应的施工招标书，其内容为：

GCS 各个子系统的布线和连接件的敷设安装和测试。

建筑物 BD 和所有交接间 FD 的安装。

主要设备、材料和相应的辅助设备、器材的采购或联合采购。

电缆桥架、明（暗）设管线的敷设或委托电气专业代办。

协助业主对施工前主要设备和缆线现场开箱验收工作。

提供安装、测试、验收和随工洽商单、竣工图等完整的文件资料。

由于测试程序复杂和需备专用精密仪器、施工单位不具备时，对测试项目可不在招标之列，允许另行委托。

3. 招投标原则

按照国家有关法规的要求，对投标单位的资质、招投标程序及方式、评定等均应本着守法、公正、等价、有偿、诚信、科学和规范等原则，从技术水平、管理水平、服务质量和经济合理等方面综合考虑，鼓励竞争。不受地区、行业、部门的限制。

监理招投标是对工程质量、进度和阶段投资能进行全过程控制的单位，通过招标择优选定，对其职能人员要求必须持证（监理工程师）。

采购招投标按照国家经贸委审定，上级主管机构负责监督协调。采购招投标应对设备和材料遵循认资、价格、服务等原则择优加以确定。

GCS 招投标标书均应体现综合布线系统的标准化要求，并具有先进性、实用性、灵活性、可靠性和经济性等特点。

4. 招标方式

招标中常采用的有三种形式：

1）公开招标亦称无限竞争性招标，由业主通过国内外主要报纸、有关刊物、电视、广播以及网站发布招标广告，凡有兴趣应标的单位均可以参标，提供预审文件，预审合格后可购买招标文件进行投标。此种方式对所有参标的单位或承包商提供平等竞争的机会，业主要加强资格预审，认真评标。

2）邀请招标亦称有限竞争性招标，不发布公告，业主根据自己的经验、推荐和各种信息资料，调查研究选择有能力承担本项工程的承包商并发出邀请，一般邀请 5～10 家（不能少于 3 家）前来投标。此种方式由于受经验和信息不充分等因素影响，存在一定的局限性，有可能漏掉一些技术性能和价格比更高的承包商未被邀请而无法参标。

3）议标亦称非竞争性招标或指定性招标，一般只邀请 1～2 家承包单位来直接协商谈判，实际上也是一种合同谈判的形式，此种方式适用于工程造价较低、工期紧、专业性强或保密工程。其优点可以节省时间，迅速达成协议开展工作，缺点是无法获得有竞争力的报价，为某些部门搞行业、地区保护提供借口。因此，无特殊情况，应尽量避免议标方式。根据十几年来 GCS 在市场的运作情况，多数大、中型工程项目的 GCS 招投标均采用邀请招标方式，对于优化系统方案，降低工程造价起到良好的作用。

5. 工程项目招标的程序

一个完整的工程项目招标程序一般为，首先由招标人进行项目报建，并提出招标申请。同时送交市招投标中心审查。审查通过后，由招标人编制工程标底和招标文件，并发布招标公告或投标邀请书。在对投标人进行资格审查之后，召开招标会，发放招标文件。最后开标，评标，定标，直至签定合同。一般招标流程是：项目报建→招标申请→市招投标中心送审→编制工程标底和招标文件→发布招标公告或投标邀请书→投标人资格审查→招标会→制作标书→开标→评标→定标→签定合同。

6. 招标文件

业主根据工程项目的规模、功能需要、建设进度和投资控制等条件，按有关招标法的要求，编制好招标文件。招标文件的质量好坏，直接关系到工程招标的成败。提供基础资料和数据指标，内容的深、广度及技术基本要求等应准确可靠，因为招标文件是投标者应标的主要依据。

招标文件一般包括以下内容：

1）投标邀请书。

2）投标人须知。

3）投标申请书格式，包括投标书格式和投标保证格式。

4）法定代表人授权格式。

5）合同文件，包括合同协议格式、预付款银行保函、履约保证格式等。

6）工程技术要求，主要内容为：

① 承包工程的范围，包括 GCS 的深化设计、施工、供货、培训以及除施工外的全部服务工程简介；

② GCS 布线的基本要求，信息点平面配置点位图及站点统计表；

③ 采用的相关标准和规范，包括国标、行标、地标以及企标；

④ 布线方案包括设置的各个子系统的要求；

⑤ 技术要求包括铜缆、光缆、连接硬件、信息面板、接地及缆线敷设方式等要求；

⑥ 工程验收和质保、技术资格和应标能力；

⑦ 报价范围、供货时间和地点。

7）工程量表。

8）附件（工程图纸与工程相关的说明材料）。

9）标底（限供决策层掌握，不得外传）。

1）～5）属于投标商务条款。

7. 投标文件

投标者应认真阅读和理解招标文件的要求，以招标书为依据，编制相应的投标文件（书），投标人对标书的要求如有异议，应及时以书面形式明确提出，在征得投标人同意后，可对其中某些条文进行修改，如投标人不同意修改，则仍以原标书为准。投标人必须在投标文件中的技术要求的满足程度逐项应答，若有任何技术偏离时，也应提供承诺或不承诺条款的《技术要求偏离》附件，并明确在投标书中加以说明。投标文件一般包括以下内容：①投标申请书。②投标书及其附录。投标书提供投标总价、总工期进度实施表等，附录应包括设备及缆线材料到货时间、安装、调试及保修期限，提供有偿或免费培训人数和时间。③投标报价书。应以人民币为报价，如情况特殊，只允许运用一种外币计算，但必须按当日汇率折算人民币总价；产品报价包括出厂价、运费、保险费、税金、关税、增值税、运杂费等；各子系统的安装工程费；设备、缆线及插接模块的单价和总价。④投标产品合格证明。包括有关产品的生产许可证复印件、原产地证明文件；产品主要技术数据和性能特性。⑤投标资格证明文件。包括营业执照（复印件）；税务营业证（复印件）；法人代表证书（复印件）；住房和城乡建设部与工业和信息化部有关 GCS 的资质；主要技术及管理人员及其资质；投标者如为产品代理商，还必须出具厂商授权书；投标者近几年来主要工程业绩，用户评价信函。⑥设计、施工组织计划书。内容有按招标文件工程技术要求提出的系统设计方案；施工组织设计，包括施工服务、督导、管理、文档；工期及施工质量保证措施；测试及验收。⑦其他说明文件（如果投标者有）。

8. 开标

开标应当在招标文件预先确定的时间和地点公开进行，由招标人主持，邀请所有投标人参加。开标时，由投标人或者其推选的代表检查投标文件的密封情况，也可以由招标人委托的公证机构检查并公证；经确认无误后，由工作人员当众拆封，宣读投标人名称、投标价格和投标文件的其他主要内容。开标过程应当记录，并存档备查。

9. 评标

评标由招标人依法组建的评标委员会在严格保密的情况下进行。评标委员会由招标人的代表和有关技术、经济等方面的专家组成，成员人数为 5 人以上单数，其中技术、经济等方面的专家不得少于成员总数的三分之二。评标委员会按照招标文件确定的评标标准和方法，对投标文件进行评审和比较。评标委员会完成评标后，向招标人提出书面评标报告，并推荐合格的中标候选人。招标人根据评标委员会提出的书面评标报告和推荐的中标候选人确定中标人。招标人也可以授权评标委员会直接确定中标人。

中标人的投标应当符合下列条件之一：①能够最大限度地满足招标文件中规定的各项综合评价标准。②能够满足招标文件的实质性要求，并且经评审的投标价格最低，但是投标价格低于成本的除外。

10. 定标

中标人确定后，招标人应当向中标人发出中标通知书，并同时将中标结果通知所有未中标的投标人。中标通知书对招标人和中标人具有法律效力。中标通知书发出后，招标人改变中标结果的，或者中标人放弃中标项目的，应当依法承担法律责任。

11. 签定合同

招标人和中标人应当自中标通知书发出之日起三十日内，按照招标文件和中标人的投标文件订立书面合同。同时，招标人应当自确定中标人之日起十五日内，向有关行政监督部门提交招标投标情况的书面报告。

中标人应当按照合同约定履行义务，完成中标项目。不得向他人转让中标项目，也不得将中标项目肢解后分别向他人转让。

思考与练习

1. 综合布线工程的验收目的是什么？
2. 我国智能化小区的综合布线系统在施工中主要应遵循的标准？
3. 简述在综合布线系统工程竣工后建设方应将哪些资料移交业主？
4. 综合布线工程招标流程主要包含哪些内容？
5. 综合布线工程常采用哪些招标方式？
6. 招标文件的商务和技术主要包含哪些内容？

附录A　综合布线系统的符号与缩略词

符号	英文名	中文名或解释
ACR	Attenuation to Crosstalk Ratio	衰减一串扰衰减比率
ADU	Asynchronous Data Unit	异步数据单元
AP	Access Point	无线接入点
BA	Building Automatization	楼宇自动化
BD	Building Distributor	建筑物配线设备
B-ISDN	Broadband ISDN	宽带 ISDN
10BASE-T	10BASE-T	10Mb/s 基于 2 对线应用的以太网
100BASE-TX	100BASE-TX	100Mb/s 基于 2 对线应用的以太网
100BASE-T2	100BASE-T2	100Mb/s 基于 2 对线应用的以太网
100BASE-T4	100BASE-T4	100Mb/s 基于 4 对线应用的以太网
100BASE-VG	100BASE-VG	100Mb/s 基于 4 对线应用的需求优先级网络
1000BASE-T	1000BASE-T	1000Mb/s 基于 4 对线全双工应用的以太网
CA	Communication Automatization	通信自动化
CD	Campus Distributor	建筑群配线设备
CP	Consolidation point	集合点
CLSPR	Commission International Special Perturbations Radio	国际无线电干扰特别委员会
dB	dB	电信传输单位：分贝
d.c.	Direct current	直流
ELFEXT	Equal Level Far End Crosstalk	等效远端串扰
EMC	Electro Magnetic Compatibility	电磁兼容性
EMI	Electro Magnetic Interference	电磁干扰
ER	Equipment Room	设备间
FC	Fiber Channel	光纤信道
FD	Floor Distributor	楼层配线设备
FEXT	Far End Crosstalk	远端串扰
FTP	Foil Twisted Pair	金属箔对绞线
FTTB	Fiber To The Building	光纤到大楼
FTTD	Fiber To The Desk	光纤到桌面
FTTH	Fiber To The Home	光纤到家庭
GCS	Generic Cabling System	综合布线系统
HUB	Hub	集线器

续表

符号	英文名	中文名或解释
IL	Insertion loss	插入损耗
IP	Internet Protocol	因特网协议
ISDN	Integrated Services Digital Network	综合业务数字网
LCL	Longitudinal to differential conversion loss	纵向对差分转换损耗
LAN	Local Area Network	局域网
LSHF-FR	Low Smoke Halogen Free-Flame Retardant	低烟无卤阻燃
LSLC	Low Smoke Limited Combustible	低烟阻燃
LSNC	Low Smoke Non-Combustible	低烟非燃
LSOH	Low Smoke Zero Halogen	低烟无卤
MUTO	Multi-User Teleconnunications Outlet	多用户信息插座
NEXT	Near End crosstalk	近端串扰
OA	Office Automatization	办公自动化
OF	Optical fiber	光纤
PBX	Private Branch exchange	用户电话交换机
PS ACR	Power Sum ACR	ACR 功率和
PS ELFEXT	Power Sum ELFEXT	ELFEXT 衰减功率和
PS NEXT	Power Sum NEXT	近端串音功率和
RF	Radio Frequency	射频
SC	Subscriber Connector（Optical Fiber）	用户连接器（光纤连接器）
SCS	Structured Cabling System	结构化布线系统
SFF	Small form factor connector	小型连接器
SFTP	Shielded Foil Twisted Pair	屏蔽金属箔双绞线
STP	Shielded Twisted Pair	屏蔽双绞线
TCL	Transverse Conversion Loss	横向转换损耗
TE	Telecommunications Equipment	终端设备
TO	Telecommunications Outlet	信息插座（电信引出端）
Token Ring	Token Ring	令牌环网
Tp	Transition point	转接点
UTP	Unshielded Twisted Pair	非屏蔽双绞线
Vr.m.s	Vroot.mean.square	电压有效值
WAN	Wide Area Network	广域网

附录 B　工程进度和设备、产品入库表单

附件 2.1　施工进度安排表

时间	8 月		9 月				10 月		
	1-15	16-31	1-5	6-10	11-20	21-30	1-10	11-15	16-29
勘察设计									
设备材料报审及订货									
设备材料进货验收									
线缆敷设									
设备安装、调试									
系统测试									
验收资料整理									
系统培训									
系统试运行及初验									
系统验收、移交使用									

附件 2.2　设备、产品入库签收

设备签收单

项目名称：

收货单位：

送货单位：

序号	设备名称	品牌型号	数量	签收人	备注
1					
2					

送货人：xxx　　　　电话：138xxxxxxxx　　　　送货日期：

附录C　工程项目文档和表单

附件 3.1　封面

XX 工　程　竣　工　档　案

工程名称：________________________________

开工日期：　　　年　月　日

竣工日期：　　　年　月　日

安装单位：XXXXXXXX 有限公司

工程负责人：　　　　　　　　工程技术负责人：

质量负责人：　　　　　　　　档案编制人：

附件 3.2　文档目录

目　录

一、前言

二、工程方案设计

三、开工报告及图纸会审记录

四、施工方案

五、施工计划及过程

六、施工组织人员安排、施工机具及材料设备清单

七、保证工程质量及施工安全技术措施

八、设备到货及开箱验收

九、施工签证及有关联系单

十、工程质量自检记录

十一、验收材料及竣工报告

十二、工程图纸

十三、其他

附件 3.3　工程开工报告

工程开工报告

建设单位	XX 房地产开发有限公司	工程名称	XX 花园校园网工程
计划开工时间	2010 年 3 月 5 日	计划竣工时间	2011 年 4 月 20 日
工程简要内容：XX 花园汇聚点（XX 花园 6#楼架空层西侧）分别敷设一根 12 芯单模光缆到行政楼、图书馆的核心节点。从汇聚点分别敷设一根 6 芯单模+6 芯多模混合光缆至 1～21 号楼及幼儿园、物业用房。XX 花园 1～21 号楼各住户内信息点至住户汇聚点、各住户汇聚点至楼房汇聚点，同时还包含幼儿园、物业用房的布线全部敷设完成，当用户安装上交换产品后即可使用			

续表

工程准备情况： 1．人员已进场 2．材料已进场		
施工单位 年 月 日	建设单位 年 月 日	工程监理 年 月 日

附件 3.4　技术联系单

技　术　联　系　单

年　月　日

联系单位		工程名称	
内 容：			

提出单位：　设计单位：　建设单位：　工程监理：　安装单位：

附件 3.5　施工技术交底

施　工　技　术　交　底

年　月　日

工程名称		分部分项工程	
内 容：			

工程技术负责人：　施工班组：

附件 3.6　工程签证

工　程　签　证

工程名称		分部分项名称	
图　号		签 证 编 号	
内 容：			

设计单位 年 月 日	建设单位 年 月 日	工程监理 年 月 日	施工单位 年 月 日

附件 3.7 设计变更通知单

设 计 变 更 通 知 单

年 月 日

工程名称		施工单位		变更单编号	
主送单位		主送单位			
图　　号					

内 容：

设计单位意见

签 章　　　　　　　　年　　月　　日

建设单位公章　　　　　　　　建设单位代表

附件 3.8 工程竣工报告

工 程 竣 工 报 告

年 月 日

建设单位		工程编号		工程名称	
批准机关		批准文号		资金来源	
设计单位		出图日期		工程量	
计划开工时间		竣工时间		投资金额	

工程简要内容：

工程完成情况：

施工单位 年 月 日	建设单位 年 月 日

主管部门审批

年　月　日

附件 3.9 材料计划封面

材　料　计　划

工　程　名　称

审批：　　　　审核：　　　　编制：

XXX 有限公司

年　月　日

附件 3.10 单位工程材料计划汇总表

单位工程材料计划汇总表

工程名称：　　　　年　月　日　　　　制表人：

序号	材料名称	规格	单位	计划数量	序号	材料名称	规格	单位	计划数量
1									
2									
3									
4									

附件 3.11 隐蔽工程检查记录

隐蔽工程检查记录　　　　年　月　日

单位工程名称		建设单位		图　号	XX 平面图
部位及名称		施工单位		隐蔽日期	
隐蔽检查内容	1．隐蔽工程内容有以下几个方面：20F～1F 的电话线、网络线、监控线、闭路线及 BA 系统线在各层走廊棚顶的敷设部分。 2．此部分的施工依据为：各系统设计规范、施工规范、施工图纸及有关技术要求。 3．检查内容为： 敷设中所用的线缆符合设计及有关规范。 线管的材质符合要求，安装符合规范。 线缆敷设的弯曲半径（D）等符合技术要求及规范。 线管及线缆的安装整齐、美观。 4．此隐蔽工程的线缆走向根据图纸所示，具体标定在竣工图中				
建设单位意见		工程监理意见		备 注	

质检员：　　　　技术负责人：

参考文献

[1] GB 50311-2007《综合布线系统工程设计规范》
[2] GB 50312-2007《综合布线系统施工及验收规范》
[3] GB 50374-2006《通信管道工程施工及验收规范》
[4] YD 5137-2005《本地通信线路工程设计规范》
[5] 信息产业部/北京赛迪传媒投资股份有限公司．综合布线．北京：赛迪电子出版社．
[6] 余明辉、陈兵，何益新．综合布线技术与工程．北京：高等教育出版社，2008．
[7] 王公儒．网络综合布线系统工程技术实训教程．北京：机械工业出版社，2009．
[8] Beth Verity，吴越胜等译．网络布线原理与实施．北京：清华大学出版社，2004．